ある零戦パイロットの軌跡

川崎浹
Kawasaki Tohru

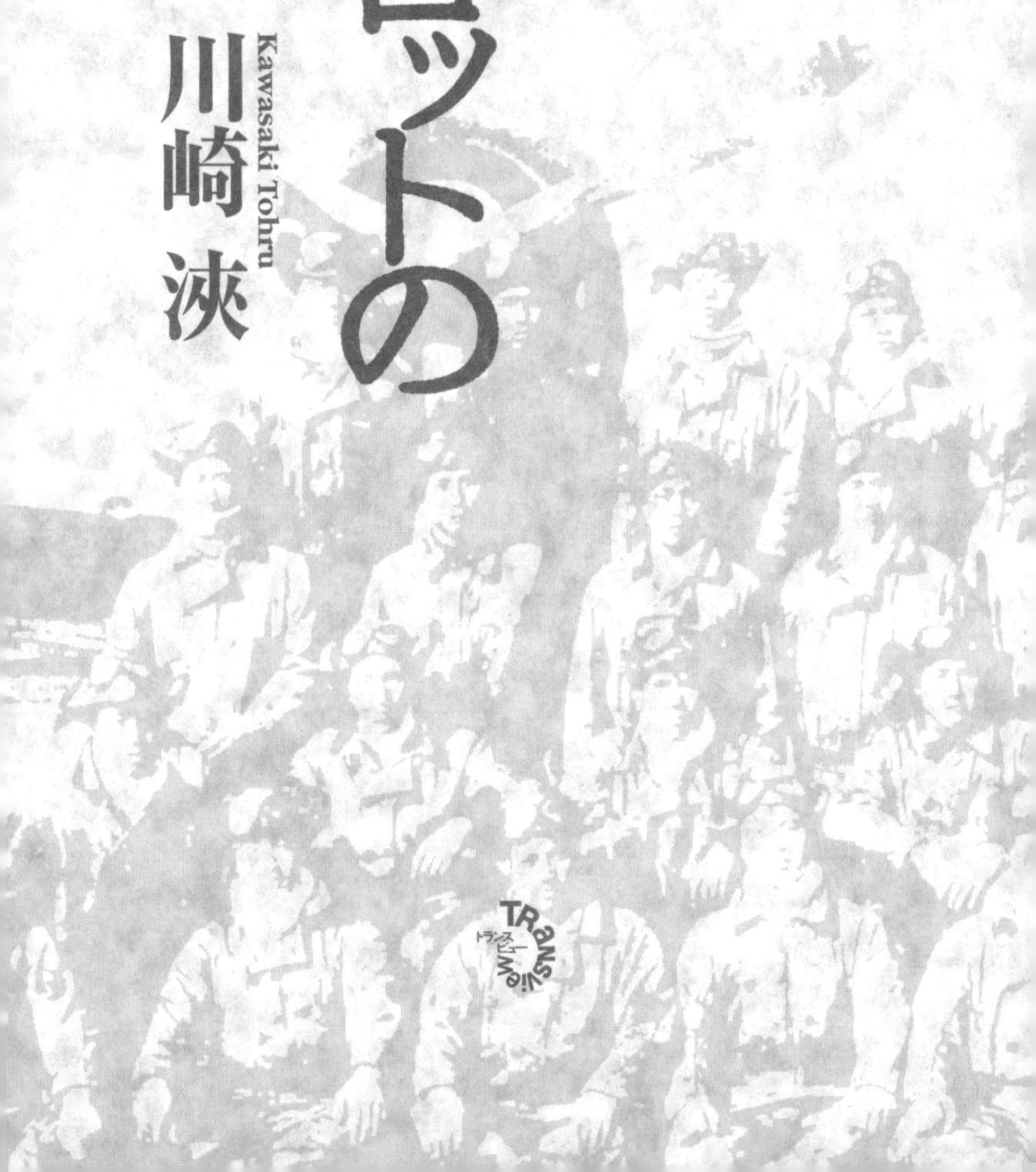

TRANSVIEW トランスビュー

はじめに

戦争は長いあいだ人類を苦しめてきた。にもかかわらず、私たちは戦争をやめようとしない。近い過去の戦争もまだほんとうの意味では終わっていない。これと正面から向き合わなければ、新たな戦争が性懲りもなく続けられるだろう。

防衛庁戦史室で資料を閲覧している間に、私は、そのことを身近に思い知らされた。毎日かならず資料室のカウンターで、だれかがあの戦争の体験を語り、だれかが自分の部隊が派遣された場所の正確な地名を知りたがり、だれかが父祖の戦没の場所と状況を確かめに訪れ、だれかが係員に自分の戦争論をぶつけている。あの戦争に種々の側面から光をあて、正確に知ることが、私たちの将来への指針ともなるだろう。

とはいえ、私は最初、あの時代にしかなかった戦闘機乗りという職人の技法《メチエ》に興味をおぼえたにすぎない。どんな分野であれ、技法一般については入門書に書かれているが、実際にそれを用いた本人の言葉を聞くと、マニュアルにはない臨場感が伝わってくる。いまの時代には用いられることのなくなった技法が、歴史の闇の中に消え去るのを残念に思い、私は素人の視点でそれらを記録にとどめることにした。

しかし戦闘機乗りの技法と呼ばれるものは、やがて連続する戦闘で実践されることになるので、本書の構成上、私もまた日米戦争の経過を追わねばならなくなった。これまで私は、日米間の空と海での戦争を部分的にしか知らなかったので、語り手小町定へのインタビューを機に、自分の中で、日米戦争を「点」の寄せ集めではなく、一本の「線」で結ぶことを試みた。その際、自分自身を納得させるために、珊瑚海海戦や南太平洋海戦のイメージを日米両側の資料によって構成した。私が目ざすのは「誇張のない事実」である。

生死の最前線に立った一パイロットの軌跡を追うことで、私は、今にいたる日本の戦後を問い直したいと思った。小町定《こまちさだむ》のある種の発言に対して、若い人のなかには違和感をおぼえる向きもあるだろうが、私は一時代の証言として、あえて発言の内容に手を加えなかった。

暴力の極みである戦争についての記録をものしながら、私の救いの一つになったのは、主人公の小町定が、当時の軍隊では当たり前だった制裁としての体罰を、部下にいっさい加えなかったこと、さらにはそれを「海軍の欠陥」として、正面きって批判していることである。暴力装置のなかにありながら部下に暴力を振るわない、という矛盾《アンビヴァレンツ》を背負うことのできた将兵は、戦時中の日本の軍隊ではめったにいなかった。とりわけ下士官階級においてはそうだった。この矛盾を貫いた小町元飛曹長の生き方にこそ、戦後日本の復興をになう平和への、潜在的な意志と力が秘められていたのだと私は思う。

ある零戦パイロットの軌跡＊目次

1　海と空で

4 戦争の帰趨　第二次ソロモン海戦　南太平洋海戦

5 雪崩を打って　ラバウル　トラック

6 敗戦前後

凡例

●「艦攻」とは航空母艦に積まれている艦載攻撃機の略語である。艦攻は別名雷撃機ともいい、敵艦にむけて水平に魚雷を放つ機能をもつ。「艦爆」とは同じく空母に積まれている艦載爆撃機の略語である。艦爆は敵艦を上方から急降下爆撃あるいは緩降下爆撃する機能をもつ。

●機動部隊とは空母を中心とする艦隊のことである。

●空戦とは空中戦の略語である。

●年号は西暦ではなく元号を用いたが、適宜、昭和五年(一九三〇)のように西暦を付した。

●距離をマイルやカイリ、速度をノットで表わした。一カイリは一八五二メートル。一ノットとは毎時一カイリ(一八五二メートル)の時速をいう。

●昭和一七年一一月以降の海軍航空隊における准士官以下の階級呼称。

准士官　飛行兵曹長(略称は飛曹長)
下士官　上等飛行兵曹(上飛曹)
下士官　一等飛行兵曹(一飛曹)
下士官　二等飛行兵曹(二飛曹)
兵　　飛行兵長(飛長)
兵　　上等飛行兵(上飛)

装幀　志岐デザイン事務所（下野　剛）

ある零戦パイロットの軌跡

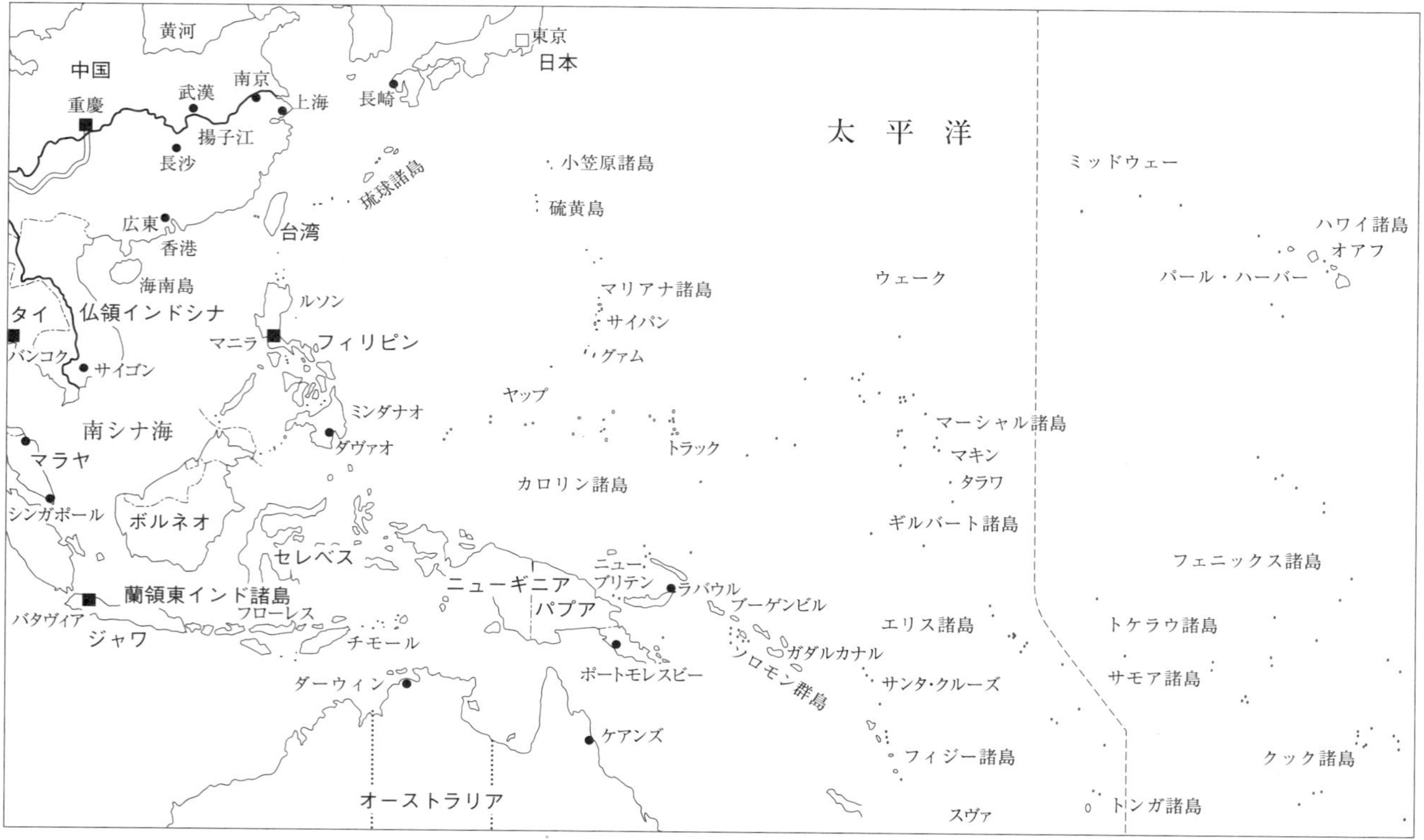
黄河
東京
日本
中国
重慶
武漢
南京
上海
長崎
揚子江
長沙
太平洋
小笠原諸島
琉球諸島
ミッドウェー
硫黄島
広東
香港
台湾
ハワイ諸島
オアフ
海南島
ウェーク
パール・ハーバー
マリアナ諸島
ルソン
タイ
仏領インドシナ
サイパン
マニラ
フィリピン
バンコク
サイゴン
グァム
ヤップ
ミンダナオ
南シナ海
マーシャル諸島
ダヴァオ
トラック
マキン
マラヤ
カロリン諸島
タラワ
シンガポール
ボルネオ
ギルバート諸島
フェニックス諸島
セレベス
ニュー・ブリテン
ニューギニア
ラバウル
蘭領東インド諸島
ブーゲンビル
パプア
バタヴィア
フローレス
エリス諸島
トケラウ諸島
ジャワ
チモール
ガダルカナル
ポートモレスビー
ソロモン群島
サンタ・クルーズ
サモア諸島
ダーウィン
ケアンズ
フィジー諸島
クック諸島
オーストラリア
トンガ諸島
スヴァ
南東太平洋方面一般図

1　海と空で

誇張のない事実を

私が生まれてものごころついたころには、もう日中戦争が始まっていた。子供たちは軍国少年になった。知識人や作家や詩人をふくめ、「人びとは正義と真実のためと信じて戦争に突入した」（ジョン・ダワー『敗北を抱きしめて』）。当時、国のとるべき方針としてほかに方法はないかと公言する者は、例外を除いてほとんどいなかった。こうして日本は不幸で愚かな戦争に突入し、多くの犠牲者をだした。「かれらは戦争で無駄死にした」として過去を反省しなければならぬ、という意見がある。しかし私は、太平洋戦争を無意味な消耗と思ったことは一度もない。不幸な時代に遭遇して自分の命を投げだした人々のおかげで、私たちは今の平和を得ている。その結果をどう生かすか殺すかは私たちの選択しだいだ。愚者には、挫折してこそ賢者になる道が残されている。

太平洋戦争の歴史をたどりながら、私はこれほど戦争にかけた情熱と執念を、地球規模の平和の構築に逆転させることはできないものだろうかと考えた。戦争の暴力で解決するより、理性の枠組みで平和を築くことのほうがはるかに難しい。

ワールドカップの選手たちの俊足に拍手をおくりながらも、私には選手たちと同年配であの世に去った、半世紀以上も前の青年たちの姿が重なりあう。

アメリカはつねに「正義」の戦争を闘ってきたので、戦争にかかわった人々にはヒーローの称号と名誉があたえられる。だが日本では強制された者もふくめて、戦争参加者はアンチヒーローとしてあつかわれる。私がこれから始めるのはヒーローの表彰ではなく、アンチヒーローたちを闇の部分からすくいとることである。そこに、昭和の戦中戦後を生きてきたタイプのひとつが浮上するだろう。

昔の農家の家庭はいちように貧しく、子だくさんだった。小町定《こまちさだむ》は農村で半農半商（製綿）の七人兄弟の三男として生まれた。かれは上昇志向のつよい少年だったので、養子先から逃れて海軍を志願し、少年航空兵になった。

数年前に刊行された神立尚紀氏の『零戦の二〇世紀』で、近年の小町さんのプロフィルがこう紹介されている。「初めて会ったとき私は、その堂々たる体軀、体じゅうから発散される迫力に、まず圧倒された。しかし小町氏は、苦労人だけにとっつきは少々おっかないが、一旦腹を割って話せるようになると実にやさしく、またひじょうにシャイな人であることを知った」。

昔の日本人で一八五センチの長身というのは珍しかった。小柄な人が多いパイロットのなかでは、頭ひとつ分だけ抜きんでていて目立った。だが神立さんのいう「荒武者」小町飛行兵曹長も、さすがに八〇歳の声をきくころから、壮絶な空中戦の後遺症があらわれ、歩行も困難になってきた。

私は氏の記憶力がひどく衰えないうちに、「誇張のない事実」を聞きとり記録しようとつとめた。この本の趣旨は「誇張のない事実」の公開である。かれへの二五回に及ぶインタビューを重ねていくうちに、戦局や戦況、戦闘現場の幾百ものイメージが、私の脳裏で形をとりはじめた。ふしぎなことに、小町飛曹長が操縦するさっそうとした零戦《ぜろせん》や紫電改《しでんかい》の両翼には、朝夕の青空にたなびく飛行機雲のように、幾条にもなって、つねに死者たちの霊がびっしりと列をなしているのだった。

だが私がいまから始めるのは、かれらへの慰霊ではなく、かれらが行なった事実の復元である。慰霊を行なうのであれば、「内向き」の自分の国だけでなく、犠牲になった他国の人々をも同時に慰霊しなければならない。これは大規模な国家的行事であり、非力な私ひとりでできることではない。

私の仕事は、ひとりの人物の言動をとおして、いくつかの主要な太平洋海戦にかかわり、そこで亡くなった人々の存在を記憶にとどめることである。戦争の実相を知ってこそ平和の意義を実感し、かつその意味を問うことができる。「戦争」に対してアレルギー反応を示す人も多いなかで、左右の偏見にとらわれず、私は謎解きのつもりで執筆に挑戦した。小町定へのインタビューは、生きて還った元飛行兵曹長の軌跡をたどりながら、膨大な死者たちの行列を前にし、面識はなくともかつて固有名詞をもった存在者たちと出会い、人間が生きることの意味を問い直し、また自分にとって太平洋戦争が何であったかを考える旅ともなった。

第二次大戦後、奥宮正武元参謀は自分の経験にもとづき、飛行機搭乗員の特質についてつぎのように記している。少し美化しすぎている気配なきにしもあらずだが、かれ自身の偽らぬ心境でもあろう。

少なくとも私にとっては、この一五年間は、空を学ぶ絶対無私の修行期間であった。そして、私は日本海軍の飛行機搭乗員たちが、平時には科学の使徒として未知の分野の開拓に黙々と飛ぶことに精進していたこと、戦時には、祖国の運命を双肩に担って、ひたすら闘うことに努めていたことを目の当たりに見た。私の知る限りではかれらの多くは、将兵の別なく、与えられた任務の達成のために、一言も語らず、一文も残さずに散っていった。せめて生き残ったもののうち、できるものだけでも、代わって筆をとり、彼らの業績を書き残すべきではなかろうか。

(『さらば海軍航空隊』)

さらに奥宮正武は戦後、航空自衛隊に勤務し、最新式のジェット機を操縦し、世界各国の航空機の実状に接して、つぎのような結論をだしている。「旧海軍時代には、搭乗員が自力で飛行機をとばさせているとの感じが強かったが、ジェット機時代に入ってからは各種の航法の援助装置その他で、搭乗員が飛ばされているといったほうが適当である」。戦前と戦後の航空機を操縦できた人にして初めて言えることだろう。太平洋上での日米航空戦は、人間の顔をもつ飛行機の闘いだった。

海兵団へ

●太平洋戦争が始まる前の、兵隊になろうかという少年の頃の話から始めていただけますか。

――私の少年時代に旧満州で戦争が始まりました。それから日中戦争へ、と。田舎の駅から「兵隊さん」が、手をふられてどんどん送られていった頃です。私はまだ子供でしたが、体格がいいから徴兵検査なら甲種合格だ、とみなに言われるくらいだから、当然兵隊に取られるわけで、これは困ったなと思いました。それでも「お前たち少年は、大きくなったらお国のために兵隊さんになって頑張れ」と早くからいわれて育った世代です。同じ兵隊でも陸軍はあまり好きではない。歩兵にまわされたり、鉄砲をかついで泥んこになって歩くなんてのは面白くないなあ、と子供なりにかっこいいほうを選ぶでしょう。

日本陸軍の装備は世界の先進諸国の中ではもっともおくれていた。平均身長一六〇センチ、体重五五キロの兵士たちが五〇キロ前後の背嚢《はいのう》と銃をかついで、七五センチの幅で一分間に一一四歩、つまり八六メートル歩かねばならない。トレーナーと運動靴だけで公園の遊歩道を歩けば、特別に速くも遅くもない速度である。中高年でも、しかし兵士のように五〇キロの荷物をかついで、一日四〇キロから六〇キロの道程を行軍するとなると、死の行軍にとってかわる。車を使わないので、機関銃や迫撃砲をもち運びする兵はなおたいへんだった。日米開戦の直前まで、大砲は馬が運んでいた。車輪で運ぼうという発想が、そもそも陸軍の指導層にはなかった。

——そのうちに渡洋爆撃の話がでてきました。双発の大きな爆撃機が大陸へ爆撃に行って大戦果をあげて帰ってきたという記事が新聞に大きくでていた頃、「ああ、おれがやるなら、やはりこういうのをやりたい」と、大きな仕事を華やかに、死ぬにしてもそのほうが意味がある、と子供ごころに夢見たわけで、それが大きな刺激を受けた理由でした。それと養子先の看板屋で生活するのが嫌だったのです。それで細かい調査をすることなく軍隊に飛びこんだのです。

当時の軍隊では、一度入ったら、おれは嫌だからとやり直すことは絶対できません。それで諦めるしかないのです。入ってから先に進むコースは、海軍ではすべて専門学校をでないといけないのですね。たとえば大砲なら大砲、工作科なら工作科、機関兵なら機関兵、通信兵なら通信兵、すべて専門課程を経て普通科から高等科、専修科と卒業していくのが海軍の組織です。軍艦に乗っている水兵はすべて専門の教育を受けているのです。

その中でも、私が調べたところ、飛行機に乗るのがいちばん至難の道で、ちょっとやそっとでは入れない。それも覚悟の上だったのですが、その飛行機乗りになることを口実に、養子の話を断ってくれるよう実家の兄に頼みこんだのです。一年くらい養子でいたのですが、なんとか逃げだしたかった。それでうまく話をつけてくれ、はじめて田舎の村で海軍に入団するということになったのです。ふつうの「兵隊さん」を送りだすときと同様に、村の人がタスキをかけ、旗を立てて、村人の歓呼の声に送られて行くのですが、それでもう帰れない。

入ってから実家に連絡したら、養子の話は大丈夫だから心配するな、と。それで安心して飛行機のほうに打ちこみ、パイロットになるために猛勉強をしました。軍隊では体格がいいと、すごいところに抜擢されるのです。いちばん最初は連合艦隊のボート・クルーの選手に選ばれた。体が大きくて背が高く、腕が長いから、オールを漕ぐのもつごうがいい。そのボートの激しい訓練のなかでは、とても勉強などできません。ポケットに内緒でカードを隠しもち、休みのときに国語から数学まで勉強して、パイロットになるための学科試験にそなえました。

小町定は昭和一三年（一九三八）、呉《くれ》海兵団に一八歳で入団、他の同年兵と同じく半年間訓練を受けてから、卒業後、戦艦「扶桑《ふそう》」に配属された。その間に次期のパイロット受験期まで猛勉強したのである。

――訓練中はボートのなかでも大っぴらに勉強はできませんから、こっそり内緒でやっていたら、艇長の指揮官で、棒をもって水兵を指揮する海兵六五期生の偉そうなのがいたのですが、その人が、私がポケットからちょっと紙片を出しては目をやるので、「おい小町、お前なにを勉強しているのだ」と尋ねるのです。「実は飛行機の受験をするのです」と言ったら、「おう、そうか。おれも受けるのだよ」という。それでいっしょに勉強するようになって、気が合って、その人も霞ヶ浦の飛行学生になったし、私も操縦練習生の四九期生で、同時に入学しました。

とにかく霞ヶ浦に入る前の試験勉強はたいへんでした。隊に帰ったら消灯が一〇時です。強制的に寝なければならないけど、みなと同じように寝ていたのでは勉強にならないので、こっそり教科書を隠して、便所だけは消灯がないので、そこで一時二時頃まで勉強しました。海兵団の起床は、夏が五時で冬は六時だったかな。

●ボート・クルーのときの指揮棒を持った海兵出身の人は、その後どうされました。

――のちに私が大村航空隊で教官になったときにも、その蓮尾隆市さんはたまたま私の上司で、お世話になったのですが、その後ソロモン海戦で戦死されました。

まず水泳訓練

●海兵団での日課の一つにもちろん水泳がありますね。小町さんは海軍ではどんな泳法を習ったのですか。クロールで息を吸うときは顔を水平に横に上げてとか、前にでるときは片方の肩を前方に押しだす気持ちでとか、そういう教え方もしたのですか。

――そんな個々の技能的なことはやらず、ひじょうに大ざっぱです。夏になると、泳げる者も泳げない者もかまわず、一〇名ずついっせいにプールに飛びこませます。泳げる者はへりまで行けます。泳げない者はこちらから引っぱりあげて、泳げない者だけまとめて、まず浮かんで、犬搔きでもなんでもいいから浮かんで進めるところまで行き、また調べてグループにする。まるっきり前にも後ろにも行けない者もいます。これは褌《ふんどし》、全員パンツの代わりに褌を締めてますけど、その結び目に綱をつけて、これを棒で持ち上げ、「犬搔きの姿勢になれ」と、泳ぐまで綱でつるしたまま慣れさせるのです。あっぷあっぷして水を飲み、くたくたになるまでやって、水を腹いっぱい飲むくらいの訓練を何回もくり返すと、なんとか、もがきながら犬掻きが覚えられるようになるのです。犬掻きを覚えたら、同じ犬掻きでもその方法を、大きく掻けとか、水に乗って行くようにしろとか、だんだん教えていく。だからすごく乱暴です。

まず浮かぶこと。それができたら今度は平泳ぎもやりますが、まず長時間浮かぶことができるようにする。スピードよりも長く泳ぐことですね。クロールは競争用で、平泳ぎが基本です。五時間でも一〇時間でも泳げるように。

●はやく泳ぐというのではなく、長時間泳げるというのが海軍泳法の基本なのですね。

――高度になり、競技用になってくると、徐々にそういう指導をしていきますが、それは選ばれた選手の場合です。海軍でも選手がいて、各分隊対抗の競技がありますから。かれらは泳法に磨きをかけますが、それはもう競技用です。ふだんは長時間泳げること。BクラスとかCクラスとか、まず、卒業前に一回テストがあって、一時間しか泳げなかった者はCクラス、二時間以上の者はBクラスとか、三時間泳げるのは何クラスとか、タイムでランクをきめました。だからプールで専門的に習うのとは、習い方がまったく違うのです。

●軍艦が撃沈されたり、飛行機が洋上に不時着したときにそなえての訓練が基本なのですね。小町さんは何時間くらい泳げたのですか。

――私はもうはじめから二時間以上は楽々泳いでましたから、海軍での長時間の泳ぎは完璧でした。田舎の川で、ちびっこの頃から泳いでいました。

●どこまで、何キロ先まで泳げということはないのですか。

――コースを決めてブイからブイまで往復させることはやってました。それを何十回も往復することをやっていましたね。

●時間に関係なくですか。

――時間は計っています。しかし、それを一番で回ってこいというのではありません。ほぼ四列縦隊くらいで並んで行きます。自信のある者が先頭にたちますが、あまりスピードをあげると後ろの者がついていけないので、平泳ぎで行くときは、後ろの者は前の者の背中に乗るくらいで行くのです。周りの者は離れられると、まったく新しい水を掻かねばならない。くっついていればいるほど、前の連中が掻いたあとの波に乗っていけるので、苦労しないで進めるのです。四列縦隊で泳ぎ、ブイを回ってそれで何時間泳げるか。それでも、途中でどんどん落伍していきます。お前は一時間とか、お前は一時間三〇分だとか、どんどん落ちていきますが、それでタイムを計っているのです。実際に船が沈没したときに、縦隊で泳ぐというわけにはいきませんが、それでも訓練のテストのとき以来、長時間継続できるいちばん容易な方法として、ぴたっと離れないでついていけ、と言われたものです。

●これだけ選ばれて軍隊に入っているのですから、体力はみなあるのでしょうけど。

――体力はあるのですが、十分に泳げる状態になるまでは、やはりそれまでの積み重ねがないとできません。苦手な人は、気の毒なことに、ひどく苦労していました。

水泳というとすぐに思いうかぶシーンがある。それは母艦沈没の現場である。小町定がのちに乗艦する第五航空戦隊の空母「翔鶴《しょうかく》」と姉妹艦だった「瑞鶴《ずいかく》」は、「翔鶴」と部屋の形からカーテンの色まで同じだったので、まちがえて乗艦してくる乗組員もいたという。その「瑞鶴」は、「翔鶴」の沈没より四カ月のち、昭和一九年（一九四四）一〇月二五日、ルソン島沖で米攻撃機の猛爆により、水深四〇〇メートルの海底に沈んだ。「瑞鶴」が大きく傾き、全員に退艦命令がでたときの様子が、神野正美の『空母瑞鶴』で再現されている。母艦が沈没してゆくときの、海をこわがる少年兵たちの姿が印象的だ。戦争末期に乗艦した未成年の若者なので、訓練もそこそこだった。いざというときの彼らの不安や恐怖が伝わってくる。

最上甲板にでた。左舷外舷には海水が迫っている。水測員を確認しようとしたが、すでに飛び込んでいる者があり、最年少の一水（一等水兵）が私の顔を見るなり泣き声で、「班長！」と言って抱きついてきた。「泳げるか、一水！」「ハイ」という返事と泣き声で「母さーん」と小声が漏れてくる。「よし、俺についてこいよ」と言っているとき、彼は軍衣の上下を脱ぎにかかっている。「馬鹿もん、これから何時間泳ぐかわからない。服はぜんぶ着ろ！」と注意して、隣りにいあわせた兵曹の巻いていた晒木綿《さらしもめん》をもらって、胴にまかせてから服を着させた。左舷前部より飛び込むというより、ドブンと湯船に入るように海へ入った。（元航海科聴音長、田原徳雄の回想）

右舷舷窓のハッチを開けて外の様子を見ると、すでに多くの兵隊が泳いでいた。総員退去も指示も届かず、機銃座の下士官から横山上水（上等水兵）とともに、ひっぱりだしてもらう。機銃座付近は多くの死体と血の海であり、私と同年輩の若い兵隊が「お母さん、お母さん」と泣き叫んでおり、上官から「早く海に飛び込め」と気合いをかけられていた。私はロープを伝わって海に飛びこみました。（通信兵、吉川栄治の回想）

戦局がけわしくなってから徴兵されたり志願した青少年たちは水泳の訓練をしっかり受けていないので、泳ぎに自信がなかった。あるいは泳ぎそのものより、わが母屋《おもや》の消滅といういわば人生の崩壊現象を前にしてパニックに陥った。艦船の沈没に際しては雑多な器具や木片が自然に投げだされるので、それにつかまって泳ぐのだが、運を天にまかせるにしても、泳ぎの自信と、肉体的・精神的持久力が必要だ。味方の駆逐艦は救助にくることになっているが、生きのびられる保証はない。「瑞鶴」の漂流者たちはアメリカのグラマンに機銃掃射をうけて海を朱に染め、あるいは力尽きて海底に消えた。なかには鱶《ふか》に食われる者もいる。二、三艘の内火艇《ランチ》に運よく乗りこめても、飢えと渇きのために衰弱して死ぬ者がいた。乗組員一七〇〇名のうち、生き残った者は九七〇名。

渡辺清の『戦艦武蔵の最期』では、まったく泳げない水兵たちが多く登場する。「武蔵」の浸水を防ぐために木片類をほぼ使いはたしていたので、沈没まぎわには浮遊物がなかった。泳げぬ少年兵たちは海中に飛びこむことができず、甲尾の旗柱とジブクレーンのまわりをぐるぐると狂気のようにに走りまわり、「おかあさーん、おかあさーん」と恐怖に舌をひきつらせて絶叫していた。これが昭和一九年一〇月の「捷《しょう》一号作戦」で、戦闘機の援護なしにレイテ湾突入を図って撃沈された、巨砲を誇る大艦「武蔵」の悲惨な末路だった。

ボート・クルー専科

●小町さんは専門科としては、海兵団でどこに所属されたのですか。

――ボートの選手ですから、朝からとびだして、ずっとボートのなかです。波が高いときも毎日やっていました。連合艦隊で競技があるのです。それで優勝しなかったら蹴とばされるから、みな腕が太くなるまで猛訓練ですよ。ほかの兵隊は砲術科や機関科などに配置され、そこで機械のことや操作を初歩から習うのが毎日の日課でした。それが一人前になった頃には、またつぎの課程へと、大砲を撃つためにはベテランになるまで訓練が続けられます。

最初、私は戦艦「扶桑」に配属されていました。大きな大砲だと、新入りは火薬装塡のいちばん辛い仕事から始めさせられます。直径三〇センチくらいの、ボクサーがトレーニングに使うサンドバッグがありますね。あれに似た四〇～五〇キロある火薬を大砲の下から押しこんで、一発の発射にその火薬を四つ使うのですが、それはもうたいへんな仕事でした。それはまさにいちばん下っ端の仕事なのですが、やっぱり体格がよくて力持ちの人間がそこへ回されるのですね（笑）。それをしばらくやっているうちに、これはたまらんと思いましたが、運よくボート・クルーになって助かったと思っていたら、ボートのほうがさらにたいへんだったのです（笑）。

●ボートは、実戦でも兵員の救助に役立つという想定のもとに訓練されていたのですね。

――どんなに海が荒れていようが、船が撃沈されたときには乗組員を助けなくてはなりません。そんなときに助ける側のボートが動けないようでは困るので、波が高くてもボートを漕げるように訓練を受けました。ボートの姿勢が大きく崩れてもきちんとやっていました。

そのときに教わったのは、ボートは左右に六人ずつの総員一二人で漕ぐので、一二本のオールが伸びていますね。その一二本の手で波をとらえている限り、どんなに大きな波がきてもボートは決して転覆しない、ということでした。最初慣れないうちは恐かったのですが、それにだんだん慣れていくのですから、軍隊の教育ってすごい鍛え方をしますよ。軍隊で尻が痛いとか頭が痛いとかマメができたとか、よけいなことを言ったらひっぱたかれますから。それが軍隊の教育なのです。たしかに上官は恐いし、先輩も恐いから、一つだって口答えはしません。すべて「ハイ」です。「ハイ」以外は殴られる。ひどい所に入ったなと思ったけれど、出るにでられません、自分で志願して入ってきたのだから。

そこから抜けだして軍隊の中でもっとも早く昇級できる道が、パイロットだったのです。ほかの兵隊は訓練で失敗したり、出勤率がよくなかったり、風邪をひいて寝たり、誰だって嫌気がさすとそうなります。そうなると、つぎの昇級は「お茶ひき」になってしまうのです。友人が上等兵になるときに自分は二等兵でおしまいだったり、それを「お茶ひき」と言うのです。

「お茶ひく」とは、お呼びのかからなかった芸子が留守役でお茶を挽いたという、江戸時代から花柳界で使われてきた言葉である。花柳界の用語が海軍でもひろく用いられたのは、おそらく海軍の将官連中が花柳界でよく遊んでいたからだろう。

小町定のボート・クルーはある日、神奈川県の金沢八景の浜辺にボートを引き上げて、小休止をとった。艇長は、いっしょに航空隊受験の勉強をしようと言ってくれた海兵出身の蓮尾隆市である。総員起床でたたき起こされる海上の艦内生活、猛訓練の合い間に直接足でふれる砂浜は、なつかしく、打ち寄せる海草にも娑婆《しゃば》のにおいがした。

そのとき海辺の近くにある塾から、若い女の先生と子供たちが遊びにきていたので、子供たちが「水兵さんだ、海軍さんだ」とはしゃぎながら駆けよってきた。子供たちとふざけあっているうちに、塾の先生が水兵たちを招いて茶菓でもてなした。塾長は古田勝美というまだ若い利発な女性で、妹や弟といっしょに、当時としては珍しい塾を開き、小中学生を教えていた。水兵たちは、きれいなお嬢さんや無邪気な子供たちのなごやかな雰囲気に、訓練の厳しさも忘れて楽しい時間をすごした。

航空兵を志願する

――ところがパイロットは「お茶ひき」なしでどんどん上がっていくから、昇級が早いのです。もう一つは、海軍を牛耳っているのは海兵（海軍兵学校）出身ですが、私が海兵団に入る前に調べると、海軍に入ってから海軍兵学校に進みたい者は受験できる、パイロットへの道も選択できる、とある。それから、機関科でも経理でも、好きなコースを選べばいいとあったので、それならとにかく入ろうと。ひとまず看板屋の養子はいやなので、入ってから海軍兵学校をねらおう、パイロットもそれから行けばいいと思った。

ところが入って新兵教育課程で、分隊長に私が「海兵の試験を受けたいのです」と言ったら、「ばか、今ごろそんなものあるかい」という返事。その受験制度は何年か前に廃止されていたのです。これではしょうがない、これでもう人生おしまいだと思いましたね。だから志願兵として入った以上、海軍のこのコースで生きていくしかないとわかった。それでぜったいお茶ひきなしで進むのならパイロット以外のコースはないということで、パイロットに完全に決めてかかったのです。

もう一つは、どうせ死ぬならすぐに戦いたいという気持ちもあってパイロットと決めました。ところがあの頃はパイロットの試験がひじょうに難しくて、受験して、うちの部隊からもたまに行くけれど、入って三カ月しないうちに帰ってくるというのです。せっかく学科試験で苦労してパスしたとしても、途中でミスをしたり続かなかったりでクビになって帰ってくる。一緒に訓練を受けた同期のグループがいて、その同期生たちが私に「実は飛行機の学校落ちて帰りました、なんてみっともなくて言えないだろ。だからやめろ」、恥をかくのは分かっているからするなというのです。

私はこれによけい反発して、受験することに決めました。そしたら「やってみたいのなら、しょうがない。やれ」ということになって書類を作ってくれました。それからです、猛勉強をしなければならないのは。そんな背景があるので、必死になって勉強しました。負けずぎらいで頑張ったから、結果がよかったのだと思います。子供に冷暖房付きの部屋を与えて甘やかすとロクなことにならない。そんな環境で勉強したってダメでしょう。受験が認められても、毎日、みなと同じ訓練を受けたあとで、時間を盗みながら勉強したのです。

●それで仲間だけではなく隊の人たちも、小町さんが飛行隊を志願していることを知っていたのですね。

――ええ、知ってました。その連中にまで内緒にはできませんから。ところが六カ月の訓練のなかで、二週間ほど猩紅熱《しょうこうねつ》にかかった。それで入院させられたときには「これでもうダメだ」と思って泣きました。伝染病ですから、隔離病棟にほうりこまれて、出してくれないのです。そのときは、早く出たい一心で、はがれ落ちる皮膚を見破られないようにタオルでこすって水で濡らして、「もうこんなに良くなりました」と言って退院させてもらいました。

その後も、同期生からの遅れをとり戻すために、精神的にも肉体的にも極限状況でやりました。学科も実地も、ぜんぶ追いつくのはたいへんでした。六カ月の訓練を終えて、私は「扶桑」という戦艦に配属されて、話は戻りますが、先ほどの弾薬運びをやったのです。

戦闘機乗りの適性

●飛行機の試験には、学科のほかに何があったのですか。

――最初まず学科試験ですね。何千人の受験者のうち合格したのは一〇〇名。佐世保、呉、横須賀の三カ所から集まったのです。

海兵団を卒業していろんな部隊のあちこちに配属されていた兵隊たちが、パイロットになるための学科試験を受け、合格した者たちが霞ヶ浦飛行場で、こんどはパイロットの適性検査を受ける。そこでは飛行訓練をするわけではありません。

●パイロットとしての素質を見る訓練はどんなことを行なったのですか。

——訓練は真っ暗な所で実際に飛行機に乗せて、飛行機を軽く動かし、途中で立たせますが、いきなり止めるので、身体はひっくり返る。二人乗りの小さな複葉機に乗せてアクロバットみたいな飛び方でふりまわしたり、それは適性をみる施設での試験なのです。空で使えるか使えないか、モノになるかならないか、テストしているのです。ここでかたっぱしからふり落とされて元の部隊に帰される。そこまでやって残ったのが一〇〇名。それでも安心できないのは、素行がよくない、訓練生のくせに飲み屋で一杯やったとか、下宿屋を訪れて娘を口説いたとかで、本格的な飛行訓練が始まった後でも切られるのです。だから、行儀のいい優等生ばかり残る。私も優等生のひとりです（笑）。それでやっと卒業して、戦闘機乗りに選ばれたのは最後の七〇名のうちたった一〇名です。まだ太平洋戦争が始まる前でした。

奥宮正武は、「戦闘機乗りは、搭乗員中適性のよいものより採用された搭乗員から、さらに選抜されているので、搭乗員中の天才の部類に属する。ほかの者が粒々辛苦《りゅうりゅうしんく》することも、朝飯前にやってのけられる」と指摘している。もっとも、源田実《げんだみのる》は『海軍航空隊始末記』で、航空兵にも天才型と努力家の二通りがあるとして戦闘機乗りをめざす凡人をはげましてくれる。だが奥宮正武は複座機の搭乗を経験していて、戦闘機のような高度の技術を要しない大型機の場合ですら、同乗のパイロットが勘の悪い操縦士であるときは、着艦が容易でなく、同乗の電信員や射撃手も生命がかかっているだけに、「はらはらいらいらさせられる」と率直にのべている。

——その頃、上層部では太平洋戦争を計算に入れていたのではありませんから、もしもっと五〇名ぐらいずつだしていたら、太平洋戦争も少しは変わっていたかも知れませんが（笑）。

●同期生で現在生きている人は何人ですか。

——戦闘機搭乗員一〇名の同期生のなかで生き残っているのは、私ひとりです。

●パイロットの学科試験に合格した一〇〇名が、さらに茨城県の霞ヶ浦でさまざまな適性検査を受けて、えりわけられ、ふり落とされ、さらに基礎的な飛行訓練を受けるために別の飛行場に移るのですね。

——房総半島のあたりでは百里ヶ原《ひゃくりつばら》海軍航空隊です。それから筑波海軍航空隊とか二、三カ所しかなかった。そのほかには、水上機の連中は霞ヶ浦のそばに大きな湖があって、そこで水上機の練習をする。それからのちの練習航空隊は、私の知るかぎりでは募集人員も少なく、飛行場も少なかったし、よその部隊のことは私もよく知りません。私も百里ヶ原飛行場で初歩練習から始めました。

●それで小町さん自身は最初から戦闘機を志願したのですか。

——とくに戦闘機に乗りたいと思っていたわけではありませんが、教官たちが訓練生一人ひとりを観察して選ぶときに、私は戦闘機に乗るように命じられたのです。全員一律に訓練を受けたのですが、卒業まぎわに教官が誰それは戦闘機に、あるいは爆撃機にと決めるのです。あれは戦闘機はちょっとむりだろうとか、少し体が弱いから双発の大型機だとか、ふりわけるのです。

私が雷撃機に乗っていたら、敵の戦闘機とは太刀打ちできず、火を噴いて自爆していたでしょう。雷撃機は艦載攻撃機のことで「艦攻」ともいいます。「艦爆」というのは艦載爆撃機のことです。たまたま私は運よく戦闘機に選ばれたので、闘うだけ闘って、今日まで生きていられるのです。これが艦攻や艦爆だと、敵の艦隊を撃沈するのが仕事だから、空中では敵の戦闘機にやられっぱなしで、対等に応戦できないのです。

そういう意味では戦闘機乗りになったのはたいへん幸運で、戦闘機だから生き残ったのです。ところが、戦争が始まってから、太平洋戦争の末期に特攻隊が始まったり、偵察機の代行をしたり、零戦の働く範囲が広くなって戦闘機乗りが足りなくなるし、特攻隊には戦闘機がいちばん向いているし、ということで必ずしも幸運ともいえない状態になりました。敗戦前年の昭和一九年ごろから、一クラス一〇名どころか何千名も採用されるようになりました。そしてかれらが特攻隊に編成されていったのです。

●偵察機は戦闘機よりも生存率が高いでしょうが、あれも最初から偵察機搭乗員としてテストされたのではないのですか。

——戦時中に高々度で飛ぶ偵察機が出現しましたが、私たちの頃は専門の偵察員として訓練を受けた搭乗員は少なかった。戦争の途中で、艦爆や艦攻の搭乗員から選ばれてなったのが多いです。

戦闘機パイロットへの道は何百人に一人というほど厳しいものだったが、いまふり返ると、小町定が戦闘機パイロットに採用され、生き残ることができたのは、かれの進路が、偶然にも海軍の戦略方針の重大な転換期と重なったからである。

海軍は伝統的に攻撃戦法を重視し、航空隊で必要なのは艦攻、艦爆（雷撃機や爆撃機）の攻撃機であり、当時、戦闘機は必要ないという主張が幅をきかせた。意外なのは、のちに源田サーカスといわれるほどの戦闘機パイロットになる源田実大尉が、このときは戦闘機無用論を唱えていたことである。攻撃機のパイロットたちも、戦闘は自分たちだけでやれるといって、戦闘機無用論を支持した。源田実と海兵同期のパイロット柴田武雄だけが、戦闘機有用論を主張して源田と対立した。

のちに新型戦闘機の開発が必要とわかり、性能の重点をどこにおくか論議されたときにも、源田は零戦の性能を強調し、柴田は馬力を強調して、二人はまっこうから対立した。いずれが正しいか、やがて日米航空戦が事実を証明することになる。源田の主張した零戦は性能はすばらしかったが、軽装甲のため被弾すると火を噴きやすく、空飛ぶライターと呼ばれるようになり、戦争後半では米軍機にその弱点をつかれた。航空本部は最初に柴田武雄が主張した原則に戻って、紫電改《しでんかい》のような馬力のある新型戦闘機を改めて開発せざるをえなかった。

戦闘機は攻撃機より時速五〇キロ以上速くないと、攻撃機に追いついてこれを墜とすことはできない。しかも追いかけてきた戦闘機が当時の七・七ミリ機銃弾を大型機に向けて発射しても、たいした効果はない。一方、大型機は背後の旋回銃で、おそい速度で追尾してくる戦闘機を墜とすことができる。また戦闘機は航続距離が短く、長距離の攻撃機に同行してこれを援護することができない。それらの理由で昭和八、九年（一九三三、三四）ごろから、戦闘機無用論あるいは廃止論が幅をきかせた。

したがって昭和一〇年（一九三五）末期から戦闘機搭乗員の養成率が落ち、下士官戦闘機搭乗員の多くが艦上爆撃機に転向させられている。ところが昭和一二年（一九三七）日本が中国との間で戦争を起こすと、軍部はただちに戦闘機無用論が致命的な誤りであることに気づかせられる。同年八月、空母「加賀」と、陸地の陸軍航空隊がそれぞれ、戦闘機の護衛なしに爆撃機だけで、中国大陸の上海から少し奥地に入った蘇州や広徳の基地を攻撃した。その際、中国軍戦闘機によって迎撃された日本軍爆撃機の受けた被害があまりに大きかったために、パイロットの腕に信頼をよせていた軍当局が衝撃を受け、戦闘機無用論は文字どおり空中分解した。

大いにあわてた航空本部は戦術の転換をせまられるとともに、戦闘機搭乗員の養成と、同時に従来の九六式にまさる戦闘機の製作に集中した。それはさっそく、翌昭和一三年（一九三八）の戦闘機搭乗員の採用に反映された。小町定はまさにその一三年に航空隊に採用されたのであり、さらに早急に養成をせまられる戦闘機搭乗員として選抜されることになる。かれがもう少し前に操練（操縦練習生の略称）を卒業していたら、爆撃機や雷撃機にまわされ、生存率はぐんと落ちていたはずだ。

同時に海軍航空本部は三菱、中島飛行機の二社と共同して新型戦闘機の開発に乗りだし、試作を重ねていた。海軍は戦闘機の最高速力、上昇力、航続力、離着陸滑走距離、旋回性能、火器、無線機など、製作現場の技術者にはむりとしか思えない注文をだしつづけた。これを受けて立つのが、伝説の天才エンジニア堀越二郎である。

難しい離着陸訓練

●とうぜん最初の訓練は飛行機を離着陸させるための操縦ですね。

——離着陸というのはけっこう難しいのです。飛行機に乗って座った位置の目の高さが、飛行場の滑走路まで二メートルなのか、三メートルあるのか、この距離をまず目測でぴたりとつかまないといけない。飛び上がったら、すでに何メートルか上がっているのですから、すごく高く感じる。着陸するときのこの地上と自分の目の高さの位置を、まず頭のなかに叩きこむほどに訓練しないと、ここでドーンとやったり、逆にまだ高いところにいるのに、上の方から降りてくると、すぐそこが地面のような気がするのです。そこで、エンジンを一杯しぼると、ストーンと落ちてしまう。五メートルか一〇メートルくらいのところで失速して降りようとするので、危ないのです。失速スピードの限界が一〇〇ノット（時速一八五キロ）ですから、減速しすぎないようにすることが至上命令です。つまり失速寸前で機首を上げたり、尾翼を下げたりバランスをとることが必要なのです。

●だから教官も、だてに乗っているわけではないのですね。

——教官が上空の機内で棒を持っている。すぐ後ろからガツンとやられる。まったく逃げ隠れできません。素手で叩いたら自分の手が痛いので、棒を持っているのです。連日それをくり返すから、薄い皮の飛行帽だし、もう頭はこぶだらけです。冬なら毛の入った毛皮が、夏なら皮があるのですが、練習生には使い古しのしかないから、コンと叩いたらじかにあたる（笑）。

●海軍でも制裁があったということですが、当時はどういう形で行なわれていたのですか。

――海兵団の生活を終えて新兵が各部隊に配属されたときに、そこですでに受験が一年おくれた者は、前に受験し合格した者と差がついている。年代から見ると、一般兵科から来ている先輩が何人もいます。まず海兵団に入り、それから霞ヶ浦の操練に入隊した学校の先生もいれば、サラリーマンもいる。それが同期生、同年兵です。飛行機に乗りたいと入ってきたのですが、同期のなかに軍人としての先輩後輩が当然います。その古いのが出てきて威張る。精神教育をするのです。精神教育といっても、肉体をいじめて汗が吹きでるほど苦しめるのです。一班のグループが一〇名いて……。

●一分隊は何班から成るのですか。

――一分隊は全部で一〇班、一〇〇名から成ります。頭に立つのが号長で、航空隊に入隊するまでの軍隊歴で最大のキャリアを有する者が、号長や班長になるのです。号長というのは今の学校でいうクラス委員、昔の級長のようなものです。

食事をするときは食堂のテーブルごとに各班が分かれるのですが、毎晩、今でいうミーティングをやるのです。ひじょうにまずい訓練をやったとか、飛行機を壊したとか、号長が隊員を並べて怒ります。この場合、全体制裁というのがあって、一人のミスが全員の責任にされて、全員が制裁というか罰直《ばっちょく》を受けるのです。その罰直の方法は、地面に腕立て伏せをして反省するのです。腕がふるえ、だんだん曲がってきて、「こらあ!」と、またどなられる。こんなことを、死ぬ苦しみでくり返しやらされ、一日の訓練が終わって兵舎へ帰ります。そこで食事が終わって、ハンモックに横になっていると、巡検の当直将校がまわってきて、火の用心だとか、ハンモックの形が乱れてないかとか、見てまわる時間があります。それが終わると「たばこ盆《ぼん》だせー」と号令がかかるのです。

●海軍にしては妙な言葉ですね。もっとも、さつきは「お茶ひき」というのがありましたが。

――「たばこ盆だせー」というのは、一日の最後の休息のことです。休憩所に行くと、運動場の隅に大きな灰皿があって、煙草を吸って休憩するようになっているのです。その時間が終わったら、こんどは寝る時間です。

ところが各班に違反者がひとりでもいると、就寝までの時間を延長して、その一人のために、この班の一〇人の人間は見るも気の毒なぐらいに、「訓練がたりない」「勉強がたりない」と、号長から文句のありったけを言われるのです。毎日毎日、今日もまた号長の叱責をくうのかと、同じ愚痴、同じ苦情をくり返し聞かされる惨めな時間があるのです。上に立つ号長に文句を言われると、その班の班長は、一分隊は一〇班から成りますから、「ほかの班では失敗はなかったのに、おれの班だけなぜこんなグズがいるのか」と言って、もうこの班長はこっぴどく怒る。最後まで惨めな思いをして、こてんぱんにやられるのが通例です。

日課としての「罰直」

――ところが、私たちの班長は田中という人ですけど、最後まで一度も殴らなかった。本当に別の班の隊員たちは苦労してるのに、私のグループの班長、田中一水（一等水兵）は卒業まで一発も殴らないし、罰直もしないで、「あれは、おれが悪かったのだよ。おれがもっと指導すればよかったのだ。おれの責任だよ」と言うのです。

●当時は中学校ですら殴打はふつうの罰として制度に組み入れられていたのですから、軍隊でそれに乗らなかったのは、よほどものわかった人物だったのでしょうね。

——すごいねえ、あの人は。田中さんがどういう信念でそうだったのかは、はかり知れないけれど、あの人に対する「すまない」という気持ちのほうが強いです。卒業まで、彼は部下にまったく手をふれませんでした。逆に全員が、なんとかしなくてはならないと反省し、班長を苦しめないように、むしろ訓練は真剣になります。まずミスはだすなと、怒られる原因をつくるなと、一〇名が結束するのです。その成果はすごかったです。

●ぶん殴って覚えさせるというのは、反発のほうが強いですから。あの頃だって、感情こそあらわにはしなかったですが、殴られるほうの兵士はつよい復讐心を抱いていましたから。

——そうですね。当時、暴力をふるったほうの人間は「零戦搭乗員会」にも遠慮して来ません。敷居が高いのです。心が痛むのですね。「少しやりすぎたかな」と。殴っても、ちっとも効果はあがらなかったのですから。

●霞ケ浦飛行場と百里ヶ原飛行場での訓練は、期間にしてどのくらいですか。

——霞ヶ浦とその後の百里ヶ原飛行場も合わせて、のべ六カ月ぐらいです。最初は初歩練習機に乗って日課をこなすのですが、そのときはまだキリモミなどはやらずに、左右に傾いて最小限の旋回をする垂直旋回とか失速反転とか、特殊飛行としても簡単なものですよ。そのあとは中間練習機に乗りました。それは赤いミカン色の翼が二枚ある複葉機で、私たちは「赤トンボ」と呼んでいましたが、それになると宙返りやキリモミなどもできるのです。だから、それまで雷撃の訓練とか艦爆の訓練というのはなくて、みなが同じ課程をこなすのです。

●戦闘機専門の訓練を受けるのはどこの飛行場からですか。

――九州の大分飛行場からです。百里ヶ原を卒業したら、こんどは大分航空隊の戦闘機専修科に入り、徹底的に戦闘機の訓練、射撃だとか空中戦などの訓練に入るのです。

●なるほど、初めてそこで戦闘機の操縦をするのですか。私も子供の頃、吹流しをつけて飛ぶ飛行機を見た記憶があります。こういう話は、あまりなさらないでしょう。

――そんな基礎的なことから、罰直の殴られるところまでの話を、人にすることはありませんね。

●そういうプロセスをたどって、初めて戦闘の話が生きてくるのですね。操縦技術の習得で基本的に重要なのはなんでしょうか。

――バランス感覚でしょう。飛行機は平衡感覚をたもつために、水銀のような一センチたらずの玉が、横幅七～八センチで左右が前方に湾曲している馬蹄型の枠の中に、浮かばせてあるのです。左右傾斜計ですね。この水銀の玉が中央にきていて初めて、飛行機が宙返りしようとキリモミしようと、飛行機の軸線がぴたっと守られるのです。飛行中に自分が中心を見失うと、機体が鉄の塊になってしまう。怖いですね。どんな超ベテランになっても、この玉が中央にこなければならない。というのは飛行機の姿勢はまっすぐのはずなのに、飛行機が右や左に流されると玉が反対側に行くから、バランスが分かるのです。玉がつねに中心に位置するように操縦して初めて、浮力がついて飛べる。銃撃するときも、足で操作し、玉を中心にたもつ状態にしながら、弾を撃つ。でないとこっちを撃ったつもりでも、弾はあっちに流れている。

●大きな模型を見ると、零戦の座席は思ったより高いですね。

――そう。機体の翼の付け根にフックが下がっているので、足を引っかけて上がり、風防の下の把っ手に手をかける。それからひとまたぎです。つぎにその高さの感覚ですね。その判定の勘をつかむのに、すぐに覚える者とそうでないのと、個人差があります。とくに自分が操縦して走っているときの高さを判断するのが難しい。上空から降りてきて、このへんでと考えてもまにあわない。すぐに着地しますから。だいたい四メートルから五メートルの高さで、突っこんできた飛行機をぐうっと起こして、グライド（滑走）するようにもっていき、車輪を着地させる所を、ぴたっとつかまなくてはならないのです。

●後ろに車輪はあるのですか。

――あるのです。ただ初歩練習機にはありません。尾輪の代わりに小さな橇《そり》がついていて、そこから最初に着地するのです。今のジェット機はものすごくスピードがあるので、そのまま前傾姿勢で降りてきて滑りこみ、比較的、着地が楽なのです。飛行機には三点姿勢といって、二つの前車輪があって、これが二点ですね。後ろに一点あるから三点姿勢ですが、三点は平面ではなく、前方の二点がやや上で、後ろの一点が下方です。プロペラ機ではこの三点姿勢で尾輪を先にさげて着地する。飛行機が沈むくらいのスピードに落として、ぐうっと三点姿勢に直し、滑りこんで着地するのです。そのへんのコツがいちばん難しい。この芸当はもう熟練以外にないです。それをまちがえて前車輪から着地すると、頭がドンとぶつかり、つぎに尾輪がドンと尻餅をつき、さらに前で浮いた頭が再びドンと落ちるのです。

その着地が順調にいかないと、一人で飛ばせるわけにはいきません。どこに飛んでいくか、また、どう降りてくるかわからない。だから初めて、「よくできた。明日からお前は単独だ」と言われるのは、これは嬉しいです。内心、「一人で行けるのかな」といくぶん半信半疑ですが。

●なるほど、離着陸だけでもたいへんですね。昭和一四年（一九三九）八月に小町さんは一九歳で大分航空隊の戦闘機専修科を卒業し、さらに長崎県大村の実施部隊に入隊されるのですね。

――そうです。実戦がどんなものかを知らないで、射撃訓練とか格闘戦とか、みんなひととおり行なうのです。これが実戦でどう役に立ってどうなるかは、まだ、まったく未知のことです。

最難関の射撃訓練

●訓練の中でもっとも難しいと思われたのはなんでしたか。

――いちばん難しいのは射撃でした。どんなに操縦がうまくても、弾丸が相手に命中しなくては敵に墜とされてしまう。だから弾を当てる訓練をする。飛行機に接近していって、実弾を撃ちこむ。もちろん訓練のときは、本物の飛行機に撃ちこむわけではありません。上官の操縦する飛行機がひっぱる、鯉の吹き流しのような実物大の模型に撃ちこむのです。後方から接近して実戦どおりの訓練をやるのですが、操縦がまずくて自分の飛行機ががたがた左右に揺れている状態では、弾道も定まらないので、平衡した操縦で背後から接近していって発射する。

一直線に背後から接近する場合と、斜め上からと斜め下から敵機をねらう場合がありますが、それぞれの角度から特別の測定をしなければなりません。これは相当のベテランになってからです。いずれも敵機の前方をめがけて撃たないと、飛んでいる敵機に弾は命中しない。接近する角度によって距離の取り方がちがうので、じつに命中が難しい。

命中率はどういうふうに判定するか、たとえば私の弾丸は赤色に染めてあって、二〇発を一撃（一度目の射撃）から二撃（二度目の射撃）の間に撃ち、戦闘訓練が終わってから吹き流しを調べると、命中していればその部分が赤い痕跡を残している。ある者は黄色、別の者は青の弾丸なので、すぐわかる。二〇発の弾丸のうち、すごいのは一七、八発が命中している。最初はもちろん一発も当たらない。それが二〇発中五、六発当たるようになると、「やった」という感じで、嬉しくてならない。弾は二〇発しか持っていかないので、二〇発撃って、二〇発当たれば満点ですが、そんなことは絶対ないです。

●そうでしょうね。操縦と射撃をひとりで同時に行なうわけですから。

――だから飛んでいる飛行機の角度によってどこへ行くかわからない。まず吹き流しに向けて飛行機をぴたっと据えなければなりません。微動だにしない軸線で撃つこの瞬間、このコツを掴むのがたいへんです。もうすでに突っこんでいるので、吹き流しが一定方向に行くのに、自分の飛行機は勢い余ってそれてしまいます。また戻らなければならない。軸線がきまらず、ゆらゆらしていたのでは、こんども当たりっこない。だからまず後尾について吹き流しの軸線上に自分の飛行機をのせ、さらにぴたりと照準を据え、あとは命中させるだけです。そこへいくまでは自分が飛んでいて、いろいろ動くのが当然なので、その操作、まず弾を当てるまでの基本の操作、これが難しいのです。

●昔、少年はみな飛行機には憧れたものですが、話を聞いているうちに、まあ、これはなかなか。私など、たとえ若くても航空兵にはなれそうにない。

——いやいや、そんなことないですよ。それはそれだけの訓練をくり返せば、できるようになるのです。ならなければ国は守れませんよ（笑）。

●しかし、これはたいへんだ。それで、照準器の十字に吹き流しが入ってきたところで、照準をぶらせないように撃つわけですね。

——それで、もう一つ難しいのは、標的は標的で、仮に時速二〇〇ノット（三七〇キロメートル）で逃げているとすれば、とらえるのが難しい。相手が飛んでいて、自分もまた飛んでいるので、そのまま撃ったのでは標的が去ったあとへこちらの弾がとどくことになります。標的は動いているからね。

●つまり照準を少し前方へ。

——それを計算に入れて標的の頭をねらう。たとえばスピードが速かったら、二、三メートル先とか、五メートル先とか。自分の位置が高かったら、もう少し距離を見なければならない。そうしてぐうっと接近する。接近して、そんなに大きな修正が必要ないところで撃つ。それが少しずつできるようになるのです。

●あまり接近すると恐怖を感じないですか。

——それは怖いですよ。実戦でも肉薄してぎりぎりまで接近すると、これは命中率がいいですね。ところが最初は怖いので、遠いところから撃ってしまうのです。しかしそんなことでは標的のほうが逃げてしまう。こんな戦闘を何回やっても、これでは当たらない。ぜったい命中する距離までがまんして近づき銃撃するのですが、そこまでできるようになるのはたいへんです。

●戦闘機の型によって違うでしょうが、一般に銃口はいくつあって、射撃はどの部分を操作して行なうのですか。

——のちの零戦では、銃口は全部で六カ所あります。うち二個はプロペラの頭部、あとは両脇の翼に二個ずつ固定しています。だから飛行機が向いた方向に弾は飛んでいきます。その方向の焦点を一〇〇メートル先に合わせておいて、六個の銃口から発射した各弾丸が一〇〇メートル先で一致して命中するようになっているのです。それは艦上なり地上なりで専門家が左右両翼の機銃の角度を一〇〇メートル先の焦点に合わせて固定しています。だから操縦しながら発射すると、一度に左右の全銃口から弾が連続して発射されます。右手の親指で操縦桿の頭部を押すと、弾丸が飛ぶのです。

左手はエンジンのスロットルを握っています。スロットルでガソリンの量を絞り、速度を落とし、空中でブレーキとして使います。失速反転の場合がそうですね。足のフットバーは、ひっくり返ったり、急反転するとき、あるいは垂直旋回（真横）の姿勢のままでぐうっと垂直に回っていかねばならないときに使います。この場合、フットバーを踏まないと浮揚力がつかないので落ちてしまいます。踏んでいないと機首が上がらない。右足で機首をぐうっと支えながら飛ぶ場合もあり、別の場合もさまざまにあります。だから忙しい。両手両足、ぜんぶ公平に使っている。

複雑なことはいまのコンピューターと同じですが、ただそれが上空五〇〇〇メートル以上になると、計算力、判断力など、すべての能力が半減する。地上の優等生がへまばかりするのは、地上で一〇〇パーセントの力を持っていた人が、五〇〇〇メートルでは一〇〇パーセントの力をだせないことが多いからです。

●先日もピアノ演奏者から直接聞いたのですが、手で鍵盤にふれ、同時にペダルを踏む足の使い方が絶妙で、うまくなると本能的に踏んでいるのだそうですね。

――そうでしょうね。飛行時間一〇〇〇時間以上になってくると、四本の手足がほんとにコンピューターのキーを打つのと同じように動いている。足が加わるからたいへんなのです。無意識のうちに、習ったとおりにしているのです。

もし足を動かさないで飛ぶと、地上に降りてから、なぜ動かさなかったかと指摘される。上官がそれを地上から見ているのです。それほど、訓練によってぴたっと糸の上を沿うように、相手の軸線に乗って動いているのです。だから訓練はお義理でやっているのではない。宮本武蔵ではないが、本能的に刀が鞘《さや》に戻ってるぐらいにならないとだめです。私たちの頃には、宮本武蔵とか山岡鉄舟とか剣士の名が、操縦技術習得の過程でしばしば引き合いにだされたものです。

●ピアニストの手足の動きも、毎日毎日積み重ねていく職人芸《メチエ》が基本ですね。戦闘機乗りの話を聞いていると、これも職人芸で、飛びかう飛行機のさまざまな航跡をイメージすると、パイロットも意図せずしてアートを制作している感じですね。

ところで、攻撃の軸線に乗るとき、相手が戦闘機の場合は、その背後に機銃がないのでいいでしょうが、雷撃機や爆撃機で専任の射撃手がいるときは、敵の射撃手がこちらに銃口を向けていますね。

＊戦闘機は一人乗りの単座機である。操縦士の眼も銃口も前方に向けられているので、背後の防備が弱くなる。しかし雷撃機や爆撃機のような複座機には三人もしくは二人の搭乗員がいて、戦闘機に対しては背後の射撃手が旋回銃でこれに応戦するので、戦闘機も逆に撃墜される可能性がある。

――それらは複数で二人以上乗っている。雷撃機の場合は三人、艦爆（艦載爆撃機）の場合は二人ですけど、後席にいる一人は射撃手です。自分たちが敵の目標を爆撃しないときは、戦闘機に対して後ろ向きになって、射手がねらい撃ちします。陸軍と同じで、艦爆も、戦闘が始まると電信員が機銃に向かうのです。だから戦闘機で大型機を後尾から追撃するときは、怖いことは怖いのです。自分もねらわれている。それを無視して「やってみるか」といけば別ですけど。強がりを言っていく者もいるかもしれないが、だいたいにおいて、こちらから見て真正面にいるのは怖い。射撃手のいる飛行機に対してこちらが後尾についたとき、相手の飛行機と自分は糸の上を一点で停止している。

宙返り、垂直旋回、失速反転

●射撃のほかに、操縦法ではなにを難しいと思いましたか。

――全部マスターして一人前になると、どれが難しいか忘れてしまったけど、最初の頃は、いちばん単純そうに見える宙返りでも、一つの軸線を描いて、まっすぐ上がって、きれいに回転して、まっすぐ戻ってくるかというと、元の場所に来ないのです。これでは宙返りではなくて、どこへ曲がったかわからない。宙返りする前は、練習機の場合ある程度スピードを余分にだします。水平飛行がたとえば八〇ノットだとすると、一〇〇ノット近くまでだします。ぐっと機首を引き上げるときにスピードが落ちて失速する恐れがあるので、失速しないでぐるっと回れるだけのスピードをつけていきます。宙返りですから、円周上にきれいに回って行かなければならない。

それがどういうわけか、軌道からはずれてしまう。というのはプロペラ回転の交流によって機体が叩かれる。空気の流れによって押されるのですね。ベテランになると、叩かれる側に対し方向を修整する。それが初心者だとわからない。エンジンを全速でふかしているけど、上昇するのでスピードがなくなったところへ、風圧で側面を押されるから、機体が脇を向いてしまうのです。下で見てるとよくわかるのですが、本人は知らないので、うまくいったと思ってる。しかし、それがわからないでは宙返りはできません。エンジンを吹かすときに、水平線に東京タワーみたいな目標があるといちばんよいのですが。

それに向かって上がり、そこでうまく回転できて、東京タワーが真正面に戻ってきたら、これは満点です。そういう目標のつかみ方が、まだ初心者の頃はできません。水平線が全部同じに見えるのです。飛行場があるところは、田舎の原っぱとか、はるか向こうに山があるくらいでしょう。その山の頂点なり、谷間なりでいいから、早めにぱっとつかむのです。そこで上がるときに、フットバーを踏みながらバランスをとる。勘というか、察知して、操縦桿と方向舵の調整をうまくやって円周をまわる。自分で自分を見ながら、自分の姿勢を読まなければならない。地上の対象物があってはじめて自分の行動がわかるのですから、それを読むこともできないでは、どこに行くかわからない。最初はこれさえできないのです。

●宙返りは目がまわりそうですが、スリルがありますね。ただ自分で操縦するとなると……。しかし垂直旋回なら、ぼくが青年だったら、なんとかできるような気もしますが。

――ふつう飛行機は水平飛行で、操縦士は頭を上に足を下にして座席についた姿勢で飛びますね。それを垂直で飛ぶというのは、地上に対して身体は真横になるのです。頭も足の踵も、重力がある下方ではなく横向きの水平になります。

●つまり機体が、水平から九〇度真横になるわけですね。右肩上がりか左肩上がりかは別として、片方の翼を真上に、もう一方の翼を真下にして飛ぶ。いわれてみれば、これも難しい。

――垂直になった姿勢で操縦桿をいっぱい引っぱって、最小限の旋回圏を一周する。しかしそれが苦しいので、力をだし惜しみしたりすると大きな旋回になります。それを、この飛行機の最大限の能力、つまりいちばん小さな旋回圏を回ることに専念する。どうすればいちばんよいか、とにかく力いっぱい腹部に操縦桿をぶつけるように、グァンと引っぱる。こういう姿勢で小さく回っていく、これが基本です。

戦闘するにも、相手が逃げていくとき、小さくぐうっと回れるかどうかというのが基本になってきますね。そういったふうに将来は活用できるのですが、訓練では、いかに小さく回れるかというこの垂直の旋回に専念する。力をだし惜しみしていると垂直にならない。水平に戻る格好で大きく回ったのではだめです。

●しかし、誰だって大きく回ろうとは思ってないわけです。小さく回ろうと思っているのでしょう。それができないのは、力がないということですか。みんな若いのに、それができないとはどういうことでしょう。手前に操縦桿を引きつけさえすればいいのですね。

——それができないのです。耐えられなくて。力をだし惜しみするわけではないけど緩むのでしょうね。それを最後まで頑張っていられれば一番いいのですが。

●やはり、ボートで鍛えたとか、弾丸運びで鍛えたとか、もともと体力があるとか、そういうところでも違うでしょうね。

——もちろん違うでしょう。風邪をひいていたとか、熱があったとか、体調によっても違うでしょうし、それはいろいろありますね。

●なるほど、それを垂直旋回というのですね。では失速反転とは……。

——失速反転というのは、飛行機が一個の物体と同じ物になって、ストンと落ちるのが失速です。失速のスピードにプラス一ノット（一ノットとは毎時一カイリ、即ち一八五二メートルの速度で移動する速さ）、二ノットもあれば、ふわっと浮かんでいます。ストンと落ちるのが失速です。失速の状態を利用して、ぐうっとスピードを上げていって、宙返りの頂点ちかくで、エンジンを絞り加減にいっ

垂直旋回

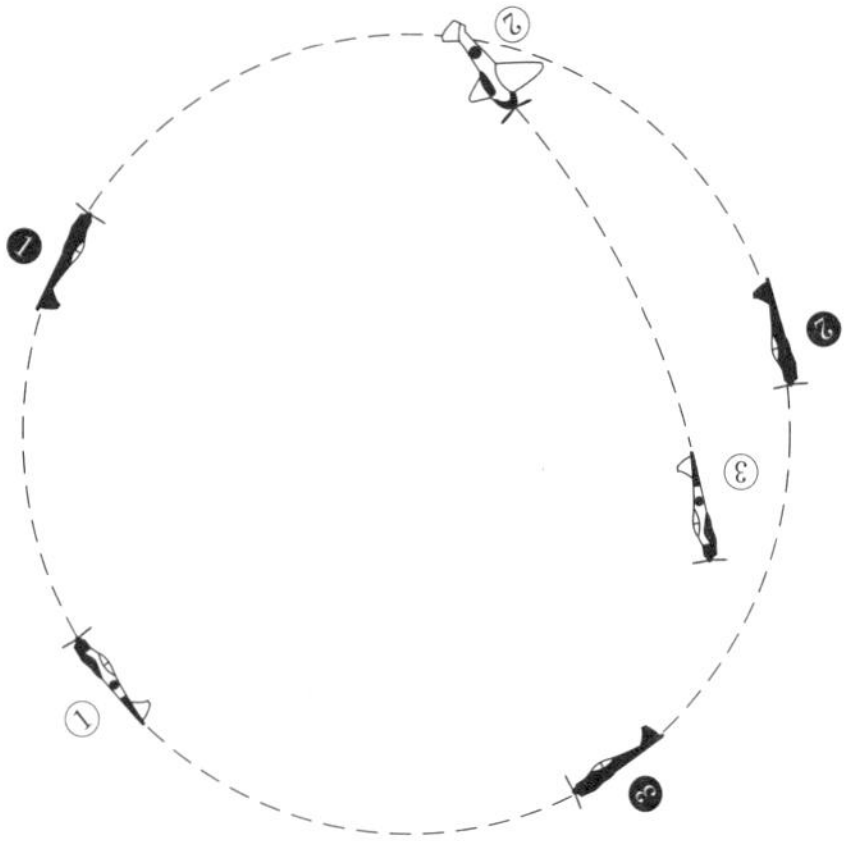

②の場所で「ひねり込み」を入れて、短距離で相手機後尾に回り込む。

失速反転

て、重心と平衡をなくし、ガタガタと振動して、ストーンと落ちます。ストーンと落ちる瞬間に、やや右なら右に傾けておいて、落ちる瞬間に操縦桿を右側に引っぱって、右足をパンと蹴飛ばす、いっぱいに。キリモミはここで機体がぐるんと回って、ぐるぐると入るのですが、これに対し失速反転は、右なら右に機首が上がりかけたところで止まって、落ちます。落ちるときにここでストップしないで、ストン、ストンと首が落ちるのを利用して、こんどはぐうっと回る。だから、ここでストンと落としておいて、すうっと起こすと、これが失速反転です。

　これは要するに、車でいうUターンです。このターンをいちばん小さく回るのが失速反転です。プロペラのエンジンを力いっぱい回していたら、正しい操作はできません。こんな反転では失速にならないので、やや上昇姿勢をとり、失速寸前になると、機体ががたがたしてきますから、今だというときにストンと落とす。機首を落として、それから来たコースへUターンするように落ちてゆく。これがいちばん小さい。すると最短距離で、こちらから追う敵機の、あるいは追いかけ上昇してくる敵機の後尾につくことができるのです。

●やはり空中戦の妙技というのがあるわけですね。

――そう、それを使う戦法はいろいろでてきます。

●うまいとかへたとかいうのは、生死の分かれ目になってしまう。

――そうです。そういった基本から、もう徹底的にやっていくのです。

●これは話を聞いていくうちにだんだん怖さがわかってきましたよ。

――そういった訓練で、本人は青くなったり赤くなったり、冷や汗かいたり。だからもう眼も口も充血したような感じでやっている。それは下から見えないのですけど、本人はたいへんです。

●とくに失速したときに、うっかりするとそのまま落ちるかもしれない。

――ええ。なかには大ミスをする場合があり、そのときが危ない。だから、機首を上に向けて急速に上がりかけているときに、失速に入る瞬間を見失ったら、本当に失速になります。それでは困るのです。

●だから訓練するときは相当上空でやるわけですね。

――だいたい練習機だったら二〇〇〇メートルあれば十分ですけど、一〇〇〇メートルでもできます。

格闘戦の訓練

●小町さんは南太平洋海戦で闘ったとき、キリモミを使って敵の群から逃れたとあります。錐を揉むようにグルグルというか、グラリグラリというか、飛行機を頭から落下させるキリモミなどは、私には想像もつかない離れわざに思えるのですが。

――あれは案外かんたんで、飛行機の機首を上げて失速まで持っていき、失速に入る一歩手前で操縦桿を右なら右に一杯に引っぱって、右または左足で方向舵を動かすフットバーを踏みこんでやれば、ひとりでにキリモミ状態になるのです。これは技術ではなくて、手順さえ正しくやっていればキリモミに入るのです。やめようと思ったら、操縦桿とフットバーを中立に戻してやれば止まる。でも、そのときは回転が止まるだけで下を向いているから、操縦桿をぐいと引いて水平飛行に戻すのです。

●格闘戦で守らねばならない要点はどこにあるのですか。

――格闘戦の訓練は、いかに小さく旋回して相手の後ろにぴたりとつくかという、これのくり返しです。旋回訓練では、実弾を撃つわけでも、銃撃されるわけでもなく、ただ旋回のくり返しですから、それから先の隠し味は教えてくれません。隠し味を発見するまでのところを訓練するのですけど、発見はできないのです。訓練中にはまず発見できませんね。実戦にでて、いろんなことで冷や汗をかくような経験をして、だんだん覚える程度で、訓練中に大先輩の隠し味まで探りだしてぜんぶ自分のものにすることは、不可能にちかい。それがわかった頃には、自分もものを教わる年齢でなくて、もう老骨に入っている。だからある程度で、「よし、これでいいのだ」というところで、自分で満足するしかない。しかし、これでいいのだという限界がないのです。だから、これはしょうがない。

●戦闘機搭乗員の年齢のことですが、『星の王子さま』を書いた作家のサン＝テグジュペリ、かれは軍隊で訓練をうけたのち、貨物運輸や空路開拓の飛行士になり、第二次大戦が勃発したときに米国に避難しました。しかし国を守る責任と義務感の強い人で、四〇歳をこえていて米軍司令部の強い反対があったにもかかわらず、強引に新鋭の米国ライトニング機（ロッキードP38）に乗りこみ、アフリカの基地から飛びたって行きます。そして何度もりっぱに偵察を果たしますが、最後に戦死するのです。小町さんは「すでに老骨に入っていて、人から教わる年齢でもなし」といいますが、戦闘機乗りとしての年齢の限界は何歳ぐらいでしょう。

――だいたい三〇歳くらいでしょうね。上空五〇〇〇～六〇〇〇メートルまで昇ると、能力がもう半減しますから。若くても、風邪ひいたり、熱をだしたりしてると、ぜったいに無理してしまいますね。そのくらいだから、三〇歳が限度です。

●するとサン＝テグジュペリは、偵察機とはいえ、ずいぶん高齢になって健闘したわけです。だから最後はドイツの戦闘機に撃墜されてしまいました。

さて、小町さんは九州の大分から、こんどは長崎県の大村戦闘機実戦部隊に所属されますね。

――そうです。大分の戦闘機専修科を卒業して、大村航空隊に行きます。ここは実戦部隊で、さらに鍛えられるのです。そのさなかに、ちょうど太平洋戦争が近づいていたのですね。まったく知らなかった。それで、そこに二、三カ月いるうちに、また転勤がある。それこそ本当の実戦部隊、私の場合は航空母艦「赤城《あかぎ》」に転勤命令がでました。それぞれ一人二人ずつばらばらに、そこで初めてみんな分かれたのです。

小町定は昭和一五年（一九四〇）に大分の戦闘機専修科で学び、同年六月、実戦部隊の大村航空隊に配属された。ちょうどそのころ、生産されたばかりの新鋭機、零戦が大村航空隊に配備された。三カ月後の九月に日本政府は独伊と三国同盟を締結し、ルーズベルト大統領が日独伊との交戦の用意ありと声明をだす。山本五十六《いそろく》連合艦隊司令長官は、米国と戦わなければならぬのならば真珠湾奇襲しかない、それには航空隊を使用できないかと考えた。昭和一六年四月、小町定に「赤城」への赴任命令が下った。開戦を八カ月後にひかえていた。誕生したばかりの実戦パイロットと新鋭機零戦は、ともに日米航空戦のための申し子といってよかった。

初めて零戦を操縦する

●零式《れいしき》戦闘機いわゆる零戦《ぜろせん》を初めて操縦なさったのは、とうぜん「赤城」乗艦の前のことでしょうね。
――そう、開戦一年有余の前、昭和一五年の秋ごろです。大村実戦航空隊にも初めて零戦が配備されました。搭乗員たちが待ちにまっていた戦闘機です。以前、複葉の九五式戦闘機から低翼単葉金属製の九六式戦闘機に乗ったときは、なんとすばらしい飛行機だろうと驚きましたが、その九六式とこんどの零式を並べたら、大人と子供のちがいとでもいうか、あまりにも零戦の性能のよさにびっくりして胸をおどらせた記憶があります。

それからはもっぱら零戦による猛訓練がつづき、すっかり零戦が身について自信満々でいるときに「赤城」への転勤命令がきました。

●「赤城」「加賀」というのが当時の航空母艦隊の基軸でした。それに「飛龍」と「蒼龍」がつづくのでしょう。

――ええ、私は日中戦争には参加しませんでしたが、航空母艦「赤城」の新人搭乗員になりました。ところが「赤城」に来てみてびっくり、ほかの搭乗員は先輩ばかり、地上にいても機上にいても、頭を上げられるところは一部のすきもないありさまでした。

翌日からさっそく、新任搭乗員を中心に母艦発着の訓練が始まり、連日何十回もくり返し、それが終わると鹿児島の鹿屋《かのや》基地で、午前空戦、午後射撃、これを毎日毎日空戦、射撃、空戦、射撃と集中して、土ぼこりのまう急造の飛行場でやりました。こんな毎日をくり返していたら誰だって名人級の戦闘機乗りになれるだろうと、居並ぶ先輩たちを見ると、誰もかれもが「おれこそは宮本武蔵だ」といわんばかりの面がまえに見えてきました。自分もその弟子ぐらいにはなったかなと自信もできた頃、新鋭艦「翔鶴《しょうかく》」への転勤命令がきたのです。

海軍の零式戦闘機が技術者堀越二郎グループによって設計されたいきさつが、堀越二郎・奥宮正武共著の『零戦』や、柳田邦男の『零戦燃ゆ』にくわしくのべられている。世界の航空界の先端を駆けた零戦や紫電改製作の技術が、戦後の新幹線や自動車、電波部門、さらには平成一五年の旅客機生産プロジェクトなど、あらゆる分野での発展につながったことも広く知られている。

——「赤城」で二、三カ月訓練をつづけるうちに、こんどは「翔鶴」に乗ることになりました。これは当時進水したばかりの、いちばん新鋭の航空母艦です。「瑞鶴《ずいかく》」と同型の姉妹艦でした。そこへ初めて「赤城」からの転勤命令が来て、私は中島飛行機に行きました。

●中島飛行機は戦後、富士重工と呼ばれるようになる有名な飛行機製作工場でしたね。

——零戦を一機ずつていねいに試運転し、二〇機をうけとりました。エンジンも機体もピカピカの状態で、後にも先にもこんな全機新品の零戦をそろえた記憶がないほどです。しかし、これが数カ月後にハワイの空を飛ぼうとは、誰しも思いつかなかった。「翔鶴」が横須賀の軍港から、進水式を終えて処女航海にでたとき、航空母艦に飛行機が初めて飛んできて着艦した。そのときの搭乗員が私どもです。

●つまり中島飛行機製作所の滑走路から直接、これも新しい零戦を操縦して母艦に着艦したのですね。

私は飛行機を折りたたんで海上で運び、空母に積みこむのかと思っていました。

——そんなことをせず、直接新造機が飛行場から飛来して、空母に着艦して、着艦収納になるのです。着艦訓練はもちろん「赤城」で相当にやっていますから、処女航海の「翔鶴」に着艦できたのです。「翔鶴」は飛行機をぜんぶ収容して、太平洋側を通って九州へ行きました。あれは大分の沖合いでしょうか、我々は「翔鶴」から飛びたって、鹿児島湾に面して設営された訓練用基地に向かったのです。それから本格的な猛訓練が始まるのです。

●またさらに猛訓練ですか。「翔鶴」に乗った段階で、もうどのくらい、何百時間ぐらい訓練されたのですか。

――それでもまだ、二〇〇時間そこそこです。

●しかし一回ずつ二〇分、長くて三〇分ですから、二〇〇時間というと、たいへんでしょう。

――そう、開戦時にはかろうじて三〇〇時間くらいでしょうか。開戦前だったので、たっぷり訓練できたのです。

小町定と同じころ「翔鶴」に乗りこんだひとりの軍医がいる。阪大医学部をでた渡辺直寛は海軍医学施設で専門教育を受け、「翔鶴」に配置された。かれの言によれば、航空母艦や戦艦に配置された者たちは軍人として誇らしく思ったが、病院や基地隊勤務に配属された者たちは表情がさえなかった。この配置命令がその後の軍医たちの運命を決めることにもなる。渡辺軍医のように開戦当初に前線で従軍したグループは、昭和一八年ごろから陸に上がったが、逆に開戦後半、戦局がけわしくなって軍艦に乗りこみ、前線に配置されたグループは戦死率が高くなった。

これから乗艦する渡辺直寛は、名前もはじめて聞く「翔鶴」という航空母艦がどこに停泊しているのか、軍の機密もきびしく、正確な情報をもらえなかった。合計二〇〇〇キロにわたる長距離を列車で右往左往して、やっと別府湾の沖合いに母艦が停泊しているのをつきとめた。日没後「翔鶴」は舷窓に点々と明かりをともし、航海灯を華やかに輝かせながら、巨大な勇姿を横たえていた。軍医は埠頭から乗りこんだ小型蒸気船で、荷物とともに沖の「翔鶴」まで向かう。初にお目見えする母艦はまぶしいほどに明るく、当時から有名だった東京駅前丸の内の「マルビル」と見まごうばかりだった。しかし、こんなに美しい「翔鶴」を見るのは、これが最初にして最後となった。まもなく日米開戦となり、夜間は照明をつけなくなったからである。

●それで、新装の「翔鶴」に乗艦してのち、まもなく昭和一六年（一九四一）一二月八日、アメリカの海軍基地ハワイの真珠湾奇襲が行なわれ、太平洋戦争が始まりました。

――「翔鶴」に乗ってから三カ月ぐらい経っていましたね。

●それまで、ずっと猛訓練を。

――ええ、その間の猛訓練は、これまた眼から火がでるようなものでした。あの飛行場は鹿児島市からほんのちょっと、車で一〇分かそこら走ればあるような海岸ばた、鹿児島湾の入り口に、急造の突貫工事で造られた場所です。「赤城」のときにも、これを使ったのですが、もうもうと埃《ほこり》が舞いあがる。霞ヶ浦のような古い飛行場は、きれいに緑の草がはえていますが、それが全然なくて。砂ぼこりのなかで、一二月の対米宣戦布告までなにも知らないで訓練していたのですが、上層部はみな分かっていたのでしょう。

あまりに猛烈な訓練をするので、航空母艦搭乗員というのはこんなに訓練するのかな、と感心していました。とにかくすることは空戦、射撃、航法、それから着艦訓練です。我々は砂煙のひどい飛行場で基地訓練をしていたのですが、同時に鹿児島湾で遊弋《ゆうよく》している「翔鶴」との打ち合わせができていて、きめられた時間に徹底的な着艦訓練をやります。

　ふつう陸の飛行場は、幅三〇メートルぐらいのコンクリートが敷いてあります。霞ヶ浦では見渡すかぎり緑の原っぱでした。どこに降りても一面に飛行場です。ところが航空母艦になると、母艦の甲板幅は二〇数メートル、長さが二三〇メートルほど。その枠内に降りなければならないのに、それが動くので始末がわるい。それでも基本は、あくまで基軸に沿ってぴたっと直線上にもってくる。射撃のときと同じで、母艦の甲板に降りてくるように、母艦の軸線がまっすぐきている延長線上に乗り、艦尾にさしかかるときにほぼ高さ一五メートル、甲板上に横に二三ミリ径のワイヤーが間隔をあけて一〇本ほど引っぱってあるので、ワイヤーに飛行機後尾から鉤《フック》を下ろして引っかけるために、飛行機は艦尾では五メートルの高さで滑りこんで、ガタッとひっかけるのです。

　着艦訓練で目をつぶっても降りられるようになるまでは、トンビやカラスがぱたぱた飛んできてふわりと軽く降りるでしょう、あんな感覚になるまでには大変です。少々の訓練ではできません。横波があれば艦はローリング（横揺れ）するし、縦波にぶつかればピッチング（縦揺れ）します。遠慮なくやってくるので、それにごまかされず、要するにカラスのように飛んできて「チョッ」と降りられるようになれば、もうベテランです。だから、わずかな期間ではなかなかそこまではいけませんが、艦の方の時間の予定さえとれれば、それをやりました。
●それでもあまり時化《しけ》がひどいときは……。
――海の荒れる日は若い搭乗員には訓練できませんから、中止です。ドスンと落ちたり、いろんな事故が多いですから。

●着艦に慣れるまではどのくらい時間がかかりますか。

――それは個人差があります。二〇回ぐらいでできる者もいれば、五〇回ぐらいでやっと自信をもつという人もいる。ここは教官が手をかして教える訓練場ではないので、自分で判断し、満足する以外にないです。自分が訓練した日は波の状態がひじょうに良く、たとえば風速五、六メートル以内、波の高さがさざ波の程度、これだと満点です。しかし風が強く海が荒れる、運の悪い日に訓練が当たることもあります。艦尾が波で上がるのがいちばん怖い。

●艦尾を振って上がってくる鉄の塊に飛行機が激突する。旋回と着艦のときの状況をもう少し具体的に。

――戦闘機の場合は、訓練のときは頭のなかで母艦を中心に線を真四角に描くのです。この線上でほかの大型機にくらべて戦闘機は小回りできますから、飛行距離がいちばん短い。艦首の先方まで何百メートル、先頭をよこぎるのが何百メートルとイメージする。逆にきて母艦の艦尾を通りこす。通りこしたあと、ここが第三旋回、第三旋回からきて第四旋回を曲がったら、着艦のためのパスの姿勢に入る。パスの姿勢というのはグライド（滑空）姿勢です。第四旋回で母艦の後尾にまっすぐつきます。水平線に向かってずうっと一五度線のラインに乗ってきている。一五度の延長線はここでは艦尾までの距離が、機種によって違いますが、仮に一〇〇メートルとすれば、ぐっと押さえて持っていき、母艦にかかるときは五メートルぐらいの高さですっと滑りこむのです。

●カラスのパタパタができてきましたが、高度が高いと思ったらさあっと機体を下げるのですね。しかし、それも技術しだいですね。

―そうです。極端にスピードを落とすと、ほんとにストンと墜落してしまう。もうアウトです。

●その際、翼をパタパタ動かすのですか。

―いや、それはやりません（笑）。鳥のパタパタの原理を飛行機で利用しただけです。飛行機は前に進むものですから、空中で横倒しの体型にしてスピードを落とすと、すうっと沈みます。ふつうは機体を上げ、スロットル・レバーを押してエンジンを絞るとスピードが落ちます。それで甲板にすれすれのところをグライドしてきて、それこそグライダーみたいに、高度一五メートルから一〇メートル、五メートルと降下してきて着艦するのです。五メートルの上から見ると甲板に手が届くような感じで、これはほんの呼吸の差です。ワイヤーの高さがほぼ一五センチ、飛行機の車輪の高さがまた七、八〇センチあります。自分の飛んでる鼻の下は見えない。これがちょうど五メートルの高さだろうと勘でエンジンを絞る。飛行機をぐっと下げワイヤーにひっかけて、そんなに走らなくて止まる。

●ワイヤーのことは、日本語では制動索とか横索とか書いてあります。ワイヤーの弾力性は、飛行機の鈎で引っかけて四〇メートル伸びるほどだそうですね。

―ふだんはワイヤーは寝かせてあって、飛行機が飛んでくる直前、艦の両側からぶらんと一五センチの高さで立ち上げる。飛行機はす

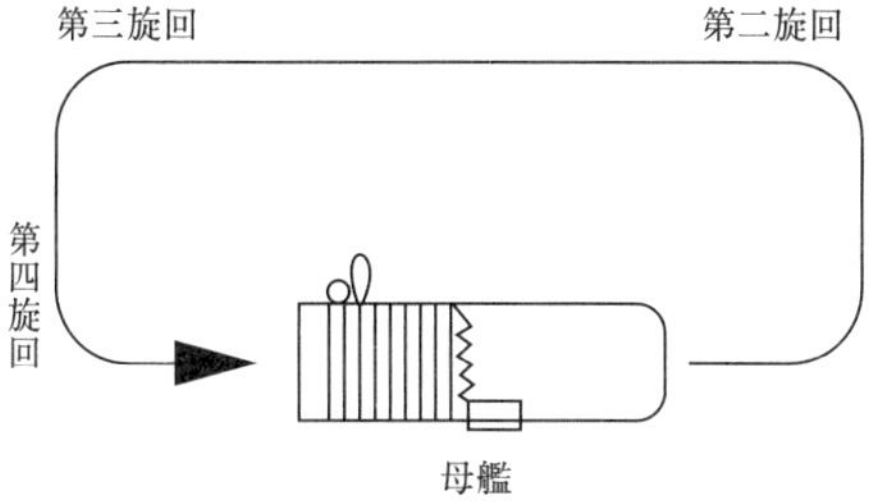

着艦コース（『海軍戦闘機隊史』より）

れすれくらいに下がっていますから、今だというときに、左手でエンジンを絞ると、すっと下がって、ほんの五〇センチのところでそのまま進んで止まる。これは慣れるまで、たいへんな操作です。どこにも五〇センチと書いてない。だからグライドの角度を一〇度から一五度以上に高く持ってきすぎて、艦尾がまだ高かったときには、とても降下できません。初心者はここで、ドーンとぶつかる、ものすごい着艦になります。これはワイヤーを壊すか、飛行機を壊すか、怪我をするか。これをもう数えきれないほどくり返すのです。それでいちばん最後にうまくなると、なんでもやりたくなって、実際いろいろに、もっとも合理的な方法を試みるのです。

着艦時の事故は操縦の失敗のほかに、ひっかけたワイヤーが切れたり、着艦機のエンジンが故障して生じた。小町定がのちに「翔鶴」の超ベテランとして名を挙げる、しかし事故当時は空母「龍驤《りゅうじょう》」に乗っていた半田三空曹は、ワイヤーをずるずると引き抜いて、あっという絶望の声も聞こえて全艦が見守るなか、飛行甲板を通りぬけ、艦首から落ちて見えなくなった。しかし三式艦戦は艦首を離れて海面ちかくまで落ちながらも、ぶらさがったワイヤーで一、二回水をたたきながら、上昇姿勢に移った。これは偶然ワイヤーの両端が切れたために助かった。

九〇式艦載機がエンジントラブルのため着艦できず、海上に不時着したこともある。パイロット奥義光中尉は風評どおりみごとに着水したが、前車輪を海面にとられて倒立ぎみに停止した。機内の奥中尉に傷はなかったが、頭蓋底骨折でこと切れていた。

インド洋作戦で小町一等飛行兵の一番機だった兼子正大尉も、かつて五年前の中尉だったころ着艦にしくじり、一度海中に没してから浮上した。駆逐艦に拾われたが、沈んで助かる見込みはなかったので、同僚たちは「まるで人間には見えないよ」と喜んだ。このように艦載機パイロットたちはつねに危険と隣り合わせていた。

――戦争が始まると、帰投する艦載機はあちこちから戻ってきますが、原則として第一、第二、第三、第四旋回というふうに着艦姿勢をとります。問題は母艦の後尾に回りこむ第三旋回のときで、回りこんでいるちょっとの間にも母艦が先に行ってしまうので、正直に真四角に入ろうと思わないで、というのは真四角に曲がると、その間も母艦は走っているので、飛行機は離れてしまいます。だから第三旋回が終わって、きゅっと角度を左回り、つまり内側に鋭角的にとり、それから母艦の軸線につくようにする。こうして第四旋回をおこなったときに、ちょうど自分と母艦の間が、たとえば一〇〇メートルなら一〇〇メートルという原則があって、第四旋回を終わった位置が、さっき言った一五度の延長線上のグライドの位置です。

まだ慣れない搭乗員にとって大変なことの一つは母艦のピッチング（縦揺れ）です。母艦が、わあっという感じでせり上がってくるのです。自分がせっかく一五度線の延長上に降下してきても、軸線に乗っているはずの艦尾が浮かびあがってきて、まともに衝突しますから、これは怖い。逆に艦尾が下がった場合は飛行機は高い位置になり、ドスーンと落ちてしまう。

母艦のピッチングやローリングに対しては、いろんな対応策があります。ある場合には母艦は艦載機がぶじに着艦できるように、もうひとまわり大きく波の上を旋回してくれるのです。すると、一メートルや二メートルの波があっても、旋回した内側はきれいに波が消えている。いちばん波がなくて、母艦が安定しているときに着艦するのですが、ピッチングとローリングの種類もいろいろです。したがって、船はいつも飛行機と平行してまっすぐの位置にいるわけではありません。だから第四旋回では、艦尾から離れないようにぴたりと機首をもっていくようにできていないとだめです。でないと、実戦の戦闘では怪我をしたり、疲労してふらふらになっているので、ぶじに着艦できません。

●アメリカ映画で航空母艦の場面がでてきますね。せっかく戦闘から戻ってきたのに、海に突っこんだり、激突したり、甲板が炎上したり。

——どんなことがあっても母艦を逃さないのと、もう一つは、第三旋回が終わって、第四旋回の手前で、内側へ、内側へと回ってくるのです。横滑り旋回です。先ほどのトンビやカラスの例でいえば、パタパタと涼しい顔をして降りてくる、あれです。ここまでできるようになったら、もう一人前です。なかなかそこまでは行きませんが。

●つねに旋回して着艦するのですか。

——例外としてあるのは、本人が負傷しているときです。「われ操作不能につき不時着す」と電信員が連絡するのですが、戦闘機はそれができないのでバンクする（翼を左右にふる）のです。まともに回っていたら死んでしまう。不時着するぞとバンクすれば、ほかのパイロットにはストップをかけて、待ってくれるのです。それ以外、かってに入ってきたらどやされちゃいますよ（笑）。

●着艦した飛行機はすぐ片づけないと、つぎの飛行機が降りてきますね。翼をたたんだり、エレベーターで格納庫に収容したりする。片づけるほうも必死でしょう。そのときワイヤーはどうなるのですか。

――倒してはずし、また元に戻します。だから母艦の整備員は忙しい。

●「翔鶴」の場合は何十機収納したのですか。

――常時、八十数機が格納されていますが、そのなかの何十機かが飛びたつのです。

クイック・ロールとスロウ・ロール

●空戦で背後からの銃撃を避けるために機を「滑らせた」という表現をよく目にしますが、「滑らせる」とはどういうことですか。

――操縦法にクイック・ロールとスロウ・ロールというのがあります。急速回転とゆっくり回転ですね。クイック・ロールは、フットバーをばんと蹴って、コイルの線のように最小限に機体をくるくる回しながら飛ぶことです。

これをスロウ・ロールで行く場合は戦闘機のほうに力があって、速いスピードで水平に飛んでいるときのままの姿勢できれいに回る。自分の胴体を中心にして、機首が落ちたり機体が軸線から横にずれたりしないできれいに回って進めば、より大きな直径の螺旋回転になります。スロウ・ロールを利用して、大きく円周を描く軌道で飛行機を滑降させる、こういうスロウ・ロールがあるのです。これは空戦中に相手からの被弾を避け、命中の焦点をそらすのにはいちばんいい方法です。

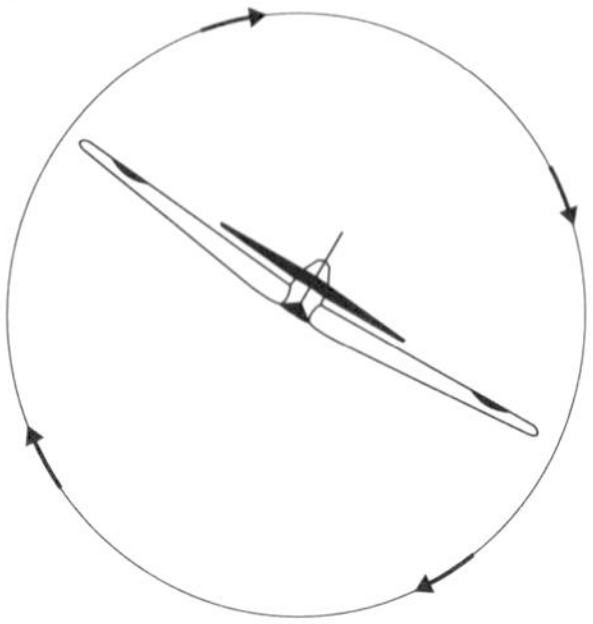

機軸を中心に、独楽のように回転させながら前進する。実際は機体の重さがあるので動きがずれ、イラストにあるように理想的にはいかない。（真後ろから見た図）

クイック・ロール

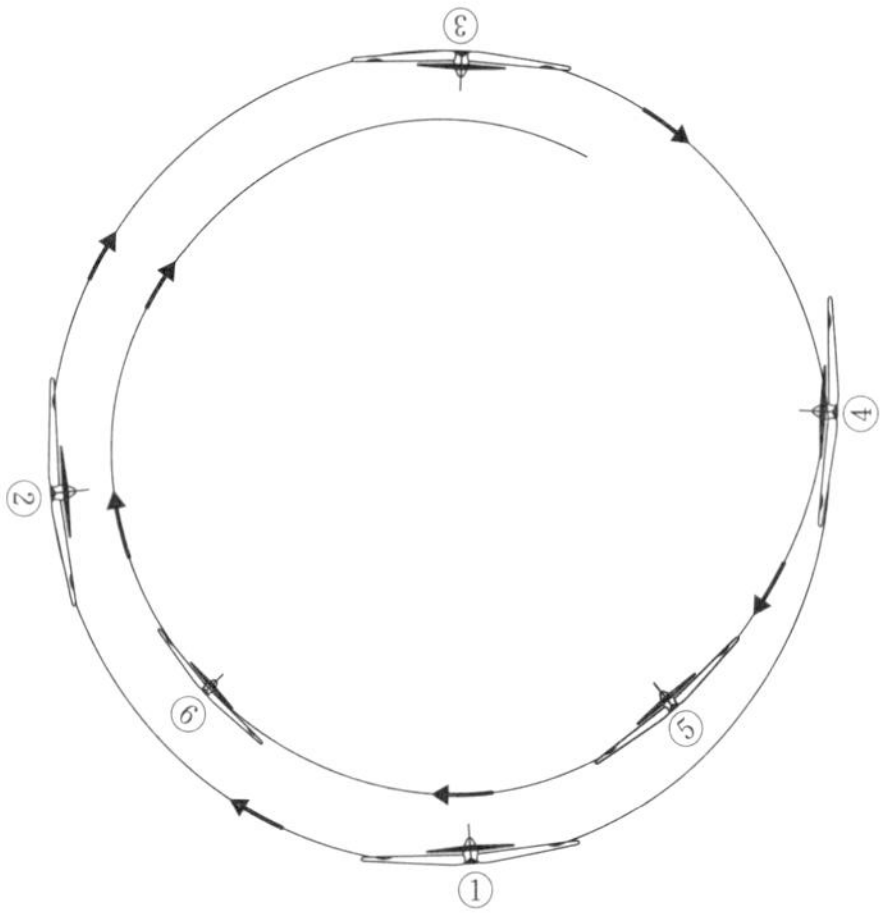

円周を螺旋状（コイル状）に回りながら前進する飛行。これも機体の重さがあるので、イラストのように理想的には回転できない。戦闘機を「滑らせる」とは、この操縦法を適応させたもの。（真後ろから見た図）

スロウ・ロール

左足のフットバーを踏んで飛行機を滑らせるのです。こういうふうに大きく回るスロウ・ロール、これをやられると後尾につく相手は軸線に乗れず、弾を撃てない。こういったのも実戦で使えるから、自由に使いこなせなくてはまずい。だから特殊飛行は、いわゆるそういった飛行が全部できます、というだけではなく、やはり戦闘中のいろんな千変万化する状況に応じて、自由に使いこなせる自信をつけなくては意味がない。

●すべては同じですね。型（文法）ばかり覚えても実戦で使えなければ意味がない。

——そういうことです。飛んでいるだけではしょうがない。下から空を見あげて一〇機も二〇機も飛んでいると、いかにも頼もしげに見えますが、いっしょに飛んでいる者からすると、危なっかしくてなりません。やっと飛んでいるのですから。

●なるほど、「飛んでいるだけではしょうがない」というところがすごい。さらにその上を行く、でないと一巻の終わりですからね。しかも相手の戦闘機も新しいタイプが登場する。

——最後の頃にはアメリカでは、零戦より二倍三倍の馬力のエンジンを積んで、零戦を見たら追っかけてくるグラマンF6Fヘルキャットが登場してきました。最初の頃はこれまで話した操作を駆使して、格闘戦をやるのは零戦は得意でした。その得意わざが使えなくなった。というのは、アメリカのほうが零戦の機能に気づいて、ゼロと遭ったら格闘戦をするな、という命令がでたのです。格闘戦をやったらもうゼロにはかなわない。だから、一撃主義ですね。いったん、米機は零戦に対し背後なり、正面からの反航（真正面攻撃）で一撃を加えたら、もうそこにいなくなってしまうのです。一撃で必ず零戦を墜とせと。零戦が墜ちなかったら、もう未練がましく追いかけないで、先に逃げろという。だからほとんどP51とかF6Fワイルドキャットなどは、すべて一撃でバーンと来て終わり。戦闘にならないですよ。こちらが追いかけても先に行ってしまう。

●ああ、やっぱり向こうのほうが、戦争の後半では性能がよくなっていたのですね。

——ええ、ずっと速くなっていた。零戦がだいたい一〇〇〇馬力で、昭和一八年に登場する米国の強力な新鋭戦闘機F6Fヘルキャットは二〇〇〇馬力ですから、倍になった。すごいスピードで来るからかなりの違いです。戦闘の方法も変わってきた。こんどは零戦がF6Fに追いかけられた場合は、いま言ったように、水平に見せかけてじつは逃げ足でびゅぅっと機体を滑らせるのです。弾の発射はこの軸線、飛行機はまっすぐこの軸線に沿ってどんな飛行機でも、大型でも小型でも、まっすぐ飛ぶのが当たり前なのです、これは常識ですね。

飛びながらこちらに流れて飛んでるというのは、台風でも吹いていれば別ですが。台風が吹いてるときは、ハワイから東京に向かっても、いつのまにか別の方向に行ってしまう。そういうときは、風向きや風速何マイルか幾度も計るのです。さらに軸線をちょっとずらせて、流されないように飛んで行きます。そういう場合がありますが、戦闘中はとにかくビュンビュン弾が飛んでるのですから、軸線はまっすぐです。戦闘機は前方から来ないときは、後ろから攻撃をしかける。

しかし仮に私が機を滑らせるとすると、背後の敵機は訓練の場合と違って、目標が右なり左なりにずれるので、とまどうのです。相手が軸線を進んでると思っていると、とつぜん横滑りされる。米軍機はどんなに遅くても、零戦のスピードかそれ以上で飛んでいるので、零戦に撃ちこんだ弾は理論的にはずれることになります。だから私はこの技法をさんざん利用したけど、こんなときに真っ正面で宙返りしたら、ダダダダッとやられてカモになってしまいます。失速反転して止まっても、またやられておしまい。その局面に応じた操作をしないと、人生一巻の終わりです。

●戦闘中に滑りができるようになるまでは、どのくらいの経験時間が必要ですか。

――一〇〇〇時間は乗らないとできませんね。

●そういうことは、一応実戦で技法を究めたパイロットが新人に教えたり情報をあたえたりしないのですか。

――ある程度はやるのです。卒業したてで一〇〇時間か二〇〇時間くらいで戦地に来る。そういった人から犠牲になるわけですよ、例外なく。毎日、赴任してきたばかりで、最初の日に墜とされて、見るにしのびないので、あまりひどいのは現地で教えます。アメリカの映画を見ていると、よく戦闘が終わってから教えたり、訓練や出撃の際、あるいは作戦命令で相手の性能に注意をさしむけたり、教えたりしますが、日本ではそれがあまりなかった。とにかく卒業してきた者は、いい意味では、りっぱに飛べるパイロットだとみなされて、周囲でかれのプライドを傷つけないようにしているのか。

もう一つは微にいり細にいり戦地で教えることをベテランがだし惜しみしているのか、というふうなこともちらっと感じますね。だから、多く撃墜したエースとか、日中戦争からの生存者で老練の人が、「おい、ちょっと来い。お前たちのやり方はまずいから教えてやる。よく聴け」と細かく教えてくれることは戦地ではなかった。あれはちょっと不思議です。そこまで行った人はこう考えていたのかな、噛んでふくめるように教えてやっても、すぐ明日に自分と同じレベルになれるのではないから、くり返し自分で腕を磨くほかないとでも。

「秘技」という考え方

●しかしやはり最良の方法は……。

――そう、最良の方法は十分に教えることです。格闘戦で日本の零戦がもっとも誇っていたのが、垂直旋回や失速反転、宙返りなどを利用してあらゆる体勢をとることですが、このなかでいちばん得意としていたのは、ひねりこみです。

ひねりこみとは、宙返り旋回を行なっているときに、敵味方の二機が同じ角度の旋回をやれば、二機は同じ軌道のまま上下に円周を描いて旋回しますね。直径一〇〇メートルだったら直径一〇〇メートルの軌道と角度でしか回れない。車輪のなかを駈けて登れるマウスを仮定すれば、理論的に言って永久に二機は同じ軌道をくり返し走ることになる。このときに、どうやって零戦が、ぱっと得意の戦法で距離をちぢめて相手の飛行機の後ろへぴたっとつくか。ぴたっと後ろにつくということは、戦闘ではもう勝ったも同じです。それをお互いに等距離で追い回しているだけでは勝負にならない。そこで、ぱっと敵機の背後へつくのが、格闘戦のもっとも重要なところです。

それを日本のベテランのパイロットたちが発見したのは、円周を描いてまっすぐ上がる代わりに斜めに上がるのですね。斜めに上がるように見せかけ、宙返りのように見せかけて、機体にひねりを入れ小さく回るのが、さっき言ったロールのこの回転。これをここに折りこむわけです。では、それはどうやったらできるのか、そこが問題なのです。

そのへんの極意になると、昔の有名なパイロットたちは、「まだお前たちには早い」とか「お前たちに教えてもわからないよ」といって逃げるのです。ある人は、自分が尊敬している超ベテランにそれをどうしても教わりたくて、ひねりこみのやり方は人によってもうみな千変万化、少しずつ違うのですが、ほれぼれするような人がいて、格闘戦で一回りしたら、もう後尾について来ているのです。どうやったらそうできるのか教えてくれと懇願しても、「まだお前には一〇年早い」といわれてしまう。

それで、何年か経ても、「おう、いくらかうまくなったか。もう四、五年だな」といった調子で逃げられてしまう。たまたま戦争が始まって、ある部隊でばったり顔をあわせて、「こんどは一つ手の内を教えてください」というと「おう、もうお前に教えることはないよ」といった調子で（笑）。だから、自分の得意としているものは、昔の剣法と同じです、教えない。

●日本には職人芸といいますか、同じような伝統が続いているのでしょう。「秘すればこそ花なり」とかいって。ひとつの技芸としては理解できますが、業種によってはずいぶん無駄な労力と時間を費やしている。マニュアル化が必要ですね。

――だのにアメリカの軍隊など見ていると全部オープンに教えているでしょう。

●情報をぜんぶ客観的な共有財産にしてしまう。情報公開を建前にしている国ですから。

――公開すべきです。あれを見て日本の方法は逆だったなあと思ったのです。「お前に教えることはもうないよ」と最後は逃げてしまうのですから。

「零戦搭乗員会」の代表で、太平洋戦争を通じて操縦と指揮のベテランだった志賀淑雄も、そのへんの事情をこう認めている。「やがて横空で、また大村航空でも〈ひねりこみ〉と称する特技が生まれたが、それぞれ少しずつ違うようである。これは秘技であった」。（『海軍戦闘機隊史』）

●それで、またちょっと戻りたいと思いますが、操縦術のうち背面飛行というのはどの程度に難しく、またどういう戦闘の場合にこれを用いるのですか。『坂井三郎空戦記』に、ガダルカナル島攻撃で重傷を負い、ラバウルの基地まで一〇〇〇キロの距離を意識もうろうとして操縦し、かろうじて帰投した、気を失った状態から気がつくと海が頭上にあり、何度も背面飛行になって飛んでいたとあります。

——背面飛行というのは、戦闘で活用される戦法にはまったくありません。戦闘機は背面飛行もできるぞ、というだけのことです。背面になって操縦士が苦しいのは、飛行機は正常な姿勢で飛ばして浮力がつくように造られています。これは空気力学で習うのですが、翼の下面が平らなので、空気を切って進むときに、翼全体に浮力がついてきます。このついてくる浮力で浮かんでる飛行機が、背面になると、重力プラス浮力の逆の現象が生じる。重力が二トンとか三トンとかあるのに、浮かんでいる力が逆になるので、頭から下がるのは当然です。ところが、そうであるにもかかわらず、背面で飛んでいくというのは、ふつう操縦桿は垂直に立ってるものですが、操縦桿を目いっぱい前方に押しこんで、操縦桿が手元から遠くなる姿勢を続けて維持しなければならないのです。

●すると裏返しになった機体でも浮かんでいられるのですね。

——背面飛行でそれをやれば、浮いてくるのです。正常の飛行で浮上するときは操縦桿を手前に引くのですから、それに逆行してぐうっと操縦桿を押して。

●操縦桿を前方に押すのですか。

——肩ベルトから胴体ベルトを十文字につけて縛っているのですが、それでも自分の重量で身体が下がります。ぶらんと下がって、ここでさらに操縦桿を、ぐうっと上へ突き破るように押しのけなければならない。下へぶらんと下がる自分の重量に加わるG（重力）の力で、血液が全部逆流します。だから、座席のなかに訓練中に自分たちが乗って散らかした土ぼこりが一杯入っていて、これが頭に降りかかる。これを避けながら、さまざまな障害があるのですが、そういったものと闘いながら、ぐっと操縦桿を押して背面で飛んでいくのです。この姿勢で五分間も飛んだらたいへんなものです。とてもできっこない。

●そうでしょうね。苦しいときの五分間はすごく長いですから。

——長いのです。でも、これは戦闘体勢ではなくて、こういう姿勢もとれるというだけのことで。

●ああ、そうですか。じゃあ、一〇分も二〇分も背面飛行するなどということはありえないのですね。

——まったくありえません。

2　まさかの日米開戦

真珠湾　インド洋

日米衝突の真相

日米の軍事衝突は起こるべくして起こった、という福留繁元参謀の明快な視点がある。ひとまず私もこれに同意しよう。欧米諸国が先にアジアに侵出して利権を獲得し、この維持につとめた。つぎに資源のとぼしい近代日本が富国強兵策をとって、おそまきながら欧米の侵略と植民地政策にならおうとした。こうして半世紀あるいはそれ以上の時差をもつ日本と米国の二つの政策が衝突した。

明治四二年（一九〇九）にアメリカはハワイを太平洋の海軍基地にしたが、日本も米国を仮想敵国として国防方針をかためた。一〇年後アメリカは日本を警戒し、情報網をはりめぐらせる。

一九三〇年代から日本はいっきょに軍国主義への傾斜を深めた。昭和六年（一九三一）の日本陸軍による旧満州への進出、一二年の中国への侵略、一五年九月に締結した日独伊三国同盟、一六年七月の仏領インドシナへの侵出に対し、アメリカ政府はそのつど危惧をいだき警告を発した。日米交渉の段階で、アメリカは最終的に日本に中国からの撤兵と、三国同盟の破棄を求めた。しかし日本陸軍は、中国大陸での戦争で一〇万人の死者と二〇万人の傷病兵を出していたので、アメリカの要求をのむことができなかった。とはいえ政府首脳、とくに海軍は国力にまさるアメリカと戦争する気はなかったが、ヒトラーと連携した松岡外相が強硬な反米姿勢をとり、これに少壮軍人や右翼、ジャーナリズムが呼応した。こういう場合には、相手国からの抑圧感と自国の屈辱感ばかりが強くなるようだ。

近衛文麿《このえふみまろ》を首相とする日本政府は、アメリカ政府の一貫した強硬姿勢を過小評価してきた。そのうえ陸軍は、アメリカの工業生産力や国民性についても驚くほど無知だった。陸軍大臣は「アメリカの軍隊は腰抜けである」と頭から信じていた。このため、昭和一七、八年ガダルカナルで苦戦するまで日本の将兵はそう思いこんでいた。

実際にアメリカと戦争になれば太平洋が戦場になる。前面に立つのは海軍である。その海軍は永野修身軍令部長が戦争防止に対して及び腰で、優柔不断のまま、逆に日本海軍の艦船維持トン数と石油保有量の限度を二年と予想して、アメリカとの短期決戦にそなえる道筋を用意した。しかし、では開戦三年目に、決戦の成果を外交陣が生かして、日米間の懸案を解決する手だてはあったのか。先を見通すことのできる卓越した人物が日本の指導層には一人もいなかった、というのが奥宮正武元参謀の結論である。また、一人や二人では、国を動かすことが不可能な時代でもあった。

ソ連と不可侵条約を結んでいるドイツと手を組めば、ソ連からの脅威がなくなると陸軍は考えた。しかしドイツがその後ソ連に侵入したことで、日本としては三国同盟を結んだ意味がなくなった。

それでも、インドまで進出するであろうドイツ軍と、日本軍は現地で合流するという空想的な計画をいだいていた。だが日本が真珠湾を攻撃した日に、ドイツ軍がモスクワ攻略から撤退した事実は、あたかも運命が日米開戦の初日をねらって、日本の選択が誤算だったことを仄《ほの》めかしたかのようである。

アメリカは英豪蘭とともに対日包囲網をつよめ、最後に石油の禁輸に踏みきった。とはいえアメリカ国民は、はるかに遠いアジアでの権益を維持するために、自分たちの生命を投げだす気はさらさらなかった。そこでルーズベルト大統領は対日挑発作戦を展開すると同時に、国民を戦争に引きずりだすために大きな罠を仕掛けた、という説が早くからあった。その決定版のようにいわれるのが、二〇〇一年に邦訳されたロバート・スティネットの『真珠湾の真実』である。

大統領は暗号解読により日本軍の真珠湾奇襲を前もって知っていたが、ハワイのキンメル太平洋艦隊司令長官にだけは情報を伝えなかった。こうして日本海軍の奇襲は成功し、ハワイでは二〇〇〇人の軍人、兵士、市民の犠牲者がでた。米国民は日本軍の真珠湾奇襲に衝撃をうけ、その卑怯な作戦に憤激し、報復心に燃えた青年たちがいっせいに航空隊を志願した。国民も一丸となって「正義の戦争」に協力した。これこそルーズベルトの思うつぼだった。

長年にわたって調査した『真珠湾の真実』は、推理小説の謎を解くようにおもしろい。最後の切り札が欠けているようだが、状況証拠はそろっていると私は見ていた。米国が日本を戦争に向けて挑発したという説は、真珠湾のだまし討ちに負い目を感じている日本人にとって悪い気はしない。中西輝政は『真珠湾の真実』の真実性に太鼓判を押している。

しかし、あくまで事実を事実として重視する立場から、『真珠湾の真実』に激しい反論をくわえた人がいる。その秦郁彦の『検証・真珠湾の謎と真実』によると、スティネットの『真珠湾の真実』には欠けている札が一枚や二枚ではないらしい。たとえばアメリカは日本の外交暗号はすぐに解読できたが、海軍暗号の解読には時間がかかった。にもかかわらずスティネットは両者を混同している。また暗号の「傍受」と「解読」をとりちがえている。米国側は真珠湾攻撃の暗号を傍受したが解読には時間がかかり、解読できたとしても開戦後にもつれこんだはずだ。

その他、マッカラム少佐が対日戦争挑発八項目をルーズベルト大統領に提出したとはいえ、佐官級の軍人が幾層もの上司をこえて大統領に耳打ちすることはありえない、また八項目の内容は学生でも思いつきそうな案である、と秦氏は徹底的に批判する。しかも重要な文献の出所を註釈で知ろうとすると「著者のファイル」とあり、文書の客観的な裏づけがない。要するにスティネットのルーズベルト陰謀説は話としては面白いが、肝心の部分で基礎的な裏づけがないというのである。つまり秦氏は、日本海軍が真珠湾攻撃に踏みきったとき、米軍は即座に暗号解読ができず、ルーズベルトも奇襲作戦を知らず、それを知りながら罠をしかけたのではなかった、と主張している。

ところで真珠湾とは直接関係ないが、驚くべき新説がでてきた。『文藝春秋』誌（二〇〇一年九月号）に載った塩谷紘の論文である。第二次大戦中の中国空軍を支えていたのが、アメリカ人パイロットの援助だったことはすでに知られているが、かれらを通して、アメリカは日本本土に爆撃機一〇〇機による先制攻撃をくわえる手はずをととのえていた。だがナチ・ドイツの猛攻にさらされたイギリスへの支援を急いだために、爆撃機の引き渡しがおくれ、「真珠湾奇襲」に先をこされてしまった。これもまた一〇年にわたる塩谷氏の調査研究の結論である。

真珠湾攻撃は連合艦隊司令長官山本五十六自身が決定した。日米交渉が行なわれていたさなか、昭和一五年の春と秋、かれは連合艦隊の模擬戦に臨んだ。艦爆艦攻八一機の威力を目の当たりにし、これを真珠湾攻撃に使用できないかと福留参謀にもらしている。山本は早くから欧米を視察して航空機の威力を認識し、帰国後、航空機の性能向上と搭乗員の育成に大きな功績をあげていた。

戦艦「長門」の艦上で模擬戦を観察していた艦長や参謀たちは、雷撃機や爆撃機が殺到する壮絶な光景に、「これでは戦艦ももつまい」と肝をつぶした。だがいまだ、世界の海戦で航空機による艦隊攻撃が行なわれた試しはなかった。したがって、大艦巨砲主義の福留参謀は山本に、真珠湾作戦としては航空機攻撃より全艦隊決戦を選ぶべきだと勧めた。

しかし開戦ほぼ一年前にあたる昭和一六年（一九四一）初め、山本五十六は航空畑出身の大西瀧治郎少将に真珠湾攻撃の作戦計画を依頼し、源田実中佐が具体的にこれを検討した。航空主兵派（航空機中心）の源田実は、一〇年前（昭和五年のロンドン軍縮会議）からハワイ攻撃計画を練っていたと自認するが、福留繁は『海軍の反省』で、日本海軍の仮想敵はもともとアメリカであり、真珠湾作戦はその選択肢の一つだったにすぎないと水を差している。その意味ではアメリカ側も一〇年、二〇年前から対日戦略を立て、なかには兵站作戦（補給路）もふくめて考察している海軍士官、のちの参謀がいた。とはいえ、必ず真珠湾が開戦の発端になると予想されていたわけではない。

昭和一六年四月半ば、戦後『連合艦隊の栄光と終焉』を記すことになる草鹿龍之介が、第一航空艦隊（以下、一航艦）の参謀長に任命された。かれはこのとき初めて、のちに特攻隊編成を立案した大西瀧治郎から開戦準備を知らされ、激論のすえ大西をともなって山本五十六のもとに行き、真珠湾攻撃を「投機的な行動」として批判した。実際、作戦を立案する軍令部では、種々の点から困難なハワイ作戦をバクチと見なして反対する者が多くいた。山本は、反対する草鹿龍之介の意見に理解ある態度を示しながらも、すでに腹をきめていた。アメリカの実力を熟知していた山本自身、早くから開戦に反対していて、右翼から暗殺されかけたことがある。その山本が言論と時勢に押されて開戦に向かわざるをえなくなっていた。一航艦の司令南雲忠一中将も上司の山本五十六に開戦決意を知らされ、強く反対したが、動きだした車輪を止めることはもう誰にもできなかった。

昭和一六年八月二五日、旗艦「赤城」の村田重治少佐が「加賀」「蒼龍」「飛龍」「翔鶴」「瑞鶴」などの艦攻隊（雷撃機隊）の分隊長クラスを集め、浅い海底でも魚雷発射できるように訓練せよとだけ告げている。一二メートルの水深しかない真珠湾を念頭においてのことだった。

さらに二カ月後の一〇月下旬、源田実参謀は宮崎県の基地に各空母の幹部搭乗員三一人を招集し、真珠湾攻撃の意図を告げた。呼びだされたパイロットのひとりに、戦後「零戦搭乗員会」の代表になる志賀淑雄がいた。かれは奇襲ではなく洋上で堂々と渡り合ったらどうかと発言し、ほかにも同じ意見がでたが、もちろん源田が真剣に耳を貸すはずもなかった。こうしてハワイ奇襲作戦の準備は指揮官たちの間で秘かに進められた。かれらも腹をくくらざるをえなかった。

日本の最後通牒が米国に通告されたのは、在米日本大使館員たちの不手際のせいで、すでに真珠湾に奇襲が敢行された後だった。「山本五十六はさぞかしはらわたが煮えくり返る想いであったにちがいない」と無念の思いを推測する人もいる（阿部善朗『艦爆隊長の戦訓』）。これは外務省の国辱的な失態として戦後受けとめられているが、吉田裕の『日本の戦争責任』によると、ワシントンの日本大使館が後手にまわった米政府への通告は、日米交渉打ち切りの最後通牒であって、宣戦布告ではなかった。それほど口惜しがることはないというのだ。いずれにしろ真珠湾攻撃は、限りなく不意打ちに近かった。

それにしても「パール・ハーバー」は、アメリカ人にヒロシマ、ナガサキへの原爆投下を正当化させる口実の一つをあたえた。日本人が原爆の話をすると、アメリカ人は必ずパール・ハーバーでお返しをする。あれから半世紀以上を経て、戦後の二〇〇一年一二月八日、日本軍の真珠湾攻撃六〇周年記念がハワイで催されたが、同年九月のニューヨーク・テロの遺族や活躍した消防士ら六〇〇人、真珠湾攻撃から生き残った一〇〇人の米兵も招かれ、五〇〇〇人が参加した。日本からは「零戦搭乗員会」の代表もふくめ五〇人が参加した。

催しの目的は「テロに対する、平和をめざす日米共闘」である。しかし私が言いたいのは、米国はニューヨーク・テロと真珠湾奇襲を重ねて見ているということである。真珠湾攻撃もアメリカ側にいわせれば、ニューヨークの九・一一事件に劣らぬテロ行為だった。一九九二年の湾岸戦争の際にも、当時の国防長官チェイニーは「我々が日本に原爆を投下したのが正当であったように、イラクを攻撃するのも正当である」とのべている。アフガン攻撃のときにも同じ趣旨の発言をしている。しかしついでにいえば、チョムスキーが言うように、米国もまた八〇年代以降、中南米やパレスチナやコソボで、国家テロを戦争代理人によって遂行してきたのである。

米国はハワイに日本人を招待することで、つねに忘れっぽい私たちに過去の行為を反省することを迫っている。さらに余勢をかって、日本より半世紀おくれのアラブ系「テロリスト」に対する殲滅作戦に、日本を引っぱりこもうとする。催しに日本人を招待する米国人の友情には、そうした意図がこめられていると見ることもできる。さらに米国の長官は第二次世界大戦後の日本占領政策を、イラク復興の青写真に適用させると明言している。米国はなにか大きな考えちがいをしているようだ。

真珠湾奇襲の猛訓練

一度は反対した参謀長草鹿龍之介も腹をきめ、源田実と淵田美津雄のふたりに「思う存分」やらせた。こうして「市民はその（訓練の）無謀さに驚き、訓練に参加する搭乗員たちも何のためやらさっぱり分からぬ」（『連合艦隊の栄光と終焉』）鹿児島の飛行基地での猛訓練が始まった。

●ハワイ攻撃を前にして、小町さんはそれとは知らず猛訓練を受けていたと、先ほどの話にありました。搭乗員だけでなく艦の乗組員のほうでも猛訓練があったと思いますが、艦内ではどんなことをしていたのですか。

――軍艦は軍艦でこれから戦闘が始まるので、大砲から対空高射砲や機銃、飛行機の収納から、その上げ下げするエレベーターの動かし方から、動かせるものはすべて操作して、猛訓練している。

お互いに猛訓練をしていても、我々はときどき飛んで行って、そこへ降りるだけですが、艦内で働く兵員は、兵隊、下士官から指揮官にいたるまで、あれだけの訓練をやるのは、ただごとではなかった。戦争計画を知らなかったのは、訓練している兵士たちだけです。飛行場を急造したり、まったく聞いたことのない所に飛行場があったのは、あとから考えれば、真珠湾攻撃の準備だったのです。

●真珠湾攻撃の予告はいつどこで聞いたのですか。

――いま日本とロシアの間で領土問題になっている「北方四島」のエトロフ島です。あそこに連合艦隊が集結した。それまでに、何かふつうでないものを感じていました。母艦の甲板には防弾用の土嚢やハンモックのぐるぐる巻きを積み重ねたり、なにかの断片や小道具が置かれていますが、少し前からそれらが目立ってきたので、演習にしては派手なことをやるではないかと、ますます疑わしい気分でいました。

そんなときに集合がかかったので、南雲《なぐも》司令長官のいる旗艦「赤城」に、内火艇《ないかてい》で意気ごんで乗りつけたのです。すると「赤城」の甲板には何もなく、全部取り払ってきれいに掃除されている。空母「赤城」のデッキに五隻の空母の搭乗員が集められたのですが、各艦のパイロットが旗艦に集合するなどとは前代未聞、はじめての出来事だったので、みんなまったく知らないままに、これは何かあるぞと、そう感じました。エトロフに行くまでは、日中戦争の最中ですから、大演習でも華やかにやるのだろうと思っていたところ、ぜんぶ北方に集合したので、これはちょっと様子がおかしいと、みんなびくびくしていたのです。そのときみんな集まった席上で、司令官がいきなり真珠湾攻撃を告げました。

●びくびくしていたなんて言っていいのですか（笑）。

——それは武者ぶるいのぶるぶるということです。太平洋戦争でいちばん我々の願ったことは初弾を自分の手でぶちこむこと、この攻撃をやって死んだら本望ではないかと、死にたくない者もいるでしょうが、周りがそうだから自分だってそうだ、となるのです。びくびくしていたか、それぞれ何を連想していたか、各人それなりに考えてはいたのでしょう。

一同を前にして南雲忠一長官から、一二月八日午前零時零分出撃といわれました。開戦の一週間前でしたが、それは興奮しました。陛下の宣戦布告が下される、と。それを言われたときには、ほんとにびっくりした。これは、あちこちで小ぜりあいしている満蒙や中国での戦争ではないのだ。これからアメリカと戦争してどういうことになるのか、と驚きました。

●情報など入ってこない時代に、小町さんは一青年としてアメリカをどう見ていたのですか。

——あんなに遠く離れた地球の裏側の大陸にある国と戦争するなどと、頭に浮かんだことがない。戦争とはすなわち中国大陸である、という先入観しかなかった。そう思いこんでいたのに、アメリカだと。ふだん訓練していても、アメリカを攻撃の対象に入れたことはなかった。だからアメリカの力、軍事力、経済その他を教えられたことはなく、まったくの認識不足です。パイロットになって猛訓練をしても、それは一人前になるための訓練だと思いこんでいました。それ以上のものではないのです。ところがアメリカと戦うという。中国では「盧溝橋《ろこうきょう》で匪賊《ひぞく》が暴れた」とか、それで列車を転覆させたとか、些細なことを口実に戦っていました。ところが、今度はわけがちがう。

その時代に我々少年を興奮させたり、惑わしたりしたのが新聞記事。いわゆる肉弾三勇士というのは、三人の兵隊が爆弾をかかえて敵の鉄条網陣地を破壊しに飛びこんだとか、これは軍神であるとか、子供の心理をひじょうに煽動するような日中戦争の記事が満載されていました。それで決定的な白黒をつけるために、中国との大決戦につき進むものだとばかり思っていたが、その後の状勢の流れとか、日中戦争の推移とかは、我々がいきなり入った海軍の新兵教育から、パイロット訓練を卒業するまでの間も、世界の状勢や世の中の流れは何も分からない。新聞など読んでいるわけがないです。

そういう期間が二、三年あって、いきなりアメリカときたので、驚いた。日本とアメリカが戦わねばならないほど国際情勢が拡大したのか。なぜ開戦するほどに逼迫《ひっぱく》したのか、理由がまったくわからない。だけど宣戦布告は、我々生まれてはじめて聞く言葉で、陸下の命により午前零時零分を期して布告がなされました。あと具体的な軍事作戦の要点は、母艦に戻って、飛行隊長から説明があるから、これで解散する、終わり、と言っておしまいです。こまかなことはいっさい言わない。わいわい言いながら、また「赤城」から内火艇で自分の母艦に戻ってきました。

一本のタバコ

エトロフ島は北海道から三七〇キロはなれている。空は曇り、山々は雪におおわれていた。昭和一六年（一九四一）一一月二六日、旗艦「赤城」のマストに出航の旗信号が掲げられた。朝靄のなか、各艦の信号兵がこの信号を見て互いに発光信号を交わしたので、光が波間に反射した。機動部隊の哨戒として、三隻の潜水艦が波をたてながら北太平洋にでていく。かれらの任務は本隊の九〇キロ前方を進み、航路上のあらゆる艦船を捕捉し報告することにあった。エトロフ発進は一年を通じてこの季節、もっとも船舶の往来の少ない海域を選んだ末のことだが、それでもなお警戒を要した。

一航艦は空母、戦艦、巡洋艦、駆逐艦など二〇隻、さらに潜水艦、補給船からなっていた。北緯四〇度線にやや下りながらも、アリューシャン列島を左手に、アメリカ大陸方向に東進をつづけた。そして八日目の一二月四日、にわかに進路を南にきりかえ、一路ハワイをめざした。エトロフの単冠《ヒトカップ》湾からハワイ、オアフ島までの距離は五八三四キロ。濃霧がたちこめ、荒波にもまれてタンカーからの給油も容易ではなかった。タンカーが空母の前方二〇メートルを微速で航行し、直径三〇センチのパイプで燃料を数時間かけて補給した。

しかし、攻撃を期した一二月八日は珍しく快晴にめぐまれた。

――その進み方がだいたいハワイを起点として、零度、真北、そこへ行くまでにすごく海が荒れているのです。作戦のポイントは、初めてハワイから洋上二〇〇マイル（約三二〇キロ）の所へ母艦が接近すること。ハワイ北方ぴたり零度の位置にあって、ここから飛びたって攻撃する、という説明があって、零度の所に連合艦隊がいるから、お前たち航空隊はハワイで完全な戦果をあげて帰ってこい、と。

帰投するときにはみな興奮して、攻撃をうけたり、飛行機がガソリンを噴いたりして、帰り道をまちがうといけないから、ぴたっと零度に帰ってこいというわけです。するといちばん真北の所に母艦が待ってるぞという、そういう打ち合わせです。こういう幼稚な戦闘をするのは、これが初めてでした。ただし、行くときは一八〇度で攻撃するから零度に帰ってこいと言われたのは、私の部隊だけです。

各指揮官がどういう角度で行くとか、深追いしてはいけないとか、戦闘機隊、爆撃隊、雷撃隊にはまたそれぞれの説明があるでしょう。羅針盤を見ながら風の方向を考慮して計算するから、複座機に対しては零度は必要ない。戦闘機は一人乗りで、どうかすると興奮して羅針盤を読むこともできないので、指示を受けたのです。

●それを幼稚だというのはどういうわけですか。

——まあ、単純というか明快というか。ふだんは何度の場所で遭うかわからないのに、ハワイ攻撃のときだけはここに母艦が待っているぞ、闘いが終わったらぴたりと零度に合わせて連合艦隊のもとに帰ってくるようにと。それで行きは二〇〇マイル（約三二〇キロ）でも、帰りは三〇〇マイル（約四八〇キロ）ぐらいかかるでしょう。しかし真北に向かって零度の方向は変わらない。

●零度の位置に艦隊がいるのはわかりますが、行きと帰りの距離が違うのはどういうわけですか。

——行きのときは艦隊ができるだけ目標の近くに接近し、飛行機が飛びたったあとは敵の探索を避けて旋回しながら遠ざかるからです。しかし艦隊は必ず零度の位置に戻ってくる。針路はそのままだが、距離は遠ざかるのです。艦隊の判断のもとにハワイから少し離れたということです。しかし針路が零度であるかぎり、このライン上にあるかぎり相互に見えるだろうということです。

それからの一週間は毎日毎日が興奮の連続です。爆撃機、雷撃機の攻撃目標はぜんぶ決められていたのです。だんだん気分が高揚してくる。明日午前零時に飛びたつという前の晩、艦長室前に集合という命令が下ったのです。わが艦（「翔鶴」）だけのことだったかも知れないが、みんな集まったときに、これから決戦になるということで、艦長から一言挨拶があり、よくあるようにお別れの儀式として恩賜《おんし》のタバコをくれたのです。ところが一箱でなくて一本ですから、あれには驚いた（笑）。
●えっ、一本ずつだったのですか。
――なんだこれは、一本じゃないか、とちょっとがっかりした。そういう興奮と感興の真っ最中に一本だけくれたから、ありがたみが半減どころか、しらけてしまったことを覚えています。一服したら無くなっちゃいますからね。一箱なら大事にして記念に持って帰ろうと思っていたのに。
●恩賜とは天皇が「賜る」ということですね。菊の花のゴールド・マークだったでしょうか。陸軍の兵隊では、これを「おし戴いて」一口ずつ回しのみしたとか。「翔鶴」には、搭乗員は約一五〇人はいたでしょう。二、三万トン級の大型空母がこれから死地に赴くパイロットに、当時は一箱一〇本入りでしたが、配給を一五〇箱から一五箱に節約したわけですね。艦長もそこまでは配慮がまわらなかったのかな。一杯の水盃《みずさかずき》のつもりで恩賜のタバコを一本。
――ハワイを攻撃するという、勝敗を決する大事件ですからね。歴史を塗りかえる大作戦の開始に当たって、タバコの一箱ぐらいくれても（笑）。

●戦意高揚のために、一本か一箱か。これは重要なシンボルです。なかには帰還できない人もいる。深刻な状況のときには、こういう滑稽なエピソードがつきものです。

――がっかりした面白い思い出です。それで不満を言ったことはありませんが、笑うに笑えないばかばかしい事実があったということです。

それはさておき、出撃はあと数時間後のことですから、みな興奮して眠れなくなって、軍医官が各ベッドを覗いては寝ているかどうかを調べて、鎮静剤を打って寝かせて、やっとそれでも一一時頃、零時零分に間に合わないといけないから、起こされる。起こされる前まで、やはり眠れないものは眠れないです。遺言状書いたり、いろいろです。それで鎮静剤でやっと眠ったのです。私ですか、私は興奮してとても眠れませんでした。

●小町さん自身の覚悟のほどはいかがでした。

――だれ言うとなく、きれいなものをきちんと着ていこうということになりました。ハワイで墜とされて、現地の者や米兵に見られたときに、日本人というのは汚い格好していると思われるのは不名誉だ。下着からなにまで全部折り目正しいものを着て、りっぱなものに履きかえ、よけいに興奮するのです。いちばんよい軍装をして寝るので、なお寝つけない。上空直衛隊、制空隊、攻撃隊とありますが、みな飛ぶのだから興奮するのは当たり前です。一次、二次攻撃に分かれていたのですが、艦ではいっしょに搭載されている飛行機がいっせいに飛び上がる。全機、飛行甲板に並びきれないので、最初に戦闘機で、七、八〇メートルしかないところをびゅうんと飛び上がらなければならない。それでぜんぶ発進して、まだ下の格納庫に半分ほど入っています。これがまた後から出てきて、時間をおいて第二次攻撃に飛びたつのです。

出撃

昭和一六年（一九四一）一二月八日午前零時零分、「赤城」「加賀」「蒼龍」「飛龍」「翔鶴」「瑞鶴」など六隻の空母から、第一次攻撃隊一八三機が飛びたった。一整備兵はつぎのように回想している。

「全機異常なし」を確認して、発着艦指揮所の飛行長に、手旗をあげて報告する。艦はおもむろに舵をとって、風に立つ。そのときの震動で、格納庫では「タンタンタンタン」という音がした。艦の各部のきしむ音が、がらんとした庫内に反響して生じるのだろう。その音が格納庫をはなれて、こうして発着甲板にいても聞こえてくるのが不思議であった。発着甲板最前部の蒸気パイプから、蒸気がひとすじ、勢いよく噴きだした。それが甲板の中央に縦にひかれた線と一致したとき、艦が風に立つ位置にあることになる。飛行長が右手にもつ白旗を高くあげる。攻撃発進である。分隊士が口にくわえた笛を力いっぱい吹き鳴らすが、ごうごうたる爆音に消されて聞きとれない。同時に両手にもった手旗を左右にパッとひらく。車輪のそばにちぢこまっていたチョーク（車輪止め）持ちの整備員が、その合図で前方のチョークだけはずす。

分隊士がそれを見とどけると、白旗をサッと艦首方向にふる。搭乗員がすかさず、右手で操縦桿を前方にたおし、左手でスロットルレバーを全開にする。飛行機は弦をはなれた矢のように、甲板上を疾駆する。

　全戦闘機の発艦がおわり、つぎは艦爆隊の発艦である。艦爆は重いうえに、二五〇キロの爆弾を抱えているので、零戦のようにはいかない。発着甲板をはなれた瞬間、機体が沈んで見えなくなり、海につっこんだかと思いはっとするが、かなりたってから、ようやく前方の視野に入ってくるツナ渡りのような発艦もあった。(「瑞鶴」整備員杉野守一『証言・真珠湾攻撃』所収)

——ハワイの場合は最初の一弾を撃ちこむのであり、今日この日のために我々は育てられて一人前になったのだから、死んで本望であると、なにかこう宗教的ともいえる雰囲気で、みな身を浄めて、いちばん良い軍装をしたのですが、各人がそれぞれ何を感じ、どう対応したか、これは直接聞いてみないとわかりません。

　ところが、のちの戦場では珊瑚海《さんごかい》航空戦からラバウル航空戦にいたるまで、戦闘は大混戦をつづけたので、そんなことを考えている暇はありません。あえていえば、今日の空戦もすごい激戦になるだろうということだけは分かっています。しかし不安というかなんというか、はっきりいえば恐怖心でしょうか、それが瞬間にでも頭のなかをよぎるような精神状態では戦闘はできないです。
●小町さんは真珠湾奇襲ではどんな任務を果したのですか。
——出発前日までに各編隊がチームごとに、攻撃、支援、上空直衛などが指定されるのです。ハワイ第一次攻撃はだれ、次の攻撃はだれと決まっているのです。それで私が属する編隊は上空直衛隊に指定された。全部の飛行機が飛びたってしまって、艦隊や航空母艦が裸の無抵抗状態になるのは危険です。それを敵機の襲来から守るのが上空直衛隊で、私は二時間交替で、合計四時間これに当たりました。「翔鶴」「瑞鶴」の戦闘機のべ八〇機が警戒に当たったことになります。

●ハワイまではお行きにならなかった。

――そうです。行かなかった。それでも艦隊は、真珠湾奇襲後帰投する味方機を少しでも安全に収容するため、しばらくはハワイに向けて走っているので、いつ敵の哨戒機や潜水艦に発見され、敵機から攻撃されるかわからない。上空直衛隊は味方の上空をぐるぐる回っているだけと思われるかもしれませんが、当時としては海中も上空も油断できない警戒区域で、味方機が帰ってくるまで目が離せない。緊張のきわみです。しかし、直接には攻撃に出かけないで、母艦を守っているだけというのは、誰しも気にくわないわけですよ。それはすごい不満が残ります。だから熱を出して寝ている者まで、「明日は大丈夫です」などと報告します。そのくらいみな気がはやっていた。

ハワイにいたキンメル太平洋艦隊司令長官は、真珠湾が攻撃にさらされ呆然としたが、ただちに日本艦隊の索敵と攻撃を命じたので、米軍機も血眼になって真珠湾の東西南北の方角を遠くまで探索した。アメリカの索敵隊には動くものがすべて敵に見えたので、白い波頭やイルカの群れにまで魚雷を発射した。だから、日本空母の上空直衛隊も緊張しなければならぬだけの理由があった。

●ですが、攻撃隊に参加しなくて、かえってよかったではありませんか。いまアメリカ映画「パール・ハーバー」が封切られて、米国では日本に対して悪感情がふたたびくすぶり始めているとか。アメリカ人は日本海軍の真珠湾攻撃を目の仇《かたき》にしているのですから。

真珠湾攻撃のことですが、奇襲で大戦果をあげたと誇らしげに報告されていますね。ただ燃料貯蔵庫と工廠は撃破できなかったけど、アメリカ側も日本海軍の作戦遂行はみごとだったと褒《ほ》めています。あれだけの数の艦隊が密かにハワイ近くまで接近するとか、真珠湾の底が浅く雷撃機では攻撃しにくいとか、高い構築物とか建物が攻撃のじゃまをしたとか、困難な状況があったことも事実でしょう。また米側の激しい地上砲火や軍艦からの手早い反撃もあった。

と同時にですね、今ふりかえってみると、米軍機の反撃も数えるほどで、日曜日の明け方、軍艦も港湾に撃沈してくださいとばかり停泊していたのだから、「据《す》え物切《ものぎ》り」だった。いわば基本的な訓練をそのまま実行しただけのことで、なにもぼくら国民が有頂天になるほどのことはなかったと思うのですが、いかがでしょう。

――いや、それはそのとおりです。評価の仕方としては正しい。相手が静止している状態ですから。当たるに決まっている。ふつうの攻撃だと失敗もあり、激しい反撃もあるし、戦果はあのときの半分もありません。奥宮正武のような専門家だってそれを認めているけど、ただ結果的に数を計算すると多かったということで、静止していようと走っていようと、当日は奇襲に成功して、多量に数をあげたということであって、自分の技術による戦果とか誇りとかにはならないです。

●だから真珠湾攻撃によって日米互角の戦闘が始まったとはいえませんね。山本司令長官は、緒戦で空母をふくむ米太平洋艦隊を壊滅させる計画だったから、奇襲に出て、それがある程度成功したのですが、空母は真珠湾から海洋に出ていて撃沈されていないのですから、ほんとうの戦闘というのは、そういう寝首を掻くような一連の作戦が終わってのち、互角にとりくんだときから始まったと思うのですが。

——当初われわれは真珠湾攻撃からまっすぐ内地に帰ってきました。勝ち戦に便乗してどこもここも攻撃しようとしたのですが、冷静を保つために、もう一度内地に帰って休息しようということになったのです。

●搭乗員は攻撃の本務が終わってから、艦上ではどういう時間を過ごしているのですか。

——安全海域を航海中は軽い体操などやりますが、危険海域では艦の行動予定があって、真珠湾攻撃後の連合艦隊もまっすぐ日本に戻るとは決まっていなかったのです。長距離の航海が多くなりますから、警戒海域に入り始めると、上空直衛ではなく、進んでいく前方の洋上索敵となり、これは二〇〇マイルぐらい飛びます。索敵機が扇形にひろがって飛びたち、今日は日没まで索敵したが異常なしと報告するのですが、日本に近づいてきて完全に危険がないと分かってくると、そのときは暇をもてあますぐらいです。

ですが日本の島々が見えてくると、もう落ちつかなくなって、動物と同じに喜んで、日本に帰ってきた、と。ましてや島ぜんたいに緑の松林や山など手にとるように見えてくると、もうみなそわそわします。海軍の兵隊なんて子供みたいな者たちばかりですからね。

●逆に戦闘海域に向かうときは、海図を見たり島の位置を憶えたり、西経南緯、距離などすべて勉強しているわけですね。

――そうです。就寝まで私的な時間はありません。とくに艦爆、雷撃は索敵をやらなければならないから。戦闘機はたしかに索敵はしませんが、あの戦争の途中までは自分の「愛機」というのがあって、格納庫に行き、「これはおれの愛機だ」と自分の息を吐くようにして、とくに気になる部分は、ピカピカになるまで磨いたり、拭いたりしたものです。それをしていると、油だらけの整備員と仲よくなる。それでかれらに、たとえば航空糧食をあげたりして、しっかり頼むぞ、大丈夫まかしといてくれ、と兄弟みたいになるものです。

それが戦闘で撃墜されたりすると、明日から飛行機がないばかりでなく、あいつがいないということになって、整備員がいちばん哀れです。飛行機をなくした寂しさもあるけれど、なによりも、あんなに手入れをしてピカピカに磨いていた本人がいないとなると、男泣きに泣きたくなるような寂しい時が、戦争が始まって、もうそれは毎日起こります。しかし毎日泣いてもいられません。やっぱり、喜びである時というのは、そうたくさんはない。悲しいほうが多くなってきますから。

奥宮正武は自身が飛行機乗りの経験をもつ参謀だっただけに、搭乗員の心境をつぎのように分析している。

飛行機乗りの人命軽視感覚はヒューマニズムに反するものとは意味がちがう。しかしある期間がすぎると、次第に事故になれて、きわめて事務的に、死傷者の後始末をするようになる。そして、もともと不安定な飛行機に乗ることを志したものの当然の運命として、犠牲者があっても涙を流さぬようになってくる。特に、訓練中に行方不明になったり、戦闘で未帰還になったときのように、誰も見ていない最期をとげるようになると、死に対する感傷はほとんどなくなって、いつかは帰ってくるようにさえ思うのである。このように他人の死に対して感覚がうすらぐとともに、自己の生命についても、しだいに無関心になってゆく。これはヒューマニズムにそむく人命の軽視ではない。われわれの生命をしっかりと支えてくれるこの大地をはなれて、人間の作った機械に己の生命を託している限られた人びとのもつ人生観なのである。こうして、飛行機乗り、特に戦時の飛行機乗りの大部分は、死というものをさほど重大視していないように見えた。諦めている者もあれば、達観している者もいた。(『さらば海軍航空隊』)

「達観」といえばなんとなく宗教的な感じをうけるが、ひとは土壇場に立つと、もがき苦しむか達観するか、一方を選ぶしかない。つまり達観とは、ひとが思うほど哲学的で高踏的な心境でもなく、むしろ現実的な対応の一つにすぎない、と奥宮は語っているようだ。

――それで我々「翔鶴」「瑞鶴」の乗組員は再出発を期し、搭乗員は大分航空隊に帰った。航空母艦は別府温泉の沖合いに泊まるのですが、飛行機隊は三日ぐらい前に、母艦が一五か二〇ノットくらいで進むのが待てないので、航空隊はたいへん活躍してくれたことだし、先に行ってよしと、飛行機は大分基地に飛び、搭乗員たちはそのまま別府の温泉に意気揚々として行った。そのときはみな勝ち戦の興奮に浸っていた。宣戦布告に従って戦い、初戦で大きな戦果を収めて帰ってきた。だが口に出してはならず、すべて秘密なので、箝口令《かんこう》が敷かれています。口に出せないぶん発散が強くなるのです。

別府温泉でパイロットがみな、鹿児島にいるときから訓練中に何カ月もたまった給料を、この際だと思って、遊んだことのない連中が芸者をあげたり、殴りかかったり、大騒ぎして、飲んだのです。別府温泉の人たちは、私たちが真珠湾を攻撃して生きて帰ってきたなどとは一人も知らない。ところが飛行士たちのほうが羽目をはずしているから異常なのです。町の人から見ると、海軍さんはふざけている。開戦したばかりで、国民が緊張し、すべてを投げうって頑張っているというのに、海軍さんは冗談じゃないと、温泉街から総すかんをくらいました。今度は我々のほうがびっくりしましてね。いや、そのとおりだ、と。こんなところで飲みほうけているなんて、とんでもない。こうして、たしかに反省はするのだけど、飲みだすと、もう止まらないのです。またすぐ出撃しなければなりませんから。別府温泉のすべての人たちから、海軍さんはもう信用できないと怒られちゃって、これはえらいことになったと、みんな酔いがさめてからコソコソ、コソコソと逃げ帰ってきたことがあります。

ただ、あとから遅れて上陸した乗組員たちは違っていた。「瑞鶴」の杉野整備兵が別府温泉に出かけたときは、街ではすでに真珠湾を攻撃した空母の寄港であることを知っていた。杉野が喫茶店に立ち寄っても「海軍さん、ご苦労さまでした。ながいあいだ甘いものがなかったでしょう」と、おはぎをご馳走してくれたり、温泉に入れてくれたりした。

日本国民は真珠湾の戦果に沸きに沸いた。鎌倉文士の林房雄などはたまたま旧満州にいて、宣戦布告を知ったとき、胸のつかえがとれて、実にさわやかなスカッとした気分になったと『大東亜戦争肯定論』に記している。小学校高学年の私も真珠湾奇襲二日後、マレー沖開戦で航空隊が英国の戦艦プリンス・オブ・ウェールズとレパルスを撃沈したという報道が新聞の一面に踊るのを目にして、豪華な軍艦を撃沈した痛快さと、その名の高貴なひびきゆえに、一抹の哀感のようなものさえ感じた。

しかし、真珠湾奇襲はアメリカ人の戦意をくじくどころか、逆にかれらの戦意を高揚させてしまった。また米軍は真珠湾を教訓として、ただちに軍事方針を航空主兵にきりかえたが、日本の大艦巨砲主義者たちは、航空機の役割をわずかに見直しはしたものの、あいかわらず従来の方針から抜けだすことができなかった。戦争の決着は、あくまで日露戦争以来の伝統を誇る戦艦と大砲がつけるものと考えていた。

昭和一六年（一九四一）一二月八日の宣戦布告後、日本の陸海軍はただちに東南アジア一帯の連合軍基地に攻撃をくわえ、翌一七年五月頃までにはボルネオ、セレベス、スマトラ、シンガポール、フィリピン、ニューブリテン、ニューギニア北東海岸の要所を占領した。それでもバターン半島やフィリピンへの日本軍の進撃は、連合軍側の激しい抵抗にあった。セレベス島のケンダリー沖では二隻の戦艦「比叡」と「霧島」が、二八七発の砲弾をアメリカの駆逐艦一隻に乱射したが、命中しなかった。早くも大艦巨砲主義の効率の悪さが顔をのぞかせている。ラバウルから日本の中攻（中型攻撃機）一七機が米空母「レキシントン」に向けて飛びたち、一五機が未帰還、開戦以来初の大きな損害をだした。戦闘機の護衛がまにあわなかったからである。日本の軍部は緒戦の勢いに乗っていたので、米機動部隊の敏捷な動きや行動半径の大きさにまだ気づかなかった。とはいえ日本軍は「快進撃」をつづけた。

直径三〇センチの地球儀で見ると、まず東京都の南方海上に八丈島、その南に父島、母島、硫黄島などの小笠原諸島があり、南下してマリアナ群島のサイパンとグァム島につながる。そこから南へ扇がひろがるように、ミクロネシアのカロリン諸島とマーシャル諸島が同緯度で散在し、ブリタニカの地図帖には記載されていないトラック環礁が島として刻まれ、名が記されている。日本海軍の一大兵站基地がそこにあった。青く大きくひろがる海洋では、せせこましい陸地とちがい、多くの小さな島々がのびのびと自分の名を製作者に記入させている。

さてカロリン諸島のすぐ南を赤道が通り、赤道を越えると、面積が日本の倍ちかいニューギニアがあり、これをオーストラリアの側から眺めると、恐竜の形に見える。その北東部分、恐竜のしっぽの付け根にあたる洋上に、ラバウル港をもつ小さなニューブリテン島がある。とはいえ、この島は四国の倍ほどの広さがあり、そこから一一〇〇キロにわたる範囲でソロモン群島が南下し、その突端に、多数の日本兵を餓死戦においやったガダルカナル島が位置している。ガダルカナルからさらに同じスケールで南に下ると、いまは観光地のニューカレドニア、サモア、フィジーがある。いつのまにか日本よりは、はるかにオーストラリア大陸の東海岸のほうが近くなったが、この広大な領域が、やがて日本海軍と米英豪同盟軍との苛烈な戦場となる。

――別府で過ごして三日もしないうちに母艦に飛行機を収容されて、昭和一七年（一九四二）一月五日、今度はいちずに南のラバウルに向かいます。途中、ミクロネシア諸島は連合艦隊の基地ですから、そのなかのトラック島に立ち寄って艦隊の燃料を補給し、さらに南下を続ける。陸軍は海上で行動したことがないので、ラバウルを占拠するために、海軍が洋上から直接援護するように種々の説明を受けて、出撃しました。一月二〇日から二二日でしょう。そのときはアメリカはまったく戦争の準備をしていないし、平和なニューギニア、その東のニューブリテン島あたりの、それこそ未開の土地です。そこにラバウル港があって、その界隈の貿易とか交流の交錯する場所でした。ラバウルを占領するのが、軍の予定の行動だったのでしょう。そこを取るために、大きな空港なので、大規模な攻撃をかければ相当な反撃があり、大戦闘になるだろうというので、「瑞鶴」「翔鶴」「加賀」「赤城」級の大型空母が、陸軍の輸送船団を護衛して、いわゆる陸戦隊を援護して送って行ったのですが、まったく反応がない。

●つまり日本軍も、その方面の敵情はよく把握していなかった。

――ラバウルまではさすがにアメリカも手がまわらず、ニューギニア島も今のオセアン地域はすべてアメリカの手中になかった。つまり戦争準備ができていなかった。行っても敵がいないのだから勝つのは当然です。ラバウルにも相手がいなかった。それを無血上陸といって、犠牲者なしに上陸できた。相手がいないので、あのときの陸軍は砲撃されずに助かった。それで航空隊はひき返してニューギニアに行き、北東部にラエ、サラモアという場所があるので、そのラエを攻撃したのですが、そこも貿易の商業地で、敵の軍隊はいないのです。大きな双発の輸送機があるだけで、土地の鉱産物を輸送していたのでしょう。

インド洋作戦

とつぜん「翔鶴」に内地帰投の命令がくだったので、他艦の患者をうけいれる態勢が整えられる。プロペラで腕をはねられた者、バリケードで顔面を強打した者、舌を切断した者、肋膜炎患者などを運びこむ。

昭和一七年（一九四二）二月三日、横須賀港に寄港した「翔鶴」は、ドックで修理点検を終えて三月七日に出港した。硫黄島の南端ちかくで敵潜水艦網を突破し、一四日、本隊の一航艦に合流する。二三日、赤道を通過し、翌日セレベス島のケンダリー基地に入港。そこから大機動部隊がセイロン攻撃に向かう。

＊一航艦、つまり第一航空艦隊は開戦当時、第一、第二、第四、第五航空戦隊から構成されていた。第一航空戦隊は空母「赤城」、「加賀」から、第二航空戦隊は「飛龍」、「蒼龍」から、第四航空戦隊は「龍驤」、「春日丸」から、第五航空戦隊は「翔鶴」、「瑞鶴」から編成されている。第一航空艦隊が日本機動部隊の主戦力だった。

渡辺直寛軍医の日誌にはつぎのように記されている。

四月四日　快晴　うねりあり

〇九〇四（午前九時四分）赤道上を南から北に通過する。一〇〇〇（午前一〇時）朝食。内地時間を使っている関係で「ハワイ作戦」の時とは逆に西に向かうほど時刻が遅れていくようだ。なるほどインド洋はしるこのようにトロッとしている。だがうねりは大きく空母は二つくらいのうねりの上に乗っかっている。午前中、左八〇度の「比叡」から敵機発見の通信あり、「翔鶴」より戦闘機三機が発進、攻撃を加える。（『南十字星は見ていた』）

——こうしてインド洋を航行中に、英国機がとつぜん現われた。今でいうスリランカのコロンボに接近する前日の四月四日、「赤城」「翔鶴」「瑞鶴」などの艦隊を、敵の偵察機が発見したのです。監視している当直員が気づき、五艦の空母からいっせいに飛びたって、偵察機をわけなく撃ち墜とすはずだった。ところが零戦が発艦する段階で、風上に向けて、五隻の母艦がぐうっと回りながら進む。するとパイロットの目は艦が回ったほうを向きます。しかし当直員が発見したのは真正面なので、いくら飛んでも飛んでも相手がいない。

この失策を私の指揮官がやってしまった。艦の司令塔でも、飛ぶ前にあの方向だと指示してくればいいのに、「翔鶴」ではしなかったので、違う方向に行ってしまった。一隻の空母から三機飛びたったので、合計一五機であっというまに撃墜できたはずです。ところが目指す偵察機が見つからない。一五機で攻撃するのだから、お互いにぶつかり合うくらいです。艦上では、これでもう心配なしと喝采して見ていたらしい。ところが別方向に飛んだので、偵察機を撃墜できず、戻ってきた指揮官はどなりつけられ、大恥をかいて顔を真っ赤にしていました。

●『海軍航空年表』によると、一九四二年四月五日、コロンボ強襲、八日、トリンコマリ攻撃とあります。

——だから我々が相手に発見されたことは明らかです。英軍の偵察機は「日本の空母五隻、戦艦何隻、海上に見ゆ」と打電したことでしょう。日本艦隊のスピード約何ノットだから、明日の何時頃攻撃があるだろうと。我々も、明日は敵から相当の迎撃があるぞと警戒して進んで行きました。

日本の雷撃機や爆撃機が敵の艦隊に猛攻をくわえたときは、零戦隊は援護機として爆撃機の上空にいたのです。私は三機編隊のいちばん右の外側です。三番機は一、二番機を見守るように少し距離がはなれるのです。とりわけ左回りの形で行くと、他の二機から離れる。二番機だって右回りのときはカモの位置になるのですが、三番機の私がいちばん犠牲になりやすい。あまり良い位置ではないなと思ったが、そういう編成だから仕方がない。こういうのをパイロットの間でふつう「カモ番機」と呼ぶのです。離れてるほうがねらわれますね。どうしてもそうなります。

一番機は兼子正さんでした、のちに戦死されましたが（海兵六〇期。その後「飛鷹」に移り、昭和一七年一一月一四日ソロモン海域で戦死）、ネコさんの愛称で呼ばれ、人なつっこい人でした。それから二番機のベテラン林富士雄さん、私はこの編隊の三番機。いきなりスピットファイヤーの胴体の大きな星印が目の前に飛びこんできた。コロンボとトリンコマリの間の基地から勇敢に飛び上がった英国機がいたのです。

●前方や後方の高空からですか。

――後上方から。離れているカモ番機の私をねらえばいいのに、二番機の林さんを先にねらった。どういうつもりだったのか。私は艦爆隊の攻撃が終わって帰っていくので、その動きに従って編隊で大きく左に回っていこうとしたときに、英軍機が私の編隊をねらって高々度から、それも焦って二番機をねらった。かなり高々度から来たのでしょう、うわっとね、あんなに我々とスピードが違うはずないから。しかも二番機を照準に入れそこなったのでしょう、英軍機はつんのめった形で私の左前を降下しましたが、態勢をととのえるためにぐっと機首をもちあげた。それで私が敵の後ろにつく形になった。上昇する敵機の背中が私の照準器のなかにぴたっと入ったのです。あれは本当に撃ってくださいといわんばかりだった。敵機が斜めに機首をあげて背中を見せる姿勢になっていると、銃撃するには最高の位置です。相手は撃たれる状況を自分で作ってしまった。こんな状態をこちらで作ろうと思っても作れない。ふつうは相手も逃げますから。あんな型の空戦はちょっと考えられない。そういう体勢を作りたいとこちらはねらっている、そのとおりの形で飛びこんできた。

●それで、今だと思って。

――そうです。しかし相手を深追いすると味方に置いていかれる。それに相手は煙を吐いて消えていきましたから、手応えはあった。

●そういう場合、撃墜と確認されるのですか。

――いいえ、確認はされなかった。のちの経験からいって、撃墜にちがいなかったと確信していますが、私の公認撃墜機の数のなかには入っていません。このときの出撃で、二番機の林一飛曹（乙飛五期）が帰ってこれなかった。

●あっ、あの二番機のベテラン林さんが。どうしてでしょう。小町さんが撃墜したと推定されるスピットファイヤーがつんのめってきたときは林さんもぶじだったのでしょう。

――そのときはいたのでしょうが……。戦闘機は「翔鶴」と「瑞鶴」から九機ずつ、一八機が出撃したのですが、二機が未帰還でした。

●では林富士雄さんは戦死したのですか。

――資料によると、セイロン島の近くの島に不時着して、島民に助けられ、戦後までそこに居たけれど、日本の軍人は敵の捕虜になっておめおめと帰るべきではない、自分は死ななければならないので、いずれは死ぬ身なので帰らせてくれ、みなさんの手厚い看護によって元気になったけれど、このまま甘えているわけにはいかない、と。四、五人の手でおさえても言うことを聞かず、困ったらしいですが、ある日脱走でもしたのか行方不明になった。

これを映画にしたいから、小町さん協力してください、もう少しくわしい話をと映画会社から要請がありました。しかし、くわしいことは知らないから嘘はいえない。困ってしまった。演技をするわけにもいかないし。そのうち映画会社はつぶれてしまいました。その林さんは好い人だったのだけど。

●零戦が墜としたスピットファイヤーは実はハリケーンだった、という説を『海軍戦闘機隊史』でのべている人がいますが、ほとんどの本はスピットファイヤーと書いていますね。

――ハリケーンでもスピットファイヤーでも同じです。英国のスピットファイヤーは欧州戦線では敵なしといわれたくらい強かった。日本の艦爆隊が猛攻しているときに、かれらが立ち向かってきました。かれらは自分たちの空軍は世界一だという誇りをもっていた。ところが零戦にこっぴどく叩き落とされてしまった。見たことも聞いたこともない、イギリスの属国みたいな日本の航空隊に敗れたので、精神的に衝撃が大きかったらしいですね。それでジャパニーズ・パイロットがひじょうに注目されるようになった。そんなことは当時われわれは知る由もなかったですが。

●コロンボ攻撃で報告された戦果は撃墜五五機とあります。全般的に闘志満々の日本側にたいして英国側はどうだったのですか。戦意があるのかないのか。

――私たちがコロンボ上空で襲われたのは、スピットファイヤーがさらに上空で待ちかまえていたからです。相手は背後から襲いかかれるので、私たちよりはるかに有利な体勢です。背後から急降下してきて一度射撃しながら、降下のスピードを利用して急速度でさらに前方で反転して、ふたたび挑んでくるのがふつうです。それをしないで私の前をつんのめって行った。模範的なのは、降下の加速度でふたたび上昇し反転して、上空からもう一度先頭の一番機を攻撃することなのです。ところが、相手はそれっきりです。零戦に対して背中を見せたことは完全に負けですね。戦闘機どうしの格闘戦ですから戦法は種々あり、どんな形を取ろうとかまわないけれど、そのまま逃げたのだから、これはまったくやる気がない、ということになります。

●戦意がないのか、技術がないのか。

――練度（熟練度）はかなりあったと思うし、ヨーロッパ戦線では無敵を誇り、ドイツといえども自分たちイギリスには敵わないと考えてきた。ですから技術というより戦意の問題でしょうね。翌日、コロンボの軍港にイギリスの航空母艦「ハーミス」がいたのです。ところで先ほど言ったように前日、日本側の位置は索敵機に発見されているので、相手に我々についての情報は入っているのです。だのに英空母「ハーミス」は姿を隠してなかなか見つからない。つまり立ち向かってくる姿勢がないのです。

では、どこにいたかというと、反対側に回った島陰にいました。それを日本の索敵機が発見して、それから第二次コロンボ攻撃が始まったのです。護衛の戦闘機なしの、艦攻、艦爆だけで、まるで練習しているように投弾し、あっというまに撃沈した。その頃はほんとに日本の艦隊は強かった。だから、たしかに「ハーミス」一隻なら島陰でもどこでも隠れていたほうが利口だったでしょうけど。「赤城」「翔鶴」「瑞鶴」「蒼龍」「飛龍」の空母五隻を擁する大機動部隊で行っているのですから。指揮官たちも「今日はおれが行く」といって、競争するように出かける時代でしたから、その勢いは大変なものでした。

暴力の連鎖と共同体のレベル

『零戦』（堀越二郎・奥宮正武）によると、戦前まで欧米諸国は日本航空隊の実力を知らなかったので、まったく評価していなかった。一つには、日本側が極秘に軍備や訓練を進めたからだが、同時に欧米諸国は、アジア人種がそれほどの能力をもつはずがないという偏見をいだいていた。中国空軍を指導していた米国人シェノールトが、本国に新型の零戦について報告書を出しても、米英の空軍指導者は信じなかった。

当然のことながら米英豪蘭の軍部と政府は、開戦そうそうの太平洋、現在の東南アジア、フィリピン、インド洋など広範囲にわたる日本航空隊の活躍と実力に仰天した。ケーディンの『日米航空戦史』によると英豪軍のパイロットたちは、零戦の有するすべての性能と搭乗員の技術に太刀打ちできぬことを認め、その強さに怖れをなしている。その衝撃は大きかった。とくに見た目も芋虫のようなオーストラリアの戦闘機バッファローでは、贅肉をそぎおとした鋭い零戦に対し手も足もでず、零戦の好餌となった。台南航空隊など陸上基地からフィリピン方面に進出した戦闘機搭乗員たちは、この時期、比較的手軽に敵機撃墜のポイントを稼ぐことができたはずである。

昭和一七年四月四日のセイロン島コロンボ攻撃で、空母艦載機はのべ一八〇機が攻撃に参加し、イギリスの艦船や航空機に大きな損害をあたえた。モリソンの『太平洋の旭日　太平洋戦争アメリカ海軍作戦史』（以下『太平洋の旭日』）によれば、英戦闘機三一機が飛びたち、うち二四機が撃墜されている。これは日本側が発表した撃墜数をかなり下まわる数字だが、こうした誤差は大戦をつうじて両軍ともにあった。勝利をおさめた側は戦果を誇大視するが、敗北した側は味方の被害を少なく押さえようとする。

トリンコマリ攻撃について『太平洋の旭日』にはこう記されている。「空母ハーミスは少なくとも四〇発の命中弾を受けて、二〇分以内に全搭載機もろとも沈没した。つづいて日本の爆撃機二〇機が駆逐艦にとりかかった。付近にいた一隻の病院船はすばやく生存者の救助につとめたが、三一五名の将兵は戦死をとげた」。英国籍をもつ三一五人の個々の思いと過去がインド洋に呑まれてしまったが、戦闘報告はそれを一行でかたづける。三一五名という死者の数に驚くことはない。まだ序の口だ。

連合艦隊司令長官山本五十六から航行中の一航艦に、真珠湾攻撃以来の戦闘にたいし感謝状が送られてきた。「感状」とひきかえに、この間、一航艦で失われた総員数は一二一名。未帰還機五四機。戦死者のうち搭乗員が九〇パーセントをしめる。さらに搭乗員の負傷者三四名がこれに加わる。

一方、帰路につくインド洋上の一航艦の「翔鶴」では、レコードを蓄音器にかけてクラシックを聴く優雅な士官がいた。渡辺軍医は日誌にこう記している。

四月一一日　快晴　うねりなし

インド洋作戦中、艦内は蒸し暑く、また退屈でやりきれない毎日が続いた。大海原の上での生活は変化に乏しく、自由時間の過ごし方にも限度がある。私は毎日数少ないレコードを繰り返し聴いたが、中でもラヴェル作曲の「ボレロ」が最も印象的だった。

四月一三日　快晴　波なし

一五三〇（午後三時三〇分）水道を航行中、はるか水平線上に数十条の煙をなびかせていた船団が、たちまち接近してきた。それは単従陣になった陸軍輸送船団三〇隻であった。船団の甲板は兵隊で一杯になっており、向こうもこちらも互いに帽子を力一杯に振る。かれらも帝国海軍の一大陣容を目のあたりにして欣喜雀躍している。戦艦四隻、空母五隻、巡洋艦、駆逐艦、タンカーと当時世界一と折り紙つきの精鋭中の精鋭が今まさに自分たちの目の前にいるのである。陸軍船団の人々が、軍艦を一目見んものと左舷に鈴なりに群がっているため、輸送船は左舷側に傾くように見えている。

これらの輸送船の一隻に、当時としては珍しく車の運転ができる一人の日本兵がいた。かれは輜重兵《しちょうへい》（軍需品を陸上輸送する兵）として旧ビルマ戦線（現在のミャンマー）に派遣された。ある日、行商にきた中国人夫婦の妻に日本兵たちが暴行をくわえようとしたので、かれは夫婦を守って逃してやった。夫婦はお礼にワイシャツを一枚残して去った。あとでかれは同僚の日本兵たちの恨みを買った。いつも面白いことを言って人を笑わせる、その人物はまだ北九州に健在である。

ジョン・ダワーが『敗北を抱きしめて』で複雑ないい方をしているように、日本人そのものが全体として残虐だったわけではない。戦時と平時を問わずさまざまな性格の人間がいて、しかも人間そのものが環境と条件しだいで良くもなれば悪くもなる。それに世界中で根強くはびこる偏見に染まって、相手を下等な人種と見る風潮があった。アジアの地で日本兵が非人道的な行為を犯したのであれば、それはまず、上に立つ指導者たちが厳正な組織づくりと教育を怠ったことで、責任を追及されねばならない。その後に、人間としての将兵個々人の倫理観が問われることになる。これは共同体レベルの、文化と教育の問題でもある。

日中戦争以前の日本軍がいかに国際法を忠実に守り世界の賞賛を浴びたか、他方、日中戦争ではなぜ日本兵が残虐な行為に及んだか、若槻泰雄は『日本の戦争責任』（小学館ライブラリー）でこの問題にふれている。また氏は、終戦時に中国の現地住民から歓送されて帰国した日本部隊もあったことの例をあげている。

陸海軍をとわず軍隊内の私的制裁や暴力に対する容認が、暴力に対する無感覚を兵に植えつけた（渡辺清『海の城　海軍少年兵の手記』）。この内なる暴力が兵営の門から外に出るとき、国民に軍部の横暴を感じさせ、国境を越えて外の人間に向けられるとき非人道的行為を誘発する。一連の暴力行為の根底にあるのは、同一の根であり、外形を異にする退廃的な暴力の連鎖である。建て前としては私的制裁を禁止しながら、実際には暴力の蔓延を黙認していた軍隊制度の在り方が問われねばならない。

しかも戦局が展開するにつれて、軍隊内で士官と兵を問わず暴力的制裁が激しくなった。戦時中に母校の海軍兵学校を訪れた吉田俊雄は、戦前に比べて兵学校の雰囲気がまるで変わったことを嘆いている（『海軍のアキレス腱』）。これは戦闘という最高の暴力に耐えるための、「毒には毒をもって制する」式の、つまり暴力（戦争）に強く対抗するための肉体と精神の暴力的強化という、将兵の無意識の対応策である。これは戦争が、それほどに残酷な現象であることを逆に語っている。その残酷な暴力が将兵の人間としての倫理観を低下させた。さらに日本の軍隊では、相手国との物量と技術面での劣位を、潜在暴力としての「根性」という最低の精神主義で補おうとした。

ドーリットル隊の日本本土爆撃

開戦五カ月後の昭和一七年（一九四二）四月一八日、早くも、空母「ホーネット」から発進した一六機のドーリットル爆撃隊が、東京、横浜、名古屋、神戸を急襲した。日本国民に一泡吹かせるこの企画は、これはこれで一つのドラマだが、結果についていえば艦載機は海上の日本の警戒網を突破して、低空飛行で爆撃を実施したのち、ソ連領ウラジオストークや中国領に着陸した。

搭乗員のうち八人が日本軍の捕虜になったが、この意表をついた戦術は日本の軍部に大きな衝撃をあたえ、アメリカ国民には少なからぬ満足感をもたらした。当時の日本側の報告では「ほとんど被害はなかった」とあるが、家屋損害三五〇戸、軍需工場で働いていた者あわせて三六三人が死傷している。これはインド洋で撃沈され、救助されなかったイギリス人水兵の数にちかい。この日本国内での犠牲者の数もまた、ほんの序の口にすぎなかった。

「翔鶴」の乗組員は台湾に休養で上陸したとたんに艦に呼び戻され、日本に直行するよう命令が出た。しかし敵の攻撃が終わった日本に航行しても意味がない。一航艦のうち「翔鶴」「瑞鶴」の五航戦は方向を転じ、トラック島に向かい、食糧や燃料を補給したうえで、ソロモン群島の最南端にあるガダルカナル島の沖をまわって、珊瑚海に向かった。

大機動部隊がコロンボ、トリンコマリを攻撃していた頃、日本の設営班はニューブリテン島のラバウルに進出し、飛行場を拡大、南進してソロモン群島の基地調査を始めていた。四カ月の間に、つまり昭和一六年末（一九四一年）から一七年四月中旬までに、日本軍は緒戦の軍事目的のすべてを達成していた。

一航艦がインド洋作戦では英国の空母や重巡（重巡洋艦）二隻を撃沈したが、これだけのために大規模な機動部隊を派遣したのは作戦の誤りであり、同じ勢力を太平洋海戦に回して先に米空母を叩くべきだった、という戦後の批判がある。

日本軍は戦線を拡大しながら、米国と豪州の連絡線を遮断するという第二段階の作戦に入った。そのためにはソロモン群島の南端ガダルカナル島を押さえ、同時にニューギニアの南東海岸にある要衝ポートモレスビーを占拠しなければならない。

日本軍はその反対側にある北東海岸のラエ、サラモアに飛行基地を設営した。フィリピン方面で行動した台南航空隊の坂井三郎がラエに派遣されたのが昭和一七年四月。南岸のポートモレスビーと北岸のラエ、サラモアとの間には、標高四五〇〇メートルのスタンリー山脈が東西に立ちはだかっていた。ラバウル航空隊はそれを越えてポートモレスビーを攻撃し、船団と爆撃隊の援護をした。五月には来襲する敵機の数がふえ、空戦が激しくなった。悠長な日中戦争とは、敵手の腕も飛行機の型も戦法も変わってきた。

「翔鶴」「瑞鶴」の五航戦は、ポートモレスビーに上陸させる兵や物資をのせた輸送船を護衛して、珊瑚海に現われた。米豪軍の側からすれば、ポートモレスビーを米豪両国の共同戦線の拠点として、日本軍の南下と、ひきつづき予想される豪州爆撃と大陸への上陸を防がねばならなかった。主力を欧州に注いでいた米軍としては、まず欧州の戦局に見通しがつき、また戦略兵器の量産体制に入るまでの時間稼ぎが必要だった。したがって防御がおもな戦略だが、場合に応じて攻撃に出るという作戦の、これもまた第二段階を迎えていた。

3　新しいかたちの航空戦

珊瑚海海戦

五月七日の海戦

珊瑚《さんご》海《かい》は世界中でもっとも美しい水域の一つだといわれる。台風はここを素通りし、一年じゅう秒速一〇メートルていどの貿易風が吹き、規則正しいおだやかなうねりは、二七〇〇キロにわたる白いさざ波をつくって珊瑚礁に砕け散る。孔雀色の浅瀬は急にエメラルド色に変わったかと思うと、紫水晶色の深い海につらなる。

この海域にはまだ俗化されていない島々が散在していた。ところが修羅場とは無縁の洋上で、二〇世紀の軍事技術が激突し、空母対空母という史上かつてない航空戦がくり広げられることになる。戦闘しながら、互いに相手の艦隊の姿を見ることがない。戦闘は空中の航空機と航空機の闘い、そして航空機と相手軍艦の攻防戦である。その壮大さにおいて誰しも詩人ホメーロスの『イリアド』を思いだすものと見え、モリソンの『太平洋の旭日』は、日米両艦隊の陣容を説明する際に「これを『イリアド』のギリシャ艦隊の目録づくりに従って、雄弁に司令官たちのイメージを拡大するならば、我々の一覧表はもっと面白いものになっていたろう」と言っているほどである。

現在、日本人観光客が気楽に訪れるニューカレドニア、そしてフィジー、サモアは、米英豪連合軍の重要な兵站基地だった。ニューカレドニアから赤道にむけて一〇〇〇キロ北上すると、ソロモン群島とニューギニアがある。日本軍は、豪州大陸と向かいあうニューギニア南東岸の要衝ポートモレスビー攻略作戦を計画した。珊瑚海とソロモン海域の支配に成功すれば、米豪の連絡線を断ち、豪州をおびやかすことができる。だがポートモレスビーは、豪州大陸に待機するマッカーサー米陸軍司令長官にとっても最大の重要拠点だった。

すでに日本軍のポートモレスビー作戦（暗号名称MO作戦）は、三週間前に米軍諜報部の暗号解読によって察知されていた。マッカーサーと太平洋艦隊司令長官ニミッツは、まず日本軍と戦う各々の作戦範囲をとりきめることから始めた。当時ふたりの名は、詩人西条八十《さいじょうやそ》の書いた「出てこいニミッツ、マッカーサー」という歌詞で、「鬼畜米英」の代表として日本の小学生にもひろく知れわたっていた。流行歌で挑発されるまでもなく、ふたりは日本軍の前面に進出してきた。

昭和一七年五月一日、ニューカレドニアとガダルカナル島の中間に位置する海域で、空母「レキシントン」が「ヨークタウン」に合流し、フレッチャー司令長官の指揮下に入った。麾下《きか》に二〇隻の軍艦がついた。日本の機動部隊は空母二、改装空母一隻で、麾下にほぼ同数の艦がついた。同時に、基地設営隊を載せた輸送船団一二隻を護衛する日本の水雷艇が、ソロモン群島と珊瑚海に近づいていた。

通説「珊瑚海海戦」は、昭和一七年（一九四二）五月七日と八日に、五航戦とフレッチャー艦隊との間で戦われた洋上の航空戦である。しかし千早正隆は『連合艦隊興亡記』で、珊瑚海海戦は五月三日に日本の設営隊が、豪軍が撤退したばかりのソロモン群島の東南端ツラギ島に上陸したときから始まる、と主張している。翌四日には、早くも北上した米空母「ヨークタウン」の艦載機が逆襲し、停泊中の日本の小型軍艦三隻が沈められたからである。五航戦の「翔鶴」「瑞鶴」が「ヨークタウン」に攻撃をかけるには距離が遠すぎた。

翌五日、ソロモン群島南端からまわりこんできた日本の機動部隊は、珊瑚海に入り索敵した。この時期すでに米軍はレーダーを使用していたが、遠距離の艦隊をキャッチできるほどではなかった。日米両軍の指揮官ともに相手の位置がわからぬまま索敵をつづけたが、六日、両艦隊は互いに知らぬまま攻撃可能な海域にいた。両軍ともに接触の気配を感じ、翌七日は、早朝から両軍の索敵機が珊瑚海の上空を入り乱れて飛んだ。フレッチャー長官は、朝八時一五分に、索敵機より日本機動部隊発見の報をうけ、攻撃隊の発進にふみきった。手ちがいが重なったとはいえ、九三機の攻撃機が一隻の軽空母にめがけて殺到した。五航戦の別動隊だった「祥鳳《しょうほう》」が爆撃をうけ猛火に包まれて動けなくなり、最後に撃沈された。

この日、現場から三〇〇キロの海上にあった空母「ヨークタウン」と「レキシントン」の無線室は、緊張した表情で戦況を聞く水兵たちで満員だった。これが、米艦載機による日本空母への史上初の攻撃だったからである。無線電話は雑音で、パイロットの報告はほとんど聞こえなかったが、とつぜん空母「レキシントン」所属のドーントレス急降下爆撃隊から、はっきりした声が響いてきた。「空母一隻抹殺す！　ディクソンより母艦へ」。それはディクソンという名の海軍少佐だった。

　この少し前から、朝日新聞の海軍報道班員天藤明は、軽空母「祥鳳」に襲いかかるドーントレス爆撃隊を艦上から見ていた。編隊をといて一番機がぐっと機首を下に向けた。味方の反応がみられないので、天藤はじりじりした。その瞬間、「祥鳳」の対空砲火がいっせいに火をふき、とつぜん一番機が煙を吐いた。それが真っ逆さまに落ちてくるように見え、天藤は頭上に火の玉が覆いかぶさるのではないかと思った。「祥鳳」がジグザグの避退行動に入ったので、天藤の目に敵の一番機は右に見え左に見えしながら、最後は一メートルの火炎を残して海中に没した。目を上空に移すと、もう二番機が赤い炎に包まれていた。艦砲射撃の命中率はたしかだった。同行していた吉岡写真班員は、もはや望遠レンズではスケールの大きな戦闘場面が撮れなくなったので、レンズをとりはずした。

　数十発の爆弾が落とされたが不思議に当たらなかった。しかし、艦がジグザグの行動をやめ、風上に向かって直進、上空直衛の三機を送りだした瞬間、戦爆連合（戦闘機と艦攻、艦爆）の米軍機が四方八方から襲ってきた。もう逃れられなかった。三発目、四発目の命中弾の爆風で、天藤は甲板にたたきつけられた。

　「ちきしょう」。怒りに燃えた声に驚いてふりむくと、一人の飛曹が頬をえぐり取られている。それを両手でおさえているが、指の間から鮮血がもれて流れ落ちていた。その近くに、右腕がちぎれ落ちそうになっている兵隊が立っていた。腰にくくりつけた手拭いを左手で取り、片端を口にくわえて右手の血をとめていた。やがて彼は艦橋のうしろの電信室にへ入っていった。負傷者とは見えないほど、しっかりした足どりだった。そして左手で電信機のキイを叩きはじめた。

私の近くで、むっくり立ち上がった兵の脚を見て、ぎょっとした。ももの肉がえぐり取られ、白い骨がのぞいていた。よろめくたびに真っ赤な血がどっとあふれでた。望遠鏡の前に立った。両足をふんばってレンズをのぞき、大きな声で報告をはじめた。見張り員だった。

私はぐずぐずしてはいられなかった。このまま倒れていることが恥ずかしくなった。立ち上がると、戦闘のよく見える艦橋の方へ歩いていった。魚雷と爆弾はなおも追いかけてくる。魚雷が当たると、地震の縦揺れと横揺れがいっしょにやってきたように揺れる。音はにぶいが腸をひきずりだされるような気がした。（天藤明『実録大平洋戦争』一巻収録）

天藤は傷ついた脚から血が流れるので、貧血で死ぬのではないかと思ったが、周囲の水兵たちの奮闘がかれの足を釘づけにした。報道班員としての強い義務感が、かれにもう一つの大きなほうの傷に注意を向けることを忘れさせた。これが彼の一命を救うことになる。まもなく「祥鳳」が沈没したので、手当のために艦内へ降りていたら、艦もろともに沈んだはずだ。彼は艦橋に上がり、艦長らとともに艦の一部始終を見守った。

艦はいよいよ頭を海中に突っこみはじめ、かれは艦橋から艦橋甲板に飛びだした。吉岡写真班員がちょうどそこへ現われた。上の甲板で、爆弾で立ちのぼる水柱や突っこむ敵機を撮していたのだ。

「まだ生きていたか」、どちらからともなく手を握りあった。
波が渦巻いて目の前に迫っていた。下の甲板はもう白い波に洗われている。これから始まる漂流にそなえて、板や丸太などを手当たりしだい海に投げこんでいる将校がいる。東大出の加藤主計長だった。天藤は海に入り、浮遊物に手をかけたが、主計長はついに姿を見せなかった。

艦が沈もうとしているのに、兵たちは配置についたままだった。一人として飛びこもうとしないのだ。艦首がぐっと海中に突っこんだとき、艦尾がぐうんとせり上がった。スクリュウが空中で猛烈に回りつづけていた。機関長以下最後の最後まで部署についていた証拠だった。沈みかけるマストに登っていく兵曹がいた。軍艦旗をおろそうというのだ。そして、艦といっしょに見えなくなってしまった。艦が沈んでしまったのに、機銃の音がしていた。まるで海の底で射っているような不気味さだった。機銃手はみな死んでしまい、ひとり残った隊長が最後まで射ちまくっていたのだ。主計兵たちも、みんな配置についたままだった。沈んでゆく艦の窓から、真白い帽子を振っていた。別れのあいさつである。この艦には、我々報道班員のほかに、三人の非戦闘員がいた。床屋さんとコックとクリーニング屋さんだった。かれらも兵と同じように部署についたまま死んでいった。(前掲書)

こうして日本側は「祥鳳」と駆逐艦が撃沈された。「祥鳳」の九六式戦闘機と零戦六機が多数の米軍機と交戦したが、相打ちとなった。「祥鳳」に残されていた搭載機はすべて艦とともに水中に没した。「祥鳳」の乗組員は八三〇名だったが、六三〇名が海底に消え、二〇〇名が駆逐艦に救助された。報道班員天藤明は、九時間漂流して救助された。

当日午前、五航戦もほぼ同時に米機動部隊を発見したとの報で攻撃隊が発進し、目標に接近したところ、空母ではなくタンカーだった。当時「油槽船」と呼ばれていたタンカーは、甲板が平面なので遠景では空母と見誤りやすい。攻撃隊はやむなくこれを撃沈して帰投したが、司令部も満足しなかった。

奥宮正武は『太平洋戦争と一〇人の提督』で、索敵機の誤報をいまいましげにとりあげている。一見めだたぬ存在だが、偵察員の果たす役割がいかに大きなものだったかが分かる。しかも『太平洋の旭日』によれば、タンカー「ネオショー」は大破はしたが撃沈はされず、ただ艦長と航海長の責任で多数の溺死者、死傷者を出した。タンカーを護衛していた駆逐艦「シムス」は、ほとんど全員を乗せたまま五分間で艦尾から海中に没した。乗組員は三百数十名と思われる。このときの教訓を生かし、翌一九四三年に米海軍は、筏や小艇で漂う遭難者の救助法を組織化する。米軍側の人命尊重の方針と施策は徹底していた。

初めての夜間戦闘

——私が初めてアメリカ軍と遭遇したのは珊瑚海海戦です。航空母艦でポートモレスビー上陸予定の船団を護送して行き、ソロモン群島を迂回して、シドニー寄りに接近するのが我々の行動範囲だったのです。輸送船団はニューギニア寄りに隠れながらポートモレスビーに近づいて行ったが、五月七日に発見されました。それで空母「祥鳳」が一隻だけ離れて孤軍奮闘、「交戦中である」との連絡が入って、さらに敵の空母がこちらに接近してくるとの情報がとどきます。私は当日は上空直衛で監視態勢に入っていました。

戦闘の模様から「翔鶴」「瑞鶴」が急ぎ米機動部隊とおぼしき方向に進撃を開始するのですが、やがて日が暮れ、夕方になる。「祥鳳」が苦戦した現場にたどりつくのは夜間です。となると肉眼では真っ暗闇での戦闘機の操縦は不可能になる。艦爆と艦攻だけが夜陰にまぎれて攻撃をし、苦戦している味方を助けなければならないという気持ちが一方にあり、他方で、当日受けた敗北感がつよく、しかも夜間戦闘は初めてのことですから、我々も極度に緊張しますが、母艦の司令も艦爆のベテラン搭乗員を選ばなければならず、もし犠牲がでて貴重な搭乗員をなくすことにでもなれば、というジレンマの真っ最中に、攻撃用意の命令がくだりました。

攻撃機の搭乗員もベテランでしたが、当時は九六式艦攻から新機種の九九式に変わったばかりで、操縦に慣れる必要があったし、ましてや夜間飛行となると、ベテラン中のベテランが必要です。真っ暗闇のなかでも正確に着艦できる超ベテランが選ばれて、雷撃機と艦爆機の二種類が索敵しながらの攻撃に行ったのです。それらは複座機で、航法に没頭できる専門搭乗員が乗っていました。

ところが夕暮の水面の色というのは黒ずんだ面で、軍艦の色というのもまた黒色なのです。正確にいえば濃いグレイ色で、これがカモフラージュの色にもなっている。夕方になって上空から水平線に点々とある船を発見するのはひじょうに難しい。母艦を中心に扇形をなして索敵に飛び立った艦攻のパイロットたちはもちろん、艦上の我々も緊張のしっぱなしですが、悪天候で自分の母艦のちかくまで来ても、濃いグレイ色の、お互いに自分の姿を隠そうとしているので、もうほとんど夜ですから、自分の味方の場所がわからない。しかも灯火管制を敷いているので、戻って着艦するまで、艦上で待つ我々ですら手に汗にぎる思いをしました。

●「翔鶴」に戻ってきた爆撃機、雷撃機はぶじに着艦しましたか。

——ええ、なんとか着艦しましたが、驚いたのが機上戦死です。雷撃機になるとパイロットが三名搭乗します、操縦士、電信員、偵察員と。ところがその中のいちばん重要な操縦士が機上で戦死して、どうやって移動したのか、風防のなかをくぐったか、風防の上のはずはないですね、風で吹っ飛ばされるから。電信員がさっそく、操縦士が戦死したので我これに代わり、ここまで来たが、着艦の自信なし、救助を乞う、と母艦に電信を打ってきました。

これは有名な話です。あまり悲惨な話なので、私はどこにも書かなかったですけど。どうやって空中で乗り移ったか。プロペラひとつの飛行機は、胴体がひとつ入る分のスペースしかないのですから。そのなかで乗り移って、見よう見まねで操縦して母艦までたどりついたのです。しかし操縦士ではないから難しい着艦操作ができない。かれは他の飛行機についていって、母艦の周りを旋回しながら近づき、救助を乞うと伝えてきた。艦のほうだっていらいらして、しかし何もできない。その飛行機に乗り移るわけにもいかないし。名前を聞いたら知っている人です。上陸したらよく一緒に遊んだ人でした。これはなんとかしてほしいなと思ったけど、しかし、それを救うために、他のふらふらしながら、撃たれたり怪我したりした者が暗いなか帰投しつつあるのに、それを救うためにはすべての艦を停止させなければならないのですから、そんなことはできっこない。

全艦の行動を止めるわけにはいかないので、艦長が断腸の思いで、それを捨てたのです。我々は見ていたのです、母艦のそばに落ちるのを。母艦のすぐそば、三〇メートルすれすれのところに不時着水し、風防を開けて座席に立ち、手を振っているのです。ここまでしかできないのだと、吠えているようにも見えるのです。それでも母艦は進みます。さあっと置いていかれてしまう。せっかく、お願いしまーすというのに、置いていかれるのです。助けてやりたいけど、できない。他の傷ついたり燃料切れで帰投したのが、順々に訴えてきますからね。やっと帰投した他の複数のパイロットを迎えねばなりません。どうしようもない。それらを迎えているうちに、かれは流されてしまって。そのときの見ているほうの感じといったら実に悲壮です。

●駆逐艦で救助には至らなかったのですか。

——できなかったようですね。これがいちばん悲惨な負け戦をやった現場です。種々のことが想定されます。やっと着水して飛行機の翼の上まで這いだしてきて、今すぐ救助されると思って、むりな行動をしたり、なにかでつるりと足を滑らせればそこで落ちます。また飛行服や靴を履いているので、そう気楽には泳げないし、飛行機のほうが先に何秒かの差で沈んでいったのでしょう。すると後ろからついている駆逐艦が拾いたいときに、すでに相手がいなかった。

母艦はつぎからつぎへと味方の飛行機を収容するために、相当のスピードを出している。飛行機の着艦スピードは決まっていますから。失速でストンと落ちる、その失速点とプラス五ノットくらいしか幅がないのです。ちょっと風にあおられたり、悪い気流にでもぶつかると機体が浮上しますから、スピードをあまり落としきってもこわいし、スピードがつくと今度は飛行機が沈んでくれない。ずうっと落下してくれる状態でもってきていますから。ひじょうに緊張するところです。というわけで航空母艦もむやみに停止できません。

小町定が語った海中に着水した搭乗員とは、偵察と爆撃専門の萩原努大尉である。かれは早くから操縦に興味をもち、勉強していたので、ある程度の操作ができた。珊瑚海海戦初日の五月七日、同乗のパイロットが戦死したため、萩原大尉が戦死した米倉久人飛曹長の上に乗るようにして操縦し（と推定されている）、帰投したが、空母に着艦するほどの高度な技術はもたない。もう一人の搭乗員は射撃手の二飛曹相良栄吉だった。水しぶきを見た駆逐艦が探照灯をつけて接近したが、ついに飛行機を発見することはできなかった。

●全機が着艦するまでには、ずいぶん時間がかかるのでしょう。

――それはとても。つぎからつぎへと帰還してくるのをほっとくわけにいかない。全機の着艦が終わってからだと大変な時間になる。だからおそらく、後につづく駆逐艦などに不時着の知らせがあり、救助するように連絡していると思うのです。しかし、我々は甲板の上から見ているので、具体的な状況はわからないけど、見捨てられたというのは目の前であった事実です。しかも夜のことで敵味方の判別がつかないまま、日本の爆撃隊がアメリカの航空母艦に着艦しかけるという珍事が起こりました。

それは、上述の攻撃隊が起こした事件である。五航戦は米機動部隊の近いことを推定し、当日一四時一五分、とはいえ現地では日没二時間前だったので、「翔鶴」「瑞鶴」から夜間操縦のできる熟練搭乗員を選び、艦攻、艦爆の二七機を発進させた。戦闘が夜になるので、航法専門の搭乗員がいない単座の戦闘機を護衛につけることはできなかった。

悪天候をついての飛行中に、米空母「ヨークタウン」がレーダーでこれを予知し、「レキシントン」も加わって、上空直衛機F４Fワイルドキャットが「翔鶴」「瑞鶴」の攻撃隊を襲った。日本側は九機が被弾、自爆した。残りの攻撃隊は米機動部隊を発見できぬまま、魚雷と爆弾を捨てて帰途についたが、一部の攻撃機がまちがえてアメリカの二空母に着艦しようとしたのである。そのとき「レキシントン」に乗艦していた米人ジャーナリストはこう証言している。

五月七日の日没直前、わがレーダーに所属不明の飛行機が捕捉された。我々は日本機だと確信した。八一一〇機の編隊機が接近してきた。戦闘準備をおこないつつ手ぐすねひいて襲来にそなえたが、ついに日本機は襲ってこなかった。そのかわり正体不明の飛行機群がやってきた。航空灯をあかあかとつけっぱなしにして、わが艦隊めがけて、近づいてくる。我々はびっくりしてしまった。機種を確かめるための通信が、狂ったようにあちらこちらに発せられた。やがて、この不可解な来訪者たちが、「レキシントン」に向かってやってきた。そして、散開すると着艦態勢をとった。ちょうどそのとき我々は、かれらの着艦灯の色がわが方のものと違っているのに気づいた。まもなく艦内に「飛行機は味方にあらず」との伝達がひびきわたった。艦はこのとき青色の着艦灯を消し、急いで攻撃態勢に転じた。(T・ジョンストン「空母レキシントン珊瑚海に消える」『丸』昭和五八年四月号)

他の情報によれば、午後六時五五分、キャンベラ大尉は上空を旋回している飛行機の数が多すぎるように思った。そのうち三機が着艦に失敗するのをみて、なにかおかしいと気づき、即座に味方艦載機には着艦隊形から離れるよう、また砲術陣には敵機に砲火をひらくように伝達した。この資料によると日本軍機が一機撃墜され、米軍機も誤射によって被害をうけた(パット・フランク、ヨーゼフ・ハリントン『空母ヨークタウン』)。

実は夕闇のなか、日米ともに敵味方の区別がつかず飛んでいた。まず高橋赫一の艦爆機がそれらしき機影と方角をともにし、残りの日本機も高橋機につづいたと考えられる。高橋少佐は「翔鶴」のつもりで「レキシントン」に、江間少佐は「瑞鶴」のつもりで「ヨークタウン」に着艦しようとして、途中で気づき、避退した。奥宮正武と『空母ヨークタウン』の著者は、このとき日本機が対空砲火によって一機撃墜されたと書いているが、戦史家モリソンはアメリカ軍のベテランパイロットが日本機と衝突したという乗組員の目撃談をつたえており、いずれも事実はあきらかでない。

「翔鶴」隊の指揮官高橋赫一は、この日午前と午後二度出撃している。午前中、高橋はタンカー「ネオショー」を攻撃したが、そのまま敵空母を見ずに帰投した。高橋少佐が「レキシントン」に着艦しかけたのは、この一次攻撃のときではなく、つぎの二度目の夕刻時の発進後、米空母に出会わず、爆弾を捨てて帰る途中のことだった。『翔鶴搭乗員戦闘行動調書』（以下『翔鶴戦闘行動調書』、あるいは単に『行動調書』と略記）にはその事実が明記されている。

日本機が直接自分の目で見て米空母に着艦しかけたのか、米機を味方とまちがえてそれに従って行動したのか、確かめようにも、指揮官高橋少佐はすでにこの世にない。ただ、かれの後につづいて別の米空母に危うく着艦しかけた、珍しい体験をもつ「瑞鶴」艦爆隊長、江間保大尉はこうのべている。

すでに日はとっぷりと消えていた。しかし南方の海は明るくて、夜でも真下あたりは肉眼で見える程度である。眼下に二隻の母艦を中心にした機動部隊を発見した。母艦は灯りを点じて飛行機の収容をしていた。私たちはばらばらで六機ぐらいがまとまっていた。味方母艦の位置を予想した付近だったので、近くまで迎えにきてくれたと思い、まず「翔鶴」の艦爆隊長高橋赫一少佐がみずからの航空灯を点火した。そして母艦に信号を送った。すると母艦からも応答の信号があった。符丁が偶然合っていたのか、まちがっていたことに気づかなかったのか。高橋少佐には了解の信号に見えた。少佐は高度二〇〇〇メートルまで降り、着艦すべく誘導コースにはいった。それを見て私もまた第二の空母（高橋の母艦が「翔鶴」で、江間の母艦が「瑞鶴」だったため）の誘導コースにはいっていった。すると突然後部席の偵察員が「あっ、籠マストだ」と叫んだ。籠マストは米艦にのみあった。私は着艦せずに通り抜けた。様子がちがう。敵ではないかと思い、ただちに灯を消した。空中の収容中の敵機からも攻撃をうけた。後上方から敵機の曳光弾がとんできた。まったく思いがけない事態だったので、全機バラバラになって思い思いの方向に避退した。夜間でもあり、灯火を消したので、敵の戦闘機も追跡を中止した。

（『急降下爆撃隊』）

奥宮参謀はこうした着艦ミスを鋭く批判しているが、角田和男の『零戦特攻』に登場する江間保は、柔道五段の豪放な士官で、柔道は操縦技量に関係ないとはいえ、高橋とともに歴戦のパイロットでもあった。夜間での米空母誤認は、当時の暗視技術レベルでは避けえぬ事件だったのではなかろうか。

なかには空母「翔鶴」の戦闘機パイロットで、ひょうきんな人がいて、この出来事を自分の体験として語り、自身が米軍機にならって右旋回で回りこみながら「ヨークタウン」の甲板に着艦しかけたと書いているが、こちらのほうが虚偽の記録を残していることで、よほど批判されるべきだ（『零戦』第一巻、光人社）。この搭乗員の回想は二重三重の意味でまちがっている。先にのべたように五航戦では夜間戦闘を予想し、夕刻前に発進したのは艦爆機だけであり、小町定がいうように戦闘機は飛んでいない。昭和一七年五月七日の『翔鶴戦闘行動調書』を見ても、夕刻の戦闘機の発進は記録にない。他の関連文献でも同様である。つまりこの零戦パイロットは実際には飛んでいなかった。

第二に、日本の艦載機はつねに前進する母艦を左に見ながら左旋回で着艦していたにもかかわらず、この搭乗員は歴戦のパイロットのはずだが、着艦に際し米軍機（を味方機と錯覚し）に従って右旋回したことを不審に思わず書いている。しかも、かれの思いこみに反して、米空母艦載機もまたつねに日本機と同じく母艦を左に見て前進し、つぎからつぎへと左旋回しながら着艦していたのである。ポール・ギリクリストの『空母パイロット』には、左旋回で着艦する米艦載機の航跡まで図示されている。

　私も慎重を期しているつもりだが、戦記ものにはあやふやな記憶や聞きかじりのメモに頼るものがままあると思われる。防衛庁研修所編纂の一九七冊に及ぶ基本文献『戦史叢書』（一九六六年以降刊）についてすら、高橋三郎は「ときどき作為不作為の誤りがあると批判されているのは遺憾です」（『戦記ものを読む』）と書いているほどだ。

　文献や『行動調書』で判断すると、五月七日夕刻の出撃は「翔鶴」「瑞鶴」から二七機が発進し、戦果をあげることなく九機が撃墜され、米空母に着艦しかけて危うく気づき、一八機が戻ってきたが、一一機が甲板上で破損したり海上に不時着し、七機だけがぶじに収容された。搭乗員の戦死は、二度目の夕刻の出撃だけで両空母あわせて二六名に達した。

――それやこれやで興奮しながら、五月七日の晩は終わるのですが、「祥鳳」を沈めた敵の本隊がどこにいるのか、まだ我々には分かっていないのです。向こうは「祥鳳」を撃沈したばかりだから、「翔鶴」が近くにいることも知っているだろう、ところが我々はかれらがどこにいるか知らない。「翔鶴」「瑞鶴」が反転（方向を逆にする）してでも敵からの攻撃圏外に出るべきか、それとも敵がシドニーを中心にして本国の方向に向かって疾走しているのか、相手も我々から距離をあけたか、そのへんの判断は当時の艦長や参謀でもわからない。それで運を天にまかせて、とにかく追跡しろ、我々が反転して逃げるような形をとるな、と翌日突っこんで、それが当たった。正解だったのです。かれらもそう遠からぬ場所で、迂回したり旋回したりしながら待っていたらしい。

敵機の大群

昭和一七年五月八日、この日、両軍ともに空母二隻で、搭載機は各一二〇機を所有していた。索敵機と上空直衛を合わせて日本側から飛びたった飛行機は九二機、うち六九機が攻撃にくわわった。フレッチャーの艦隊も早朝から偵察機で三六〇度の索敵を始め、日本の偵察機とほぼ同じころ、相手空母を発見した。そのとき小町定は一時間ほど上空直衛の任務についていたが、「敵艦発見！」の第一報とともに母艦の甲板上が急にあわただしくなり、攻撃隊が発艦を開始するのが上空から見えた。母艦上空で全攻撃機が集合し、大編隊を組んで、敵艦をもとめて進撃した。

それから生じたことを小町定はつぎのように記している。

その後小一時間も過ぎたころであったろうか。母艦前方を航行している駆逐艦より敵機来襲の合図の空砲がうちあがった。つづいて高射砲もドンドンと撃ちはじめた。我々はその方向に突進した。その後すぐに我々も敵機を発見、はっきりと肉眼で機影を視認することができた。そして思わず息をのんだ。味方艦隊上空にこれだけの敵の大群を見たのははじめてである。蜂の大群か、イナゴの大群を見るようだ。

まず態勢を整えながら一番先頭の母艦に近い敵機に一撃をくわえた。そのまま機を立てなおしさらに二撃目を放ったときグラマンＦ４Ｆに襲われたが、これをうまくかわして第三撃目を艦爆機に向けた。この三撃目を放った頃にはすでに味方母艦の真上にまできていた。かっこうの敵機を求めて、などという余裕はまったくない。そのまま味方母艦に近づく敵機に機銃を浴びせるだけだった。（小町定「ひとり五〇年目の「敵地」へ」『丸』平成四年八月号）

●こういう戦闘そのものが史上初めてですね。双方ともまだ戦ったことのない航空戦だから、きまった戦法はなかったのでしょう。

――八日の上空直衛についてですが、洋上で味方の艦隊のために戦艦や空母を守りながら、上空で襲いかかってくる敵機を待つというのは、初めての戦闘です。しかも「翔鶴」から六機しか上がってこない。残りはすべて攻撃陣に回している。「瑞鶴」からも六機上がってきて、この一二機で敵を迎え撃つのですが、逆に向こうから来る攻撃隊機を数えると、八〇か九〇機ずつを搭載している二隻の空母から、我々同様、故障機、病気のパイロット、その他二、三〇機ずつ残しているとしても、全機をあげて攻撃にくるでしょう。我々はどんなに逆立ちしても一二機しかいない、一二機で一〇〇機を相手にしなければならない。

それも瞬間です。編隊を組んで襲ってくるから。艦攻、艦爆など重い爆弾をかかえた飛行機は、それぞれの距離が二〇〇メートル間隔でくるから、百数十機が占める空間は膨大なものです。どれから手をつけていいか分からない。しかも迎撃してとまどうのは、雷撃機が艦の側面に一トンもの爆弾を命中させるために海面すれすれの低空で来ますね。
はず。

他方、艦爆は急降下で爆撃するので、二〇〇〇メートルと三〇〇〇メートルの高度をとってくるはず。敵の戦闘機はそのまた上空にいる。すると我々上空直衛隊はどこにいればいいのか、どれを追い払い、どれを襲って、どれを守ればいいのか。一〇〇機が我々の真上に襲ってくる。敵の大空襲を上空直衛隊が一〇機前後で迎撃する。こんな訓練はしたことがないので、それからが大変です。

相手に攻撃をくわえているうちに、自分が後ろから狙われている。後ろから狙われているのでふり払うために急旋回して、相手の後ろへ回らなければならない。たしかに六機で舞いあがったのに、周りには同僚がいない。三機で一小隊になっているので、離れるなよと言いながら飛んでいっても、とっくに離れてしまっている。三機ばらばらになると、周りに自分の味方はいないので、この一〇〇機を相手に一人で闘っているような気になるのです。二、三回敵に機銃をぶちこんだころには、あまりに動きが激しいので、編隊を組めなくなっている。結局、単独になると、ぜんぶの敵を一人で引きうけているような錯覚をおこしてしまう。しかも味方の上空でどこを向いても敵だという、すごい戦闘です、これは。

●かえって敵艦をめざす艦攻、艦爆を護衛する制空隊の攻撃のほうが……。

——そう、攻撃に行ったほうが楽ですね。攻撃隊は、味方の艦爆隊が任務を遂行できるように守ればいいのですから。艦攻、艦爆は、敵艦船を攻撃して魚雷や爆弾を命中させ、帰るときはこっちの方向だと、通信員のいる彼らには分かっていますから。戦闘機隊は、その方向で守ってやり、敵が来たら追いはらい、ぶじに帰るべく見守ればいいのです。そこで自分が功を急いで、一機でも二機でも撃墜しようと、つい深追いしてしまうのです。深追いすると艦爆隊は味方の空母に帰ってしまうし、自分たち戦闘機は単独になるし、そこの判断をまちがいやすいのです。攻撃隊のほうは、戦闘機が敵機の撃墜に夢中になるより、守ってくれたほうが目的が達せられるのですけど。

●では日本側は、攻撃隊にどのくらいの護衛戦闘機をつけたのですか。

——二〇数機でしょう。米側はそれより少し多かった。

●この珊瑚海海戦で上空直衛隊の重要性が浮き彫りにされたわけですが、その後の防空体制は変わったのでしょうか。

——一度、参謀クラスが私たちと同じ体験をすれば、もっと上空直衛に力を入れたでしょう。これは危ない、自分の艦が撃沈されては元も子もないと。残念ながらこれは批判になるけど、日本のえらい人は飛行機で上がってこない。飛んでもこないし、上空直衛などは若い者に任せておけという感覚です。真珠湾攻撃のあと佐官クラスは飛んでいません。せいぜい大尉か、たまに少佐くらい。

それも事実から判断すると、戦場がだんだん広がり、陸上の島の基地でさえも、何十個という飛行場を造るし、空母にも犠牲がでてくるので、つぎからつぎへと補充しなければならない。人員では佐官クラスをトップにして編成するとしても、いわゆる大企業の規模がひろがり、幹部の数がだんだん足りなくなるのと同じです。

大部隊を地球の半分ぐらいの広域に散らすのだから、戦争を想定して四、五年前にそうした人材を育ててあれば別ですが、我々搭乗員も同じことがいえます。戦争を想定して戦前のパイロットを三倍も五倍も育てていれば、ずいぶんと戦力もちがっていたでしょう。それがなされていないので、開戦の真珠湾攻撃のときには総指揮官機は中佐で、少佐クラスが各艦の飛行長として、佐官クラスが網羅されていたのですが、戦線が拡大されるにつれてあちこちに引っぱられ、つぎからつぎと減って足りなくなり、実際それらのトップクラスを殺されたら補充がきかなくなるので、人事上の難しさもあったのです。

●敵機の襲来を上空直衛隊に知らせるシステムはどうなっていたのですか。

——通信機がないので、米軍機を発見したときは、かれらはすぐそこまで来ている。まず一撃をくわえて、二撃目というときには、米軍機はすでに日本の艦隊の真上に来ていて、敵味方入り乱れての混戦状態となる。しかも味方の艦隊はもちろん照準を米軍機に当てているのでしょうが、もう血迷っているから、敵も味方もない。防衛本能で、飛行機の影さえあれば撃ってくる。

●味方の艦のちかくで闘うというのは、じつに危険な状況でもあるのですね。

——本来ならば、相手が飛んでくる方向、形、位置を十分考えてじっくり接近して行って、もっとも条件のいい自分の態勢を整えるのが常識です。ところが発見が遅れて、母艦がすぐそこに見えている場所だと、いちばん手近な機にぶつかるしかない。手近な機にぶつかって、これをやりすごすと、突進したこちらにもう別の敵戦闘機が襲いかかる。今度は戦闘機はこちらをねらってくるので、また闘うことになります。これを一度かわさなければならない。かわした時にたまたま敵機がいればいいが、いなければ反転して、いま飛んできた相手を摑まえて墜とさなければならない。

それより、まっさきに頭に閃《ひらめ》くのは、敵の爆撃機のことです。一機の爆撃機は私に墜とされても、全部がいっぺんに散らばるわけではありません。一機を墜としてもあと二機目が飛んでいる。爆撃のために母艦に向けて降下する敵機をどうとらえるか、これが難しい。

いちばん難しいのは飛んでいる相手を墜とすことではなく、母艦を爆撃させないようにすることです。戦闘機を墜とすのではなく、それに射撃をくわえて、護衛する爆撃機から敵の戦闘機を離れさせる。つぎの爆撃機が来たら、もう敵の戦闘機どころではないので、その爆撃機をねらう。この爆撃機が怖い。母艦を爆弾や魚雷から避けさせることが大切です。というのは下の母艦に、我々の同僚や戦友が二〇〇〇人も乗っているのですから。一発くらったら大変なことになります。

だから情報がおくれて、間合いのとれない激戦というのは大変です。私の親友だった宮沢君は、母艦をねらって接近した米軍機、いちばん下を潜って「翔鶴」の船腹に魚雷を撃ちこむ雷撃機をねらい、それを襲ったのですが、相手も真剣で命がけです。母艦をつかまえたら、ここまできたら必ず撃つか撃たれるかの瀬戸際だけど、相手が魚雷を放つまで戦闘機はねらって追撃するにもかかわらず、艦に突っこんでいくのがいる。アメリカにもなかなか真剣な者がいるのです。だから、このとき撃墜が間にあわなくて、宮沢君がこのまま相手の艦攻機に自爆攻撃した。それで母艦が助かった。巷の時間にしたら一〇分か一五分の間の闘いなのです。何時間もある闘いではない。うわあっとわれがちに一番よい態勢から突っこんでくるなかで、一番危険度の高い敵機をつかまえなければならない、その判断が頭のなかをくるくる回る。

だからこんなことになる前に早く発見させてくれれば、敵の攻撃機の侵入を防いで墜とすこともできるのに、真上に来てからやっと分かるのでは話にならない。それで早く電話が、りっぱなものでなくてよいから、受信しっぱなしのでいいから、あれば、何千人もの生命が救えるのです。

五月八日の『翔鶴戦闘行動調書』には小町三飛曹（三等飛行兵曹）があげた「効果」として、米艦爆一機撃墜、戦闘機一機撃墜、僚機と共同で撃墜したのが四機（不確実）と記録されていた。

●この資料に記載されている五月八日の米軍機撃墜の模様をさらに具体的に話してください。

――味方の上空直衛ですから、艦の一〇〇〇メートルから二〇〇〇メートルの周辺を旋回していました。肉眼で敵を発見しなければならない。じつに原始的な戦争をやっていた。その日も敵発見の知らせがあってから、やっとというか、ただちにというか、何度の方向から来襲するか分かった。珊瑚海の位置からオーストラリアのシドニー、つまりほぼ二〇度に近いところから接近してきた。我々は彼らから見ると、真北でなく、東に振っていますから、こちらからは西に二〇度ぐらいの方位で、そのときは母艦から三、四〇〇〇メートルの距離で、やっと敵を発見したことになります。敵艦爆は三〇〇〇メートルの高度をとって群らがり襲ってきました。

日本艦隊の前衛には駆逐艦が走っていて、それらが敵発見を空砲を撃って我々に知らせるのですが、目で見た知らせの合図を、また私が目で見るのですから、ただちにとはいえ、初動が遅れるのです。そのときは、私より米艦爆隊のほうが高度が上でした。飛行機の戦闘は高度差がものをいいます。まずいと思って少し迂回しながら、米艦爆隊の側面に出て、斜め後上方からようやく攻撃できる態勢まで上昇し、そこから攻撃態勢に入る前の敵機を追って照準に入れ、一撃をくわえた。火を噴いたので「やった」と。その勢いで降下しますね、すると前方上方に敵戦闘機隊がいて、今度は「しまった」と。敵は反転して私に飛びかかってきますから。しかしこのF4Fワイルドキャットの戦闘機隊は、隣りの米攻撃隊に群らがる零戦隊を追っていたので、こちらに立ち向かってくる余裕がない。襲ってきたら私は危なかった。なんとか私は不利な態勢から立ち直り、そのままの勢いを駆ってF4Fを撃墜しました。

●共同撃墜四機とありますが。

——こちらは体をかわしながら、反転をくり返し空戦を闘っている間に、つぎに見たときは、さっき一撃をくわえた米艦爆隊が、轟音をたてながら「翔鶴」に向かっています。私は敵の戦闘機につかまり、それに応戦していて、下を見たときはすでに敵が母艦に爆弾を一、二発落としていたらしい。そうなると敵艦爆機と追いかけっこしても間に合わないので、まず敵戦闘機を追い払わないと自分も墜とされるし、後続の敵艦爆隊がひきつづき攻撃する事態になる。

そのときは敵戦闘機が上から降ってきたので、私は劣位のくり返しから立ち直るかたちで、ひじょうに苦戦を強いられたのですが、それでも敵艦爆に執着して追撃したら、後方の敵戦闘機にやられるところでした。私は苦戦しながらも、これに立ち向かい、戦闘機を撃墜したとはいえ、残念ながら母艦の「翔鶴」が爆撃を受けるのを防ぎきれなかった。それを私の代わりにやったのが、宮沢君の米艦攻への体当たりでした。そのときの攻撃は宮沢君が先だったか自分だったか覚えていませんが、とにかく私が上方の敵艦爆をつづけて攻撃していたら、宮沢武男君も死なないですんだかもしれない。

艦爆も後方から攻撃されると集中力がなくなり、戦果があげられなくなります。それを正確に「翔鶴」に命中させたのは、私自身が追われ、追われては反撃し、反撃しては追われてのくり返しの戦闘だったために、本艦を守りきれぬ面があったのではないか、と。そういうまずい戦闘をやったために宮沢君も苦労したのではなかろうか、と考えたりもするのです。

いつも敵機がすぐそこまで来て、あっ来た、と騒ぐのですから、私はなぜ当時あれだけ進んだ技術をもつ日本海軍が、レシーバー電話の一本も戦闘機に設置できなかったのかと口惜しがっているのです。それさえあれば苦戦を強いられず、もっと有利な戦闘が展開できたのに。

米艦爆隊のパワーズ大尉は、珊瑚海海戦の前日、空母「ヨークタウン」の艦上で、部下たちを前にこう激をとばしていた。「ジャップがパール・ハーバーでやったことを忘れるな。国民は我々がやる日を指折り数えて待っているのだ。おれは明日、敵空母の飛行甲板に爆弾を直撃させてやる」。翌日、そのパワーズが「翔鶴」を猛攻したときの証言がある。

ショート隊の爆撃の後につづいた三機のパイロットたちは、急降下のときこの海戦の最も劇的な光景を見た。はるか下方、雲と砲煙をとおして昨日激をとばしたパワーズの操縦する爆撃機が見えたのだ。パワーズ機は敵弾をつぎつぎに受けてよろめきながらも、爆撃針路を保っていた。パワーズも電信員も負傷していることを、ほかのパイロットたちは知っていた。パワーズが電話で状況報告していたからだ。パワーズ機が針路を立て直すのがはっきり見えた。パワーズ機はいまや炎に包まれている。そしてパワーズ機が「翔鶴」の上で三七〇キロ爆弾を投下したときは、五〇メートル以下まで高度を下げていた。爆弾が「翔鶴」の飛行甲板で炸裂した後わずか一、二秒でパワーズ機は海に突っこんだ。昨夜の約束を果たしたのだ。しかも、死を賭して約束を果たした。

「ヨークタウン」の爆撃機は合計二三トンの爆弾を「翔鶴」に向けて投下した。しかしパワーズの一発以外には、命中弾は一発しかなかった。が、この二発の命中弾は功を奏した。ほとんど瞬間的に「翔鶴」は火災をおこし、飛行甲板の前端がひどくめくれ上がった。（パット・フランク、ヨーゼフ・ハリントン『空母ヨークタウン』）

『空母ヨークタウン』によると、爆撃機隊のあとは雷撃機隊が「翔鶴」に来襲した。性能の劣る米雷撃機は、零戦が腹から突き上げてくるのを防ぐために、海面すれすれに飛来した。零戦は爆撃隊との交戦に忙殺され、米軍の雷撃機に気づいたのは、その魚雷が放たれる少し前だった。『空母ヨークタウン』の著者は、二機の零戦が雷撃機に立ち向かい、二機ともグラマンに撃墜されたと書いているが、これは誤りである。

日本側の『翔鶴戦闘行動調書』にも、当日九機の上空直衛のうち自爆戦死が二機と記入されているが、その一機は小町定の話にでてくる宮沢武男一飛曹である。源田実の『海軍航空隊始末記』では、「射弾が尽きて戦闘ができず」敵機に体当たりを敢行、母艦を救った宮沢武男一飛曹のことが名を出さずに記されている。

空母艦内の惨状

では米軍機の攻撃が始まったとき、空母「翔鶴」の艦内ではなにが起きていたか。このとき乗組員総数は一五六八名（戦闘員四〇五名、航空兵一四二名、機関員二八六名、工作員四九名、航空機整備員五〇六名、看護員一一名、主計員五七名、理髪員、郵便局員、コックなど軍属五名。准士官以上は計一〇七名）。

「対空戦闘、撃ち方始め」の急調ラッパが、不吉な前兆のように鳴りわたった。艦上では対空砲が火を放ち、銃撃と轟音が始まりつつあった。見張り員や機銃員たちがもっとも大きな被害をこうむった。

艦内の軍医はどうしていたか。かれらは負傷兵を救うために自分を大事にしなければならなかった。渡辺軍医は遠藤軍医長とともに治療室から、なるべく安全と思われる艦の中央部、兵員室のベッドの下にもぐり、じっと息をこらしていた。最初のうちしばらくは緩慢な高角砲発射による振動を感じていたが、突如としてトタンの屋根を乱打するようなものすごい高角機銃の乱射がひびいた。軍医は「すわ敵機頭上に迫る」と身ぶるいをおぼえ、思わず「元紀州藩士、馬淵こと渡辺直寛ここに死す。南無八幡大菩薩！」と夢中で念じた。

とたんに「ダダーン」「ズシーン」と大音響が連続して起こり、さしもの巨艦もグラグラと大揺れに揺れだした。と同時に天井のペンキがバラバラとはげ落ち、「さては爆弾が当たったか」といぶかったが、電灯も消えず、高角砲、機銃ともに激しく鳴り響き、振動も同様に続いているので「艦は沈む心配なし」とひとまず胸をなでおろす。その後の轟音は発射音か、あるいは命中弾か、区別がさっぱりつかず、負傷者の殺到するにまぎれて頭上の音もさほど気にはならなくなった。負傷者は硝煙で焼けただれて顔や手足が真っ黒になり、仲間の兵に担がれてきた。続いてこれも真っ黒になった兵が、両手を挙げて何やらわめきながら飛び込んできた。私はここで初めて、「翔鶴」に敵弾が命中したことを知った。

火傷者にたいしては前もってバケツの中にガーゼ（これは目、鼻、口のために穴をあけてリバノール肝油に浸しておいたものである）を用意していたので、それを顔面や手足の露出の火傷部位に当てて包帯するのだが、ちょうど家屋の壁塗り作業のようにガーゼを火傷部に当てることをくり返すのである。また断片創の場合には「繃帯包」を巻きつける。さらに強心剤を注射する。そのうち負傷者は治療室、病室、負傷者収容所の至るところに溢れ、たちまち満員となる。うめき声はそれほど聞こえない。時折「機銃が撃てない、弾が出ない」とうわ言に叫ぶのがめだつ。また戦友の名を呼ぶ者があり、「敵空母はまだ沈まないか」と叫びだす者もある。さらには後で敵空母撃沈の艦内放送を聞くやいなや「バンザイ」と叫び、暫くして、永遠の眠りにつく者もいた。

治療室のリノリュームの床は、火傷のための肝油と血糊が混じってヌルヌルになり歩きにくく、さらに艦は魚雷や爆弾を避けるために艦の蛇行が大きいので揺れも甚だしく、靴だけでは滑ってしまうので包帯を靴に巻きつけ滑り止めにした。

治療室の反対舷（右舷）側の待機室で応急員が待機していると、至近弾の断片が舷側を貫いて飛びこみ、数名の戦死者が発生した。そこへ上部で使用している消火用の海水が進入してしまい、艦の動揺につれてまるで血河が波だっているようだ。

左舷機銃甲板にある応急戦時治療室とその横にある負傷者収容所はまったく凄惨をきわめた。ここは機銃甲板に連なるため上甲板の負傷者が大勢いちはやく殺到した。だが飛行甲板の真下に当たるため、飛行機の発着もさることながら、敵からの命中弾の轟音すさまじく、なおかつ機銃、高角砲の発射に至っては振動はなはだしくて、まったくもって治療に手がつけられない状況だった。

その奥でうめき声がする。誰かと思えば、野田整備科大尉であり、全身に爆弾の破片を受けている。大尉は上部格納庫にて整備員待機中、後ろで爆弾が命中し負傷したという。ほかに中尉一名が軽傷を負い、兵が数名負傷した。大尉の喉は渇けどそばに水はなく、また手足は動かず、西山軍医中尉が水を飲まそうとしたがコップもなく、そこでかれらは自分の口に水を含み、口移しに飲ませた。（渡辺直寛『南十字星は見ていた』）

スコール（急激な熱帯性雨）発生のため米軍機の攻撃をのがれた洋上の姉妹艦「瑞鶴」では、乗組員たちが黒煙におおわれ炎上している「翔鶴」を見て、沈没するのではないかとはらはらしていた。

――上空では私たちの熾烈な空戦が何十分ぐらいつづいたでしょうか。敵攻撃隊が攻撃を終えて帰っていってしまうと、そこには、しばしぽかんとした静けさがもどっているのです。はっとして、そのとき自分の母艦は大丈夫なのかと気づいて、下方をみると、驚いたことに「翔鶴」は黒煙に包まれているのです。やられたか、こんなことがあってはならじとあれほど頑張ったのに。全身打ちのめされるほどのショックを受けました。開戦以来はじめて爆撃をうけ、飛行甲板に大きな穴を二カ所あけられ大火災が発生している。戻ってきて上空からそれを見ると、涙が滂沱《ぼうだ》と流れました。もちろん「翔鶴」への着艦は不可能で、「瑞鶴」に向かうよう合図があったので、敬礼して別れを告げましたが、自分の母艦が黒煙につつまれてよたよた走っている姿を見ると、ほんとに胸を衝かれました。

それとは知らず艦内でもっぱら死傷者の対応に当たっていた渡辺軍医は、応急治療も一段落ついたので上甲板に上がってみた。すでに消火作業は終わり、黒煙も消えていた。

空は晴れ、海は青く波静かにして、数刻前の苛烈な死闘など夢のごとく思えて仕方がない。しかし病室へ一歩足を踏みいれてみると、そこはこの世の生き地獄さながらで、その対照のはなはだしさに改めて驚く。

艦橋後部にある旗甲板は見る影もなく破壊され恐ろしい限り、またそのうしろの機銃座、機銃指揮席も跡形もなくもぎ取られている。艦橋後壁の鉄板一面には肉片、毛髪が固くへばりついていて、爆発のものすごさを語っていた。これらは数日後もなお取れずに残っている。加えて次第に腐臭が立ちこめていく。後部の二連装高角砲は、砲身が一本上部を向いたままになり、砲塔は破壊されている。艦首の甲板は無残にもめくれあがっている。（渡辺直寛『南十字星は見ていた』）

いっぽう米空母に対しては、九時二〇分（日本側資料）、日本の攻撃機隊が太陽を背にして接近していた。海上は静かで遠くまで見通せた。まず「翔鶴」の雷撃隊が洋上一五メートルから六〇メートルの高さで飛来し、八〇〇メートル手前から魚雷を発射するために、空母「レキシントン」に殺到してきた。米側の資料によれば、最初の二機編隊のうち一機は一二センチ口径対空砲弾を浴びて空中分解し、搭乗員の身体が放りだされるのが目撃された。「レキシントン」は多数の魚雷を急旋回で避けたが、一一時二〇分に最初の魚雷が艦の左舷前部に、つづいて二本目が左舷艦橋の側面に命中した。さらに高橋赫一ひきいる急降下爆撃隊が爆撃針路に入り降下してきた。爆弾を投下したかれらは艦上すれすれに離脱していく。すでに日本の制空隊戦闘機と米の上空直衛戦闘機の空戦が始まっている。

二隻目の「ヨークタウン」に向かっては、昨夕「ヨークタウン」に着艦しかけた「瑞鶴」の江間保少佐が、爆撃隊をひきいて三五〇〇メートルの高度から降下、接近するにつれ、「ヨークタウン」の高角砲が撃ちあげる黒や黄の弾幕が上空いっぱいにひろがった。

雷撃隊のほうは海面すれすれに突っこんでいく。その攻撃態勢を舷窓からのぞき見た「ヨークタウン」の一電信兵はぞっとした。かれが数週間前に目にした機密文書、米第五雷撃隊の攻撃指導要領とまったく同じ戦法で、日本雷撃隊が「大きな円弧を描きながら」攻撃をかけてきたからである。空母護衛の重巡から、日本軍機の前方を照準にして二〇センチ砲弾がうなり始めた。一機の日本雷撃機の直前の海中に砲弾が撃ちこまれ、大きな水柱が噴きあがった。雷撃機は水柱にぶつかって反転しながら墜落した。

だが最初の魚雷が左後方から「ヨークタウン」の左舷後部をねらって走ってきた。これを回避しなければならない。艦長の号令で操舵手が舵輪をいっぱいに回す。それから巨大な機械の連鎖反応が起こる。「ヨークタウン」の艦尾が海水を泡立てて左にふれ、艦首が右にまわると、後方を魚雷が過ぎさった。こうして多数の魚雷を回避した。艦上では狂気のように敵味方の弾丸機銃が飛びかった。数機の日本雷撃機が墜とされ、一機は「ヨークタウン」の一射手の照準からはずれて「レキシントン」の方へ向きを変えたが、突然、二度急回転して「レキシントン」の舷側の海に突っこみ、水しぶきをあげた。

そのときの経験を艦爆隊長の江間保大尉はこう証言している。

敵艦上からは高角砲のほかに機銃も交えて猛烈に撃ちあげてきた。急降下しながらねらっている私の照準器に向かって、焼夷弾や曳光弾がことごとく集中してくる。とんでくる敵弾はアイスキャンデーのような形をしていて、それがすべて自分の方にくる。弾は自分に近づいてからはじめてぱっとそれてゆく。

最初は自機の爆音のほかにはなにも聞こえないが、やがてヒュンヒュンという敵艦の機銃弾の音が聞こえてくる。この音はまだ自分に命中していない。ガンガンと聞こえだすとごく近くを機銃弾が通り、機体に命中すればプスッという音と同時に、自分の身体にも、やられたという手応えが伝わる。「高度一五〇〇」と偵察員が報じたとき、パンという音がして弾丸命中のショックを受けた。右翼に被弾したらしい。だが、機はぐんぐん降下してゆく。六〇〇メートルで偵察員が「ヨーイ」と報じる。ギリギリの四五〇メートルまで降下する。偵察員が「テイ」（打ての意）と叫ぶ。照準をねらいつづけてきた操縦員は爆弾投下の把柄をひく、同時に機をひこおこす操作に入る。機が水平になったとき、「アタッタ」と偵察員が報じる。爆撃をおわった艦爆は、海面すれすれに這いながら避退する。敵艦からの砲と機銃弾が機の右に左に飛沫をたてる。見ると後方の（「翔鶴」隊が攻撃した）「レキシントン」は猛火につつまれていた。やがて、私たちが攻撃した「ヨークタウン」の甲板も火災を起こした。（『急降下爆撃隊』）

ヤンキー調の軽快なテンポで描かれている『空母ヨークタウン』を、読み物というより資料として読むと、一一時二四分（時差のため日本側資料『戦史叢書』とは二時間のずれがある）、日本の艦爆隊が「ヨークタウン」に襲いかかり、その一機が大型の五〇〇キロ爆弾を投下した。それは「水兵の一人がマッチを擦ることができるほどの」近くを通って、乗組員たちを縮みあがらせ、通路の命綱を引きちぎって、海に飛びこみ、そこで爆発し、「ヨークタウン」の全甲板に水しぶきと鉄の破片を打ち上げた。これで少なくとも十数名が負傷した。

この後、一通信兵が、艦内のそう遠くないところでドッシンという音を聞いた。続いてヘッド・レシーバーに艦長の興奮した声が聞こえてきた。語尾を延ばして「爆弾命中！　煙突後部！　二番リフト！」と金切り声で叫んだ。

「ヨークタウン」の対空砲火によって九九式艦爆が空中分解し、機の破片が両舷側に落ちてきた。しかし数秒前にその九九式艦爆から投下された爆弾は飛行甲板に二五センチほどの穴を開け、そのあとで猛り狂った。艦の致命部にまで貫通し、第五爆撃隊の待機室に達した。爆弾は整備兵曹の目の前を疾駆し、その区画を貫いてさらに下方へ向かった。生涯初めての光景に接した整備兵は「爆弾だったように思います」としか艦橋に報告できなかった。待機室の下方は格納庫甲板で、そこには応急班員たちがいた。爆弾はさらに突進し、一人の無章兵の頭蓋を半分削ぎとり、なお突き進んだ。


第七応急班の数名は爆弾が格納庫をぶち破った後どうなったかを見ようと好奇心を起こし、爆弾孔に駈けよってのぞきこんだ。その瞬間、吹き上げた爆風でクラビンスキ無章兵が即死、ひとりが負傷、ひとりが一眼を失った。爆弾孔に近づかなかった機器整備兵曹も噴き上げられた弾片で戦死した。その同じ弾片は別の上等兵曹が尻のポケットに入れていた財布を貫き、身体のなかで最も敏感な部分を突き抜けた。

結局、爆弾は飛行甲板、搭乗員待機室（格納庫甲板）、海兵隊居住区、倉庫を貫通し、最後に飛行科倉庫の装甲甲板に突き当たって炸裂した。倉庫はひろい区画で、第五応急班の五四名が待機していた。甲板の下で爆発した爆弾はこの区画を引き裂いたので、四一名が即死した。

（『空母ヨークタウン』）

戦闘は三〇分で終わった。艦の損傷箇所を見出し修理を急いだ。二発の至近弾が「ヨークタウン」に複数の致命傷をあたえ、燃料タンクから重油が洩れだした。前日、タンカーの「ネオショー」が撃沈されたので、燃料補給を受けることができないままに廃艦になるかもしれなかった。つぎに遺体を運びだし、また身体の断片を集めねばならない。看護員たちはウイスキーを水兵たちに大盤振るまいして、酸鼻をきわめる作業であることを少しでも忘れさせようと努めた。食事の前に各班の係が烹炊所《ほうすいじょ》に食事を受け取りにゆき、持ち帰って配膳する。その夜は激戦のあとだけに、乗組員たちの食欲は旺盛だった。しかし配膳係だけは食べ物が喉を通らなかった。かれらは烹炊所にいく途中の病室で、ちぎれた腕や足の山を見てしまったからである。

一二時半「ヨークタウン」は味方攻撃機の収容を開始した。負傷したパイロットの操縦する機が、艦の構造物に激突して大破した。搭乗員を引きずりだして、機は舷側から海中に放棄された。二二機の着艦は三〇分で終わった。着艦できず着水したのが七機。未帰還機八機。葬礼はじつに簡単だった。

戦死者の葬送式が一軍曹の司会で執行された。遺体は白いシーツにくるまれ、経口一二五センチ砲弾が錘としてつけられた。ひとにぎりの乗組員ががまんして水葬作業隊になった。この作業員は大部分が薬剤員だった。遺骸は舷側から滑り落とされた。「残った人間の断片が、まだ山積みになって残っていた。すべて麻袋に詰めて海にほうりこむ以外に手がなかった」と米軍の看護兵曹は言った。(『空母ヨークタウン』)

空母「翔鶴」を攻撃して戻ってきた「レキシントン」の米軍パイロットたちが目にした母艦の無惨な光景は、「翔鶴」の被害にまさるとも劣らぬものだった。午後二時四五分、二度目の大爆発を起こしてよろめき、全艦炎につつまれた。戦死二一六名。五時一〇分には生存者二千数百名が避艦を開始、護衛艦に収容される。航行不能となった「レキシントン」は、米駆逐艦によって砲撃処分された。搭載機三六機も海底に沈んだ。上空にいた「レキシントン」所属の一九機は「ヨークタウン」に収容された。

八日の戦闘で、米軍機は計三三機を失ったと記録されている。米海軍は珊瑚海海戦からいくつかの教訓を学んだが、その一つは、上空直衛にはもっと多くの戦闘機をさかねばならぬことで、これは日本側でも身をもって痛感した下士官小町定の指摘と一致する。さらに米軍は、日本の九七艦攻が速度もふくめ同種の米軍機よりはるかに優れた機能をもつことを知り、対応策を講じた。

五月八日の戦闘をまとめると、日本は六九機が、米は七三機が直接攻撃にくわわった。「瑞鶴」はスコールの下に回避して、敵機の目をくらますことができた。米軍機は「翔鶴」に殺到し、前方甲板に損害をあたえたが、当日小町定が任についた上空直衛隊の活躍について、『海軍戦闘機隊史』は「わが上空直衛の零戦は、天候不良のなかで急速発進したり、至近距離でしか敵機を発見することができない等の悪条件にもかかわらず、善戦して敵機四〇機（不確実七機）を撃墜した」と評価している。

「翔鶴」「瑞鶴」から成る五航戦は、二日間で三六機を失った。防衛庁保管の調書にはすべて「自爆戦死」の朱印が押され、「未帰還」や「行方不明」はない。戦闘の熾烈さをしのばせる。しかし問題は飛行機の消耗数ではなく、搭乗員の戦死数である。戦闘機は単座だが、爆撃機は二人乗り、雷撃機は三人乗りである。したがって「翔鶴」は搭乗員の五八名が戦死、「瑞鶴」は三〇名戦死という、飛行機の機数以上のベテラン搭乗員たちが消えてしまった。「金の卵」と呼ばれる母艦搭乗員の一挙の損失は深刻な問題となり、海軍中央部に大きな動揺をあたえた。

●それで上空直衛の小町三飛曹も、やっと「瑞鶴」に着艦することになったのですね。

——私はこの日の戦闘で十数発を被弾し、墜落寸前の愛機によって危うく姉妹艦の「瑞鶴」に帰投し、命拾いをしたのです。しかし零戦が使えなくなったので、また「瑞鶴」でも修理できたかもしれないが、よけいな消耗品を格納する場所がないのか、分隊士が「この飛行機デッコー」と叫ぶと、艦上で何人もが主翼を押して、飛行機はガラガラと滑り、海にドンと落ち、あれにはがっかりした。泣きたくなった。飛行機を落とすときには「デッコー」という習慣《ならわし》です。

●珊瑚海海戦で多くのベテラン搭乗員を亡くしたわけですが、実感としてどうでしたか。右も左も同僚がいなくなった。

——生きのいい元気な搭乗員をたった一回の戦闘でなくしたのは初めての体験でしたから、ショックは大きかった。だれも言葉がでなかった。

前日二度の出撃をくり返し、「ヨークタウン」に誤ってあやうく着艦しかけた高橋赫一少佐は、この日の戦闘で自爆戦死した。先にふれたが、高橋赫一は旗艦空母「赤城」から移籍してきたベテランで三六歳。高橋の人柄については、城山三郎が『指揮官たちの特攻』でふれている。高橋は尋ねてきたのが家族でも「ここは公室だから」と言って入れず、騒音のひどい戸外で話をすませるほど、公私のけじめをつける人だった。「航空隊での階位は肩章の星数ではなく実力だ」と日ごろから言って、整備兵や部下たちの労をねぎらったという。

珊瑚海海戦の語りぐさになっているのが、一命を投げうって味方攻撃隊を米空母まで誘導した偵察員パイロット菅野兼蔵である。五月七日の結果に屈辱をおぼえた五航戦は、翌日早朝「翔鶴」からも索敵機を出したが、そのなかで菅野兼蔵機は一二通の適切な電報を発信し、帰路の途中、進撃中の帆足工大尉指揮する攻撃隊と出あうや、Uターンして、攻撃隊の先頭に立った。敵空母まで誘導すれば燃料切れは明らかだったから、この時点で菅野兼蔵は死を決意したのである。菅野の名だけが特筆されがちだが、菅野飛曹長の偵察機に同乗していたのは後藤継男一飛曹、岸田清二郎二飛曹である。かれらの誘導で、攻撃隊は迷いなく米機動部隊に到達することができた。

いまでも小町元飛曹長は「菅野兼蔵はえらい人でしたねえ！」と感にたえぬ面もちである。これに対し小町さんの長女は、菅野の行為をではなく、菅野をたたえる父親の発言の根にあるものを、「それは人命を軽んじる特攻精神の始まりじゃないの」と反発する。菅野兼蔵は重大な任務を果したのだから、そのまま戻ってきてもよかったというのが、長女の考えである。

また小町元飛曹長は、特攻隊の生みの親である大西瀧治郎中将が、敗戦で責任をとって自決したことを賞賛した。だが今度は次女が「数千人の青年を死に追いやった人間が責任をとるのは当たり前でしょう！」と言った。特攻隊で亡くなった青年の数は、海軍だけで二五三〇人以上、一説では陸軍を合わせて五〇〇〇人ともいう。生木を裂くようにして、あの世へ追いやった若い命についての正確な統計がないことは、かつての軍部あるいは国家としての驚くべき怠慢だ。

私は一度だけ大学の卒業式に出たことがあるが、記念会堂のなかと外庭にあふれる数千人の青年男女の数といえば、息がつけぬくらいの密度である。

戦闘翌日の五月九日。空母「翔鶴」では工作兵が木工場で棺桶をつくり、戦死者が生前使っていた毛布で遺体をつつみ、重石の代わりに三〇キロの演習用模擬爆弾を入れ、軍旗でつつんだ。艦尾に艦長以下非番の総員が整列した。儀仗兵が弔銃を撃ち、掌信号兵の吹奏するラッパが洋上に鳴りひびく。戦死者一人ひとりの所属分隊、官等級、姓名が読みあげられ、艦外に張りだした滑り台から一体ずつ海中に沈んでいく。全遺体が海中に没すると、指揮官の号令で弔銃が三発発射されて葬礼が終わる。しかし、ときに海面で棺桶がこわれることがあり、爆弾だけが沈んで棺桶がつぎつぎに流されていくこともあった。渡辺軍医官は記している。「悲愴というべきなのか、弔いのラッパ

〈命を捨てて〉の響きや悲し」。

生者を大切にする米軍の艦上で、死者への葬儀はそっけなかったが、「死は鴻毛《こうもう》より軽し」と生者にそっけない日本では、せめて死者でもと、手厚く葬っている。

史上初の空母航空戦で、生き地獄を体験した渡辺軍医官は、つぎのメモを残すことを忘れなかった。「ところで、戦闘後はラッパの音を聞くと〈戦闘、対空戦闘〉と思って胸が〝ドキッ〟とする。また拡声器の音を聞いても〈配置につけ〉〈対空戦闘〉の音に聞こえてならず、胸が〝ガッ〟となる。更にはドアの閉める音さえも爆弾の音かと訝《いぶか》り〝ビヤリ〟とする。全く以ておびえきったようだ。はてさて困ったものであるが、このことは何も私ひとりに限ったものではなく、艦内の乗組員は皆同感と思われる」。

毎日、艦内の治療室はてんてこ舞いだった。「翔鶴」は修理のため五月一七日、呉軍港に投錨した。宇垣纏《まとめ》参謀や山本五十六司令長官みずからが艦内を視察し、病室に患者を見舞った。宇垣纏は「このくらいに済みたるはまったくの幸運なり。飛行機による四〇名のほか艦上にて殉職せる者六〇余名。その霊を弔い云々」と日誌に記しているが、これは五月一七日帰港の時点で報告された仮の戦死者数であり、実際の数の三分の二にすぎない。しかしモリソンの『太平洋の旭日』はこのときの統計を参考にし、防衛庁研修所編纂の『戦史叢書』や「零戦搭乗員会」編の『海軍戦闘機隊史』でさえ、戦死者一〇九名、重軽傷者一一四名と記され、以来、すべての文献が帰港時の仮の発表に従っている。

しかし軍医官渡辺直寛は治療や監察の当事者として、「翔鶴」で日ごとに判明する戦死傷者総数をことこまかに記録しつづけていた。それによると、寄港後一〇日間をへて五月二八日にやっと最終的な集計が得られた。結局、死者の数が帰港時の報告よりも四十数名ふえて、戦死者総数は一〇九名ではなく一五二名、負傷者は一一四名ではなく一四二名（うち重傷四七名）となった。いかなる惨事でも必ず死者の数は以後増大するものである。

珊瑚海海戦での戦死者のうち三四名が行方不明で、遺体そのものが確認されていないが、これは戦闘中、艦外に爆破や爆風で吹きとばされた者とみられている。これに加えて未帰還の搭乗員たちも、当然ながら艦上に自分の遺体を持ち帰ることができなかった。したがって戦闘翌日の水葬で海中に投じられた遺体は、戦死者総数の半ば、七五体にすぎなかった。

私が戦死者総数のうち四十数遺体の誤差にこだわるのは、かつてそこに宿り、それぞれが自分の名を持って存在していた者から、目を離すことができないからである。死者たちは私に自分の名を告げ、目の前を通って行った。防衛庁戦史室の机の上に名簿をひろげ、死者たちと何日も対面しているうちに、私は生きている人間よりは死んだ人間と交流している時間のほうが多くなってきた。十把一絡《じっぱひとから》げに処理されている「あちら」の世界の影を、「こちら」に取りもどしたいと思った。正確な数だけでも確認しておきたい。

私は東大阪市在住の渡辺直寛氏に手紙を書き、最後の集計である死者数が一〇九名ではなく、一五二名にまちがいないかどうか、確認をお願いした。すると「日誌のとおりです」とのご返事だった。しかもこのとき頂いた新版『海戦　空母翔鶴』（今日の話題社）の巻末には、同じ内容の私家版『南十字星は見ていた』にはなかった、一五二名の死者全員の姓名、等級、部署までが明らかにされている。最も多い死者はパイロットの七四名、つぎに整備員、機銃員、見張り員その他の順である。この順位が洋上戦闘の際の危険度を示している。渡辺氏のおかげで、闇路にまぎれていた迷子が戻ってきた。できることなら私は、かれらの肩を叩いてやりたかった。

話が上層部に届かない

ニミッツ司令長官は『太平洋海戦史』で珊瑚海海戦をふりかえり、戦術的にはわずかに日本が勝ったが、戦略的には米国が成功したと総括した。日米ともにこれが現在の定説となっている。

つまり日本側が、珊瑚海海戦の前哨戦ともいうべき五月四日ツラギ島で失った小艦船は、七日に生じた米軍タンカー「ネオショー」と駆逐艦の損失と同程度で、全三日間を通じての人員の損失は、日本がアメリカの二倍だった。戦死者は日本将兵九五〇名、米将兵五四〇名。

それでも被害艦船のトン数からみると、八日における三万トンの「レキシントン」の沈没は、七日における一万二〇〇〇トンの「祥鳳」の撃沈よりはるかに犠牲が大きかった。

しかし戦略的には、開戦以来日本軍は初めて進撃をくいとめられ、ニューギニア南東岸のポートモレスビーに上陸できず、輸送船団は引き下がらざるをえなかった。すべての戦況を支配するのは制空権であることがはっきりしたが、日本軍の首脳はまだ気づかなかった。連合軍は米豪の防衛線を突破されずにすんだ。珊瑚海海戦は「痛み分け」、つまり互角で終わった。

珊瑚海海戦が日米互角の航空戦だったことは、戦史家モリソンもニミッツ司令長官も認めている。

モリソンは海戦時の日米軍事力の比較をしながら、「日米両軍とも、飛行機パイロットは第一級の戦士だった」と折り紙をつけている。ニミッツは「米軍は爆撃機ですぐれ、日本軍は戦闘機と雷撃機において優勢だった。日本軍パイロットは多くの実戦経験をもち、その魚雷は米軍の魚雷にまさっていた」と認めている。

しかし、奥宮正武は『太平洋戦争と一〇人の提督』で、珊瑚海海戦を指揮した日本側司令長官の三人の提督を、航空戦略を知らぬこと、指揮の統合システムがまずいこと、なかの一人に戦意が欠けていたとして、手厳しく批判している。また索敵機の誤報や着艦ミスを指して、五航戦が開戦まぎわの編成であったため、艦攻艦爆機の夜間訓練が十分に行われなかったことを指摘するとともに、これはひとえに自分たち指導層の手抜かりであると反省している。かれの批判がなにかと厳しいのは、一つには戦時中の日本人のミスを指摘することで、その反省を戦後の生活に生かそうとしたからだろう。

奥宮は、七日夕刻の日本軍機の喪失が、翌八日の珊瑚海海戦で「ヨークタウン」撃沈を逃す結果を招いたと指摘している。そしてそれがつぎのミッドウェー海戦で、生き残りの「ヨークタウン」を活躍させることになったと見る。

たしかに七日の日本軍機の損失は手痛い浪費だった。だが勝敗には結果論的な知恵では左右できぬ運というものがある。しかも運の何パーセントかは実力に後押しされることが多い。当日米軍のレーダーが果たした役割を軽視するわけにはいかない。九機の攻撃機が撃墜されたのは、米軍レーダーがこの日有効に作動してグラマンが待ち伏せしていたからであり、被害の原因は日米の科学技術の差にもあったのではなかろうか。

『ニミッツの太平洋海戦史』でニミッツ長官は珊瑚海海戦について、「真珠湾攻撃以来日本海軍の暗号を解読できたので戦略的にアメリカは優位に立っていたが、軍事力を結集させるのは容易ではなかった」と、「容易ではなかった」ことを実現した自分の努力をふり返っている。とはいえレーダーをふくむ情報戦において米軍はきわめて有利な戦闘を展開していた。

ニミッツが「真珠湾攻撃以来」というのは、日本航空隊の真珠湾攻撃が終わって以後のことだと私は解釈している。もし真珠湾奇襲も含めてのことであれば、スティネットが指摘するように、ルーズベルト大統領が真珠湾奇襲を暗号解読しながら、ハワイのキンメル司令長官には事実を伏せていたことになるからだ。ニミッツ提督がスティネットの言う「真珠湾の真実」を認めるはずがない。

●モリソンは『太平洋の旭日』で、日本側は珊瑚海海戦から教訓を生かさなかったと書いています。奥宮さんは、珊瑚海海戦は制空権がすべての戦況を支配するという教訓をあたえたと言っていますが、大艦巨砲主義の軍令部には教訓にならなかった。しかもモリソンが言っているのは、もっと戦術論的なことですね。機上の通信レシーバーがぜひ必要だというような。小町さんは戦闘後、同僚とそんな話をなさったのでしょう。上官にも話しましたか。

――しました。

●そのレベルから話は上がって行かなかったのですか。

――行かないです。

●源田実参謀や山本五十六司令長官にですか。

――いやいやまだ上に人がいたのです。古賀峰一、永野修身、及川古志郎など大将、元帥がいたのですから。軍令部の人たちに戦争は大砲だといわれては、話にならないです。私たちはたった電話一本、無線が欲しかったが、大将や元帥は飛行機を着弾の結果を観察する兵器として相手にしていなかった。電話は内地では二、三〇マイル（四、五〇キロ）の距離で実験はしていたのです。訓練はしました。「ええ、何番何番。感度いかが、感度いかが。感度良好、良好」などといって。しかし戦場で何百マイルになるとまったく聞こえない。それに搭乗員たちが緊張して全速で飛ばしたあと、雑音がひどくて耳に入らない。

●そうですか。電信を使ったかのように記述してあるのは、日本の上空とか、近いところの話だったのですね。

――それならよいのです。しかし実際には利用価値なし。みんな癪にさわって、こんなもの役に立つかといって、受信機など蹴とばして行ったですよ。ところが、アメリカ側では使用していたのですから。

●やはり科学技術と量産化体制が日本では大幅におくれていました。戦争末期には日本のレーダーもいくぶん使えるものができていたらしいですが。

――ややおおげさな話になりますが、嶋田繁太郎や小磯国昭といった日露戦争時代の生き残りたちがずらりといて、太平洋戦争の東郷元帥たらんとしていたので、山本五十六司令長官ですら歯が立たなかったのです。

●一航戦の参謀長草鹿龍之介も、「現代的な感覚で発言しても上層部が真剣に受けとめなかった」と書いていますね。

――軍隊の一大欠陥は、下の者が意見を言っても上に届かないことにあるのです。

●それは戦後の日本社会についても言えるのではないでしょうか。

――そうそう。戦後もそうですね。当時でいえば、戦艦「大和」、「武蔵」を建造していた。航空兵力が戦争の雌雄を決するとわかれば、あれは急遽方針を変えて航空母艦に切り替えるべきだったのです。そうすれば半分の予算で建造でき、半分の建造費で倍の生産ができる。それをしないので、両戦艦ともできあがってすぐ沈められてしまった。

たとえば「赤城」とか「翔鶴」は連合艦隊の旗艦ですね。すると司令長官、艦長、副長、そのあいまを縫って、飛行機だったら航空参謀、飛行長、隊長がいます。しかしその下の分隊長、中隊長とか小隊長とか、このあたりの本当の戦闘員がものを言っても届かない。隊長にものを言っても届かない。飛行長に言っても届かない。艦橋の艦長のところに行けば「何しに来た」ということになる。艦長は、自分は専門ではない、参謀のところに行け、と。参謀がどうとかしなければならないのだけど、ものを言っているのは参謀の肩章の金筋の数であって、肝心なことはついに戦後まで上層部に届かなかった。

だからイライラしてどうしようもないです。無線のレシーバーが飛行帽についていたら、何十度の角度、何十キロ先から相手の編隊が飛んでくると、ただちにわかる。敵が母艦に到着するまでに何回でも迎撃できるから、結果もずいぶん変わっていたでしょう。

　では参謀クラスはまったくこの問題に注目しなかったかというと、わずかながらそうでもないふしがある。『戦史叢書』（一九六七年）の珊瑚海海戦の章には、こう書かれている。「この戦闘に関し、戦訓においては、〈味方上空直衛機ガ今少シ余裕アル戦闘ヲシタナラバ翔鶴ノ被害ハ或イハ避ケ得ラレタルヤモ知レズ、電波探信儀等ニヨリ速ヤカニ敵襲ヲ予知シ之ヲ誘導スル如ク考案ノ要アルモノト認ム〉と述べている」。誰がのべたのか示されていないが、おそらく「翔鶴」「瑞鶴」の航空参謀級だろう。しかも、これも「電波探信儀」つまりレーダーを指しているのであり、搭乗員が切望する無線電話のことではない。ただ『戦史叢書』の報告書に目をこらすと、電波探信儀等とあるので、無線電話も数のうちに入っていた可能性なきにしもあらずだが、情報がどこかで停滞し、設計・製造現場に届けられなかった。もし届けられたとしても二のつぎに回された。よくてせいぜいそんなところだろう。

●先ほどの空戦の話に戻りますが、乱戦模様になると、相手が墜ちた証拠をつかみにくくなりますね。航空戦記によく敵機が「煙を噴いた」とありますが、煙を噴いたからといって、墜落の証拠にはなりませんね。

――燃料タンクからガソリンがプシューッと出るのです。液体だからまだ黒い煙になっていない。黒くなるのはガソリンに引火したときです。白い煙はまだガソリンです。何秒かあとにぱっと引火しますから。電気系統から離れた部分に弾が当たるだけなら、何十分も火を噴かないで飛べます。

ガソリンを曳くだけで助かる。そのあいだに精いっぱい沖のほうへ飛んで、アメリカのパイロットは不時着する。かれらは味方が徹底して助けにきました。日本の場合は燃料タンクをやられると、もう駄目だからと自爆するのです。「人命を尊重する」という自覚も伝統もなかった。いずれにせよ白い煙がでているあいだは希望がもてるが、引火して黒い煙をがばっとかぶると、自爆するしか手がないです。

●アメリカの場合は、それでも高度があればパラシュートを使用しますね。日本でもパラシュートは途中から使用したのでしょう。

――味方の戦域であれば使うようになりました。敵地なら自爆するしかない。ところがアメリカの場合は、敵地でも降下するとか、海上に不時着するなりして、救助信号を送ると、夜とか翌日とかに必ず危険を冒してでも救助にくる。日本は来ませんよ。もうそれでおしまい。これは大きな違いでした。

ある戦いでアメリカの戦闘機が撃墜されたのですが、日本の領域だったので捕虜として逮捕、連行された。その調査のときに「日本の領域なのにお前はよく不時着する気になったな」と尋ねると、捕虜がいうには「いや敵と味方の領域を問わず、戦えるまで戦って着水したのは、アメリカでは必ず迎えにくるという約束になっているので怖くないのだ」と。「怖くないといっても、ここで処刑されればおしまいだろう」というと、「それはないと信じている。翌日か数日以内に水上機が発信物を頼りに救助にくる」と。それを聞いて、尋問していた調査官が驚いた。「それでもお前みたいに捕虜になってしまったらどうするのだ」と聞くと、「アメリカでは捕虜になるほどに前線で敢闘したと誉められる。なぜかというと、捕虜はぎりぎり最後まで戦った名誉ある戦士だから」と答える。日本では戦陣訓に「死は鴻毛より軽し」とありますからね。「アメリカはいい国だなあ」とみんな冗談に言いあったことがあります。

●当時、自分の愛機というのがあったのですか。

——内地からずっと持っていって使っている飛行機はありました。珊瑚海海戦が終わってからは、そんな贅沢はいえなかった。破損したり、故障して直したり、搭乗機はどんどん変わります。変わらないで同じ飛行機に乗ったのは珊瑚海海戦までです。だから自分の飛行機の胴体に撃墜マークを一機ずつ加えていくなんてのん気な戦場ではありませんでした。

防衛庁に保管されている昭和一七年五月八日の『翔鶴戦闘行動調書』についていえば、こうした『行動調書』が日本の軍司令部で記入され、保存されていたことを、小町定は戦後五〇年間知らなかった。

平成三年、後述するように、アメリカ・テキサス州の米空軍がペンサコーラでシンポジウムを開き、「零戦搭乗員会」の数人を招待した。そのとき初めて小町定は米軍側から、『翔鶴戦闘行動調書』のコピーを渡され、自分たちの戦闘行動が戦時中、東京の本部に報告されて書類になっていることを知った。各戦闘後、着艦のたびに成果については報告していても、東京の大本営に個人名の記録までが届けられていたとは考えてもいなかった。それを米軍側が調査、コピーして客人たちに贈ったのである。ついでにいえば、日本のどの編隊機がいつどこで連合軍側の軍用機ならぬ民間機を襲撃したか、といった事件に至るまで、米側の調査は近年までつづいていた。

『翔鶴戦闘行動調書』は各項目ごとの記入になっている。その「任務」の項に上空直衛と書かれ、小町定をふくむ九人の搭乗員の姓名がペン字で記されている。宮沢武男一飛曹と一ノ瀬嘉二飛曹が自爆、岡部健次二飛曹と今村幸一一等飛行兵、安部安次郎少尉が燃料切れで不時着。あと田中喜藏三飛曹と南善夫一飛曹、小町定三飛曹、川西甚一郎一飛曹が無傷とはいえ、各機数発を被弾し、多い機は三〇発も被弾している。そして各機ともに数機の米軍機を撃墜した。現在このなかで、生存者は小町定ひとりである。

4 戦争の帰趨

第二次ソロモン海戦　南大平洋海戦

出航準備

小町定は「翔鶴」修理の間に一週間休暇をもらって、初めて田舎に帰り、校長先生に頼まれて、一堂に集まった小学生からお年寄りまでを相手に海戦の話をした。みなにも理解できるように、しかも海軍の機密をもらさないようにと気を使った。

小町三飛曹が、東京から駆けつけた古田勝美と呉《くれ》のホテルで会ったのは、このあとである。彼女は弟妹たちと塾の教師をして、母一人の家計を助けていた。一時病いで療養生活を送った頃からクリスチャンになり、内村鑑三の門下だった黒崎幸吉のもとに礼拝に通っていた。神奈川県金沢八景の海岸で水兵のボート・クルーが子供たちや古田さんに迎えられて以来しばらくして、大分航空隊に入隊した小町定が、お礼をかねて、当時は九州特産のびわの実を彼女と塾の子供たちに送った。これを機にふたりは手紙のやりとりをしていたが、彼は古田さんの手紙の内容に魅了された。彼女にも「国のために」身命を賭して海軍パイロットになった青年を頼もしく思う気持ちがあったのだろう。

小町定から連絡を受けると、勝美さんは、昔は東京からずいぶん遠くに感じられた呉まで会いにきた。二人は一緒になることを願ったが、大きな悩みがあった。ひとりは戦争暴力を否定するクリスチャンであり、片方は小町定自身のいう「人殺しを職業とする軍人」である。しかもいつ戦死するか自分でも保証できない立場にある。そんな立場でひとりの若い女性の将来を縛ることに責任を感じた。しかし勝美さんには勝美さんの考えがあった。その夜、ふたりは呉のホテルでそのことばかり論じ合って明け方を迎え、ひとけのない公園をいっしょに散歩した。

その日から早速、艦隊勤務が始まった。「翔鶴」の修理と艤装と出航準備が行なわれ、乗組員の交代があり、ベテランパイロットは実戦経験のない搭乗員たちに訓練を施した。「翔鶴」は修理中なので「瑞鶴」の甲板を借りて、両空母のパイロットが発着艦の訓練をいっしょにした。

群馬の中島飛行機と名古屋の三菱から、使える飛行機を検査して選び、いまはサーキットで知られる鈴鹿の飛行場に運び、そこからはベテランパイロットが零戦を操縦して母艦に運んでくる。鈴鹿航空隊に小町の老いた実母が見送りにきたが、息子が飛行機に乗ってしまえば、あとはどれが息子の飛行機かわからなかった。

「翔鶴」の新搭乗員について、渡辺軍医の日誌にはこう記されている。「今回補充された者の中には、若干劣るような者が見受けられる。なぜなら、発着艦訓練でも以前は事故など皆無に等しかったが、今は時どき起きるからだ。どうも急速錬成の搭乗員が混じっているようだ」。

「翔鶴」は呉工廠に入っていたが、渡辺軍医官は休暇をもらえず、家族のもとに戻ることができずにいた。ところが、六月六日、まったく予期せぬミッドウェー海戦敗北の悲報が届いた。

「士官一同艦長室に集合を命じられ、ミッドウェーの敗戦を知らされる。有馬艦長の声や悲痛、私も急に胸が締めつけられるほどジーンとなり、目の前が真っ暗になったように思えた。被弾し内地へ曳航させて帰る途中であった「赤城」も、炎上はなはだしく味方駆逐艦の雷撃で沈められたという。しかし敗戦のことは極秘であって厳守せよと云われた」。

昭和一七年六月四、五日に、つまり珊瑚海海戦の一カ月後にミッドウェー海戦が戦われた。これは、長期戦にもつれこむと不利になると考えた山本長官と軍令部が、米国機動部隊を誘いだしていっきょに壊滅させるはずの作戦だった。だが逆に日本海軍は一、二航戦の空母「赤城」「加賀」「蒼龍」「飛龍」四隻をいっきょに失うという、太平洋戦争の将来を占う大きな打撃をこうむった。ミッドウェー諸島は東京からハワイまで直線を引くと、中心からややハワイ寄りの位置にあり、ニミッツ司令長官も重要な拠点として防衛線を固めていた。米軍はこの海戦で、珊瑚海海戦以来の空母「ヨークタウン」を失ったにすぎない。

サッチ戦法

空母「ヨークタウン」の雷撃機隊には、サッチ少佐ひきいる戦闘機F４Fワイルドキャット六機が護衛についていた。かれが編みだしたサッチ・ウイーブ戦法は戦史に残る戦術であり、ミッドウエー海戦ではじめて実施された。一小隊三機の編成を二機にかえ、二機と二機、つまり二小隊が相互に交錯して、しばらく前進し、また交錯する。相手を惑わせ、急旋回でも味方同士の衝突の不安がなく、三番機のいわゆるカモ番機もなくなり、見張りもしやすくなるなどの利点が生じた。

先に五月八日の珊瑚海海戦から生還したサッチ少佐は、この戦闘でかなりのショックを受け、「我々が生還できたのは奇跡としか言いようがない」と報告した。その上で、運動性能はともかく、せめて上昇力と速度で零戦に匹敵できる戦闘機を開発することを提案した。これを受けて米航空隊は、F4Fワイルドキャットの後継機として新型機を開発するが、その際、アクタン島に不時着して捕獲された零戦の機能を分析、参考にした。その結果、零戦の弱点を衝くF4UコルセアやF6Fヘルキャットが製作されたが、生産は翌昭和一八年（一九四三）にもちこされた。

最初、二度の海戦に参加したサッチ少佐はこう認めざるをえなかった。「我々F4Fが零戦の後ろから攻撃しようとしても零戦はすぐ急上昇し、あっという間に宙返りして我々の後ろに回りこんで撃ってくる。もう一つ凄かったのはスピードだった。我々が逃げようとしてもすぐ追いつかれ、追いかけても逃げられてしまった」。

平成三年一二月、テキサス州空軍基地が主催した、太平洋戦争開戦五〇周年記念祝典がペンサコーラ市で催され、日本の元パイロット五人が招待された。昼食会でテキサス州知事のジョイ・フォース氏が長いスピーチをした。かれ自身、太平洋戦争で日本軍機を二十数機撃墜した指折りのエースとして、地元でも著名だった。スピーチが終わっての質疑応答で、在米日本人のひとりが立ち、「あなたは戦闘中に零戦に後ろにつかれ、攻撃をうけたときどうしましたか」と質問した。テキサス州知事は「私は操縦席のなかに体を小さくかがめ、零戦の照準に対しできるだけ小さく見せかけ、脱兎のごとく逃げました」と身ぶり手ぶりをまじえて、ユーモアたっぷりに大会場をわかせた。しかし、この話は半ば事実だったのかもしれない。

それでも小町定は「零戦搭乗員会報」でこう報告している。「このユーモアの中に、自分を自慢せず、誇らず、また敵を蔑視せず、チラッと光るこの人の、ゆかしい人格にふれた思いがして心打たれるものがあった」。

紹介された日本の元パイロットたちが起立、軽く礼をすると、会場からいっせいに歓迎と友好に溢れる万雷の拍手を受けた。元パイロットたちはテレビ局のインタビューあり、サイン攻めあり、若い男女に握手をもとめられ、記念写真に収まり、素人ファンのカメラ攻勢に大忙しの一日となった。

珊瑚海海戦とミッドウェー海戦に、サッチ少佐とともに参加したフレイトリ少佐も、零戦に対しては格闘戦ではなく一撃戦法を用いることを提案し、提出した報告書で「我々は単機格闘戦はしない。単機格闘戦は第一次大戦の遺物でしかない。戦闘機隊は格闘戦を必要としない戦法を開発しなければならない」（傍点は川崎）と書いている。F4Fワイルドキャットが零戦に劣ることは事実だが、機銃と装甲板ではまさっていた。

フレイトリ少佐は、高所からの垂直攻撃や側方からの一撃離脱戦法を説き、実践は必ずしも容易ではなかったが、その戦法を試みた。世界の航空界で認めているように、零戦の性能は抜群だったが、速度と航続距離を上げるために装甲板をうすくしたので、弾丸が命中すると火を噴きやすかった。エンジンの強化を図らぬまま、より速度の速い米軍機に追いつかれるようになると、零戦はやがて「空飛ぶライター」と呼ばれるようになる。

しかしサッチ戦法についていえば、小町元飛曹長の南太平洋海戦の話を聞くかぎり、期せずして日本側も同じ戦法をとっている。というのは空母や攻撃機を護衛する空母戦闘機は、その役割上、格闘戦などの古典的な戦術を使えない運命にあるからだ。二機編隊の原型は、すでに日中戦争時代に海軍航空隊の横山保が考案していた。サッチ戦法もサッチ隊だけで実施することを認められていて、昭和一七年六月のミッドウェー海戦のときは、まだ公式の戦法としては採用されていなかった。

昭和一七年六月のミッドウェー海戦で、サッチ少佐ひきいるF４F四機は、米艦攻を援護して日本艦隊上空に接近していたが、零戦にいきなり後上方から撃たれて、一機が煙を噴いた。零戦は一五機以上いた。サッチ隊は三〇〇〇メートルの高度から一〇〇〇メートルまで降下したが、その間、零戦隊は連続して後上方攻撃をくわえてきた。サッチの冷静な観察によれば、零戦パイロットの技量と連携動作はみごとだった。単純な後上方攻撃だけにとどまったが、それでも連続反復攻撃をくわえてきた。サッチ少佐はこのとき、零戦はすぐ格闘戦にもちこんでくるという定説と思いこみを、改めなければならぬと反省している。

その後、一〇月下旬の南太平洋海戦で、フレイトリ少佐がサッチ戦法を試み、サッチ戦法が防御だけでなく攻撃にも有効なことを証明したので、南太平洋海戦から数カ月後には、サッチ・フレイトリ戦法が米軍公認の戦術となった。このように米軍側は、現場の下部組織からも有効な提言と思われるものを柔軟に吸収し、積極的に試みさせ、有効であることが証明されれば、一個人の秘技ではなく、ただちに情報公開して組織化し、戦力の強化につなげた。

ミッドウェー海戦の敗因

ハワイ奇襲作戦と同じくミッドウェー海戦計画も、山本五十六が軍令部に同意をせまって、強行した。だが一、二航戦（「赤城」「加賀」「飛龍」「蒼龍」）は長い航海で休養や補充が必要だったので、淵田美津雄参謀をはじめ周囲に反対が多かった。

ミッドウェー海戦最大の敗因は、南雲《なぐも》機動部隊が米機動部隊の動向をつかめず、近くに米国艦隊がいないと思いこみ、対応が遅れたからである。また指導層が攻撃方針を、ミッドウェー島か米機動部隊かのいずれかに絞らなかったことにある、といわれている。

最近のアメリカ側のテレビによると、米軍による即時の暗号解読法がミッドウェー海戦前に確立され、それが日本機動部隊の位置を探知し、空母を急襲することに大きな役割を果たしたという。

空母は戦艦にくらべて艦橋が低く、受信傍受に不利なので、「赤城」の草鹿参謀長は、索敵機による索敵の結果をひとたび戦艦「大和」が傍受し、そこから米機動部隊の位置を知らせてくれるよう念を押していた。にもかかわらず後方基地にいた「大和」の参謀黒島亀人は、「大和」の位置が敵に知られることを恐れて最初の索敵情報を「赤城」に打電しなかった。それがひいては、南雲長官による爆弾装着の選択ミスを招くことになった。さらにいくつもの「不運」が重なった。

いくつかの不運の皮切りのように言われているのが、つぎの出来事である。二航戦の空母「飛龍」の友永大尉がミッドウェー島基地の爆撃に出撃したが、戦果に満足できず、さらに第二攻撃隊を要請した。これに応じて南雲忠一司令長官は、すでに空母攻撃用に装着していた魚雷を爆弾に変えよとの命令を下した。

だが当時、爆弾や魚雷の装着には二時間以上を要した。第二の命令による爆弾の装着がまだ終わらぬころ、今度は予想しなかった敵空母発見の報せが索敵機から入った。当然、友永大尉が要請したミッドウェー攻撃より、米空母撃沈のほうが最重要の作戦であり、南雲は爆装中の爆弾を魚雷に戻すよう、三度目の命令を下した。艦内も甲板上も大混乱に陥った。その後のわずかの隙をつかれて、一、二航戦は全滅する。

『海軍戦闘機隊史』によると、米雷撃機隊の襲来に際しては、上空直衛の零戦隊がそのほとんどを撃墜したが、これに集中しているあいだに、上空からのドーントレス急降下爆撃隊の攻撃をゆるすことになった。

さらにミッドウェー海戦敗北の遠因は、「珊瑚海で五航戦があれだけ闘えるのであれば、我々が大勝利を収められぬはずがない」という極度の慢心と油断に陥ったことにある。『戦史叢書（ミッドウェー海戦）』にも、一、二航戦の参謀が第三者の忠告に貸す耳をもたなかったと記されている。

ミッドウェー海戦の日本側の最大の痛手は空母四隻と同時に、大量の熟練パイロットの喪失だった。海底に沈んだ艦艇乗組員三〇六四名のうちに、搭乗員戦死者は一二一名におよんだ。

ところで、ミッドウェー海戦に参加した一、二航戦にだけベテラン搭乗員が乗っていたような言い方にたまにお目にかかるが、これは一種の先入観である。開戦三カ月前、「赤城」から最新鋭の五航戦「翔鶴」と「瑞鶴」に移ってきた搭乗員には、名前は省くが、多くのベテランたちがいた。

小町定の言によれば、開戦前に「赤城」から「翔鶴」に転勤した際、「わずかに練度の足りないと思われる搭乗員が三、四人はいた」程度である。さらにその後の五航戦「翔鶴」「瑞鶴」の戦歴をたどれば、全空母の搭乗員が日中航空戦とは異なる日米航空戦の新型の戦法を習得して闘わねばならなかった点で、新旧搭乗員ともに同じ過程をたどることになる。坂井三郎の空戦記に描かれている「大空のサムライ」式の巴《ともえ》戦型の勝負は、サッチ・フレイトリ戦法を編みだしたフレイトリ少佐にいわせれば、日米開戦後まもなく「第一次世界大戦の遺物」としてとり残される。

こうして太平洋戦争開戦後まもなく、史上未曾有の新航空戦時代を迎えて、新型戦法に適応する搭乗員が誕生する。したがって本書の目的のひとつは、坂井三郎によって伝えられる、日中戦争や太平洋戦争初期のロマンチックな航空戦のイメージを塗りかえ、飛行機と空母の組み合わせからなる、また太平洋戦争後半における近代航空戦の実相を示すことにある。

生かされない教訓

●空中で相手のパイロットの顔が見えたというようなことはあるのですか。

――それは少しのんびりした、かっこいいことを言っている気がするのですが。

●米軍機が零戦との格闘戦を避けた、またのちには米軍機が馬力を生かして一撃戦法で攻撃をかけてくれば、くんずほぐれつの卍巴《まんじどもえ》の戦闘はありえなかった。

――ないです。

●初期のころはあったのですか。

――初期のころはあったのです。米戦闘機がＦ４Ｆワイルドキャットのころは、馬力も零戦より少し緩いくらいですから、それができたのです。そう、昭和一七年五月の珊瑚海海戦あたりまではまだ格闘戦がありました。あっても、珊瑚海海戦の場合は母艦対母艦の戦争ですから、そんなことをしていると洋上にとり残されてしまいます。

●撃墜して自分の功績となる格闘戦よりも、自分の母艦を守る上空直衛、あるいは制空隊として味方攻撃隊を敵戦闘機から援護することが目的になりますね。

――そのとおりです。

日米開戦四年前の一九三八年四月、三菱の堀越技師四人と横須賀航空隊の士官二〇人が集まって、新型戦闘機計画説明会が行なわれていた。前に紹介したように、源田実（戦後は防衛庁幕僚長になる）は戦闘機の格闘戦性能の強化を主張したが、のちの小町定の上司でラバウル司令となる、当時航空廠実験部の柴田武雄は、大型機護衛のために、格闘戦能力より高速力と航続力をもつ、装甲板のあつい戦闘機の製作を主張し、ふたりは対立した。

性能と強度のどちらを重んじるかについての両少佐の論争は、その後の日米航空戦に尾を引いた。太平洋戦争開始後二年たらず、優美で繊細な曲芸師零戦は、カブトムシのようにずんぐりした装甲板のあつい高速の米軍機Ｆ６Ｆヘルキャットや、双胴ながら快速のロッキードＰ38を前にして劣勢に立たされた。最初、零戦パイロットはロッキードP38を中型爆撃機のつもりで追おうとしたが、いつのまにか追われていた。それでもなお零戦が善戦したのは、ひとえに搭乗員の技量がすぐれていたからである。戦争末期の昭和二〇年には、日本も紫電改《しでんかい》という強力な馬力をもつ新型機を開発したが、量産には至らなかった。

ついでに加えると、戦争の推移とともに、パイロット個人の敵機撃墜数なるものへの評価も変わってくる。末期の混戦状態では撃墜の証拠や確認もあやふやになり、記録員の不足、そして記録どころではない負け戦で、撃墜機の公認記録はとりやめになったと聞く。ちなみに「エース」とは五機以上の撃墜搭乗員のことを指していた。

空母を守る戦闘機は、何機を撃墜したというゲームの点数稼ぎより、二〇〇〇人ちかい乗組員の生命を守り、他方で敵艦に攻撃をくわえる味方攻撃機を、襲いかかるスズメバチのような敵戦闘機から護衛しなければならない。したがって撃墜数は結果としての数字であり、撃墜そのものが目的ではないので、その数を誇ることは本末転倒の行為となる。というわけで、艦載機搭乗員は護衛という職場の義務として、もともと本末転倒の行為から解放されていた。これこそ、顔や姿を誇示しない舞台の黒子《くろこ》の役割である。

国民の目から敗戦の証人たちを隠すために、一カ月間軟禁された「赤城」「加賀」「蒼龍」「飛龍」の「敗残兵」たちは、その後どういう運命をたどったのだろうか。渡辺軍医が悲痛な面もちでミッドウェー敗戦の知らせを聞いてから、一カ月後の七月一二日、かれが乗艦してきた仲間の軍医ふたりをつれて「翔鶴」のラッタルを降りていると、下のほうに見知らぬ士官がいて「コラッ！」とどなった。その大尉は、渡辺直寛が案内して階段を降りてきた軍医たちにビンタをくわせた。二人の軍帽の徽章が新しいので新人と見られ、新人は階段の昇降に際して上官に先を譲らねばならなかった。

修羅場をくぐりぬけた渡辺軍医は、徽章が少し古くなっていたのでビンタを免れた。とはいえ温厚な渡辺もさすがにむっとしたが、慣習《しきたり》は慣習なので、自分の不注意をあとで士官室に謝りに行った。先ほどの大尉は周りの士官たちとにこにこ笑って「気にするな」と言った。これが「赤城」から転属してきた「敗残兵」パイロットのひとりだったのである。

こうしてミッドウェーで沈んだ空母の搭乗員、乗組員が、「翔鶴」「瑞鶴」や、ラバウル方面へと配属された。五航戦への新搭乗員には、戦史に有名な戦闘機の新郷英城大尉や雷撃機の村田重治少佐、爆撃機の関衛《まもる》少佐などがいた。村田重治や関衛は、三カ月後の南太平洋海戦で消える運命にあった。

渡辺軍医は、ふたりの友人にビンタをくらわせた、その実なかなかの好漢だった例の大尉と、のちに意気投合してよく飲みにでかけたが、山田昌平というその「背が高く、眉目秀麗にして精悍なパイロット」も南太平洋海戦で戦死することになる。多くの僚友とともに戦死した山田昌平を思うとき、渡辺軍医には、山田といっしょに連れだっていた「美貌の夫人」の顔がだぶって見えた。

小町定によると、ミッドウェー敗戦後、「赤城」や「加賀」から「翔鶴」に移ってきた搭乗員たちは、みな沈痛な面もちで、まわりも気を使ってミッドウェー海戦のことには触れなかった。それにしては山田昌平大尉は、ずいぶん大きな顔をして「翔鶴」に乗りこんできたものだ。

新郷英城は飛行機搭乗員のなかでも生存率のたかい戦闘機パイロットだったので、第二次ソロモン海戦、ブカ基地派遣、南太平洋海戦、ラバウルなど、一連のソロモン海戦を生きぬいた。新郷は周囲からぴりぴり怖がられ、名前の響きどおりひじょうに頭のきれる人だった。

ミッドウェー海戦で一航艦（第一航空艦隊）を編成していた一航戦、二航戦（航空戦隊）が消えて以来、「翔鶴」「瑞鶴」の五航戦がいまや日本海軍の枢軸となり、南雲忠一司令長官が呉で乗艦してからは、「翔鶴」が連合艦隊の旗艦となった。名称も「翔鶴」「瑞鶴」に「瑞鳳」がくわわって、一航戦（第一航空戦隊）と呼ばれるようになった。

●ミッドウェー海戦で撃沈された「赤城」「加賀」から一部の将兵がのちに「翔鶴」に配属されました。かれらからどんな話を聞かれましたか。

――かれらも負け戦の母艦に乗っていたので、誇らしく言うひとはいません。気の毒なくらいに意気消沈していました。だから、あえて質問もしなかったたし、むしろ武士の情けで、そんなことは忘れて元気を出せといわんばかりに励ましていました。もちろん私より上官もいれば、等級の低い者もいます。それから陸上に配置された者もいます。ずっと広く散らばっているので、「翔鶴」に多く乗ってきたわけではありません。

●小町さんが戦後まで生き残れた理由の一つとして、ミッドウェー海戦に参加しなかったことも挙げられるのではないでしょうか。

――それは大きいですよ。あの戦闘でぶじに着艦した者はいないのです。帰ってきたら、母艦は火を噴いて、母艦にいた上空直衛隊はたっぷり叩かれたのですから。いや、日本側も大奮闘はしています。生き残った人たちの話を聞くと、相当果敢に闘い、相手を撃墜もしているけれど、残念ながら、攻撃するアメリカ側は、いくらでも続いて次から次とやってくるのですから。守っているほうは最初から最後まで自分たちだけです。これはまず燃料が続きません。体力だってそんなに長く保てるわけはありません。ふつうは上空直衛隊は二時間で交替するのですが、交替する時間がきても激戦の真っ最中でしょう。だから助けようがない。まだ元気であっても、着水するしかない。不時着ですね。駆逐艦に助けを求めるしかない。どうにかぶじに着艦できれば、ガソリンを補給してまた飛び上がれるけど、飛び上がるときにも上から敵が襲ってくる。

●甲板を辛うじて発進し、ふり返ったら、二番機以後の飛行機群がすでに爆撃されて、甲板に姿が見えなかった、という手記が『海軍戦闘機隊史』にありました。

――これを言いだすと一言ではいいつくせないのですが、珊瑚海海戦の教訓を生かして無線電話をなぜ設置できなかったのか。母艦の周りを上空直衛隊が回るだけではすでに遅いのです。米機は雲霞《うんか》のごとく来る。珊瑚海で闘った者たちが痛感しているのに、今度はミッドウェー海戦が起こり、ソロモン海戦、南太平洋海戦と同じことをくり返す。ちょっと耳にレシーバーを入れて艦からの指令を聞けるようにさえすればいいのです。搭乗員のほうから母艦にしゃべる必要はないのです。敵は今どの方角から何マイルの先から来るぞと無線で伝えてくれれば、相手が来ない方角はからっぽにして、見なくていいのです。相手が来る方角と距離を、三〇マイルとか四〇マイルとか伝えてくれれば、相手が母艦に接近するまでに迎撃して、何度も叩けるチャンスがある。そう言っているのに何も作らない。

消耗作戦

●「第二次ソロモン海戦」というのがある以上は、昭和一七年に第一次、第三次などのソロモン海戦が他にもあったということですね。

――ガダルカナル島の米軍基地に日本の戦艦が一晩じゅう艦砲射撃をくわえて、ガダルカナル島の飛行場が火の海になって、もうこれで陸軍も上陸できると思っていたら、そうではなかった。ガダルカナル島を奪回しようとして種々おこなった作戦を総括して、ソロモン海戦というのです。ガダルカナル島艦砲射撃とか、ルンガ沖夜戦やサボ島沖夜戦とか、日本海軍は夜戦を得意としていましたからね。ソロモン海戦という名称だけで第一次から第三次まであります。個々の戦闘が重なり連なっているので、何月何日のどれが「ソロモン海戦」だという区切りはできないのです。

ガダルカナル島の争奪戦に全力をあげたが、どの攻撃も一度で米軍基地を片づけることができなかった。このあたりの島々にアメリカはブルドーザーとパワーショベルと鉄板で自分たちの基地を築き、飛行隊を増援したが、日本はリヤカーとスコップだけです。最初に海軍が一部、それから陸軍が、ガダルカナル島へ上陸して、一度でけりをつけようと戦ったのがソロモン海戦です。いたるところで衝突しています。

●その前に珊瑚海海戦があった。話を聞いているうちに、ポートモレスビー作戦とガダルカナル島作戦が一連の作戦だということが分かってきます。伏線と筋があるのですね。ただ時間的には珊瑚海海戦が先で、そのときはアメリカは、まだガダルカナル島に上陸していなかった。

――珊瑚海海戦の初日は「祥鳳《しょうほう》」が撃沈されて大失敗しました。それでポートモレスビー作戦を中止して、のろのろ前進していた輸送船団がみんなトラック島に帰ってしまった。五航戦はソロモン群島の東をまわって帰ってきます。ニューギニアとソロモン群島の間の内海を通ったのでは見つかってしまいますから。

●時期的には珊瑚海海戦につづいて一カ月後にミッドウェー海戦があり、それからですね。ソロモン海戦はガダルカナル島戦とともに行なわれた、一貫した線の戦いだと言えるのではないでしょうか。だから『海軍航空年表』にも第一次とか第二次とかはあっても、「ソロモン海戦」という名の海戦はない。

――そう、そう。ガダルカナル島争奪戦には、我々「翔鶴」からも支援して攻撃に行っているのです。戦艦「金剛」「榛名」が、三六センチ砲を使って一トン爆弾を一晩ぶちこんだ。ガダルカナル島は火の海だった。

●ということは、それはアメリカ軍が上陸した昭和一七年（一九四二）八月六、七日以降ということですね。ガダルカナル島は四国の三分の一くらいの面積でしょうか。山頂から見ると意外に森林もせまく、ルンガ停泊地も東京湾ぐらいとか。こうして地上では日米の壮絶な争奪戦が始まる。

――翌日調査すると、艦砲射撃も航空機には被害をあたえたが、米軍施設にはあまり効果をあげていなかった。こういうことが何度かあって、ソロモン海戦の日時というのは区切りがないのです。

母艦に乗っていたと思ったら、飛行機ごとソロモン群島のどの島かに援軍に出かけている。ガダルカナル島には敵機がいるので近づけない。近くまで行って反撃や攻撃をくり返し、「おれたちはソロモン群島の基地に降りたよ」などという者もいて。それで基地航空隊と合流してガダルカナル島に突っこんだ。そのころの上層部の考え方は、なんとかしてガダルカナル島を奪還しなければならないと。陸上部隊と共同して何度も何度もさまざまな作戦が実施されたのが「ソロモン海戦」なのです。

●日本軍の基地は、ソロモン群島では水上基地や連絡拠点もふくめ、ブカ、ブーゲンビル、ショートランド、コロンバンガラ、ニュージョージア、ツラギなどの島ですね。

――ええ、それが消耗作戦だったのです。アメリカも毎日補強し、こちらも毎日戦う。となると補給力のあるほうが勝ちです。ガダルカナル島は最初日本軍が苦労して設営したのを、アメリカに奪われた。これがオーストラリアとアメリカの連絡地として重要な防衛線になるので、押さえねばとけんめいになったが、アメリカも全力をあげてきた。日本は結局後退するので、作戦としては乗せられた結果になった。そのなかでも軍艦対軍艦ではなく、航空戦として激しかったのが第二次ソロモン海戦です。

ソロモン海戦のときは、私は「翔鶴」の艦載機搭乗員として行動し、陸上基地には行きませんでした。一連の海戦でどう行動したか、艦の参謀クラスでないとわからない。第二次ソロモン海戦からソロモン群島沿いにトラック島に帰り、それからまた応援合戦ですから、具体的にどこでどうだったか、我々はただ指揮どおりに動いただけです。記憶をたどると、あっちへ行け、こっちへ行け、と。陸上の応援に行くと、今度は陸上の飛行隊長が我々を「お前たち、母艦に戻ってはならん」と手放さず、結局その部隊に所属したのもいます。そうなったら私も死んでいたかも知れない。

第二次ソロモン海戦

●第二次ソロモン海戦はどこで戦ったのですか。

——ソロモン群島の東側、イサベル島やガダルカナル島に近い海上で戦われましたが、目で覚えている記憶としては、ひとつの光景しかないのです。

●光景って、どんな光景ですか。

——アメリカの軍艦を攻撃していた味方の爆撃機が、目の前で火だるまになったのです。全身凍りつくような瞬間です。目の前で爆裂したのですから。

●目の前って、どの程度の前ですか。

——目前と言っても一五〇メートルから二〇〇メートルくらいです。タンカーから上に向けての砲撃です。私は艦爆隊を援護して行くので、相手は広角度で射ちあげてくる。標的の敵艦まで、米軍の戦闘機から味方の攻撃機を守ってやれば、零戦の任務は完了するのです。ところが私が援護していた艦爆機がとつぜん火を噴いた。やられたと思ったら、その艦爆機がそのまま反転して上がって、とんぼ返りに頭からストンと落ちて敵艦に激突した。それが実にみごとで、技量満点でした。あれだけ火を被って全身火だるまになり、もう目は見えない、何も見えないのに瞬間的に操縦して、ああなった。敵船のど真ん中に激突した。こういう反転で衝突するのは雷撃機にはできないのです。

●それは敵の上空直衛の戦闘機に撃墜されたのでしょうか。

――それは分からない。いきなり火だるまに包まれたので、敵艦の対空砲火だった可能性が強い。

●印象があまりに鮮烈だった。

――それで前後のソロモン海戦のことは記憶がうすれてしまったのです。

●敵艦は空母ではなくほんとにタンカーだったのですか。

――タンカーでした。

●火だるまになった艦爆機はだれが操縦していたのですか。

――それも分からない。

火だるまになった爆撃機がそのまま敵艦に突っこまず、とんぼ返りに反転して激突炎上したのは、つぎの状況による。本来ならば急降下爆撃中に砲火や敵戦闘機の機銃を浴びて火だるまになった場合、そのまま爆撃機が敵艦に激突すれば目的は達せられる。しかしここでは、小町三飛曹の零戦に援護された艦爆が敵艦への投弾にいったん成功し、目標物から離れたあとに被弾したので、そのままの状態では海中に没することになる。そこで被爆機は瞬時に反転上昇、一回転して位置を敵艦の上に戻し、目標物に激突炎上させたのである。これを自爆攻撃と呼ぶ。

昭和一七年八月、山本五十六司令長官は広島からトラック島に向かい、近藤中将の前進部隊と南雲中将の機動部隊に、一木支隊のガダルカナル上陸を援護するよう命じていた。米軍上陸後の八月一八日、一木支隊の先遣隊九〇〇名が、自信満々でガダルカナル島に上陸して米軍と闘ったが、二、三日うちに壊滅的な打撃をこうむった。しかも二一日には、日本軍が設営したガダルカナル島の飛行基地を、米軍が使用していることが判明した。占拠されていたのである。

ミッドウェー敗戦を教訓に、さすがに海軍首脳部は航空隊を主兵となし、空母を中核として、水上艦隊はこれを補強するという方針に転換したが、戦艦や重巡の乗組員はこれが理解できず、機動部隊の指揮官は作戦が思うにまかせなかったといわれる。その頃の艦長や司令には、少し前までの大艦巨砲主義者たちが就任していて、航空戦略に疎かった。

空母から艦載機が発進して地上基地をねらうのは、不利であると言われているが、八月二四日、南雲長官は麾下の空母「龍驤《りゅうじょう》」にガダルカナル襲撃を命じた。果たせるかな艦載機が基地を攻撃中に、裏をかかれた「龍驤」が逆に米軍の雷撃機により撃沈された。

しかし日本側でも、一時間後に本隊の「翔鶴」「瑞鶴」は敵機動部隊を発見、これを攻撃し、「翔鶴」隊が空母「エンタープライズ」に大火災を起こさせ、「瑞鶴」隊が空母「サラトガ」を爆撃した。

ところで私は、日本機の自爆した相手がタンカーだったという小町さんの記憶に、ちょっと引っかかるものを感じた。というのは、以前五月七日の珊瑚海海戦で、五航戦はタンカー「ネオショー」しか撃沈できず、参謀司令から搭乗員にいたる全員がくやしい思いをした。その攻撃隊がふたたび最初から油槽船をねらうはずがない。艦載機の第一目標はあくまで空母、そしてつぎに戦艦や巡洋艦である。

私は防衛庁戦史室に行き、昭和一七年八月二四日に戦われた第二次ソロモン海戦の『翔鶴搭乗員戦闘行動調書』に目を通した。カウンターで受けとった『行動調書』は半世紀も前のザラ紙が用いられているので、黄色く変色し、たたまれた頁の折り目も頼りなく、大事に扱わないと、いまにもはがれそうだ。ペン字で書かれた搭乗員名や階級もうすれて、ときには判読しがたい部分がある。

艦爆隊一八機の指揮官は、呉軍港で乗船した関衛《せきまもる》大尉だった。護衛戦闘機は四機で、小町定の名はその三番目にあった。

ついでにいうと、当日は第二次攻撃隊として艦爆隊九機と護衛戦闘機三機がさらに飛びたっているが、敵を発見できず帰投したとある。発見できなかった編隊の指揮官は「翔鶴」乗船の際に渡辺軍医の同僚にビンタを見舞った山田昌平である。山田大尉がひきいた第二次攻撃隊は米機動部隊に遭わず帰投したので、全機無傷のままと記録されている。

この記録内容が奥宮正武の報告（『太平洋戦争と一〇人の提督』）とちょっとずれているのは、奥宮が「翔鶴」の関衛指揮第一次攻撃隊と、山田昌平指揮第二次攻撃隊の全機で、空母「エンタープライズ」に損害をあたえたかのように書いていることである。文章の流れで、そうなったのだろうが、実際に現場で闘ったのは第一次、第二次の合計三七機ではなく、第一時攻撃隊の二一機だけなので、九七艦攻の被害率も大きく、小町機をふくむたった四機の護衛戦闘機の果たした役割も容易ではなかった。

さて、ここからが問題だ。調書には、小町三飛曹が属した第一次攻撃隊の任務は「敵空母艦攻撃」と記入されている。小町三飛曹がタンカーだと記憶していたのは誤りで、実は航空母艦だった。

さらに『行動調書』の〇〇七四頁に目を通して、私は驚いた。「翔鶴」の艦爆機一八機のうちなんと九機に、「自爆戦死」の小さな朱印が押してある。護衛の戦闘機は一機が自爆。つまり「翔鶴」だけで一九人の青年が戦死している。

調書の右端には縦書きの小さな字で、攻撃隊の「自爆戦死」の内容が（A）（B）（C）（D）（E）の五つのタイプに分類されて、驚くほど詳細に報告されている。そのなかでは（B）の「敵空母ニ爆撃接敵中敵戦闘機ト交戦爆弾ヲ抱エタママ敵空母ニ突入自爆」というのが、八月二四日に小町定が目の前で見た艦爆機の状況に近い。

しかし、それは小町定が言うように、米空母の砲火によるものだったかもしれない。なにしろ何種類もの高角砲と機銃で雨あられと射ちあげてくるので、その衝撃で攻撃機はつねにガタガタと揺れるほどだ。自爆機一〇機のうち（B）のタイプに当てはまるのが一機だけあり、それは操縦の二飛曹（二等兵曹）三木勇と、偵察・射撃の北村健三の二名が乗っていた艦爆である。生きて還った同僚艦爆隊員による証言が、こうして『戦闘行動調書』に残されていたので、小町定の見た常軌を逸する光景が幻覚ではなかったことが証明された。

さらに艦爆隊のあげた「効果」として、「空母撃破一隻。撃墜一機」と記入されている。かさねていうが、小町定のいう敵艦はタンカーではなく空母だった。さらに零戦四機の「効果」として「敵戦闘機一〇余機ト空戦、撃墜二機（確）撃墜一機（不確実）」とある。小町定の記憶から消えたとはいえ、かれもこの撃墜行動にかかわった可能性がある。

しかし私がさらに驚いたのは、同じく第二次ソロモン海戦に参加した「翔鶴」の姉妹艦「瑞鶴」

の『瑞鶴戦闘行動調書』(〇二四三頁)をめくったときである。出撃時間は「翔鶴」隊とほぼ同時刻一三〇〇(午後一時)、「エンタープライズ」と同時にいた空母「サラトガ」を攻撃し、爆弾二個が命中、炎上させたが、艦爆九機のうち八機が撃墜され、一六人が戦死している。結局、第二次ソロモン海戦では第二次攻撃隊もふくめ、「翔鶴」「瑞鶴」合わせて一九機が撃墜され、三五人の搭乗員が戦死した。

奥宮正武は「この海戦ののち、敵機の跳梁を押さえることが困難となったので、一木支隊の残部を船団でガダルカナル島へ輸送する計画は放棄された」とのべている。輸送船に代わって駆逐艦が兵員や武器を運ぶことになり、それは「ねずみ輸送」と呼ばれた。二八日には「翔鶴」の新郷英城大尉ら三二機が、設営されたばかりのブカ基地に派遣された。これは発着艦や洋上飛行ができる「金の卵」の無駄使いだが、陸軍の航空隊が洋上戦闘に不向きだったので、やむをえず取られた措置である。

こうしてガダルカナル島をめぐる小ぜりあいが果てしなく続けられるが、戦史に有名なのは一〇月一一日の軍艦どうしのサボ島沖海戦で、夜戦に強い日本艦隊がかなりの打撃を米軍側にあたえた。南太平洋海戦二週間前のことである。しかし、のちの夜戦では、米側のレーダーの有効な使用により、暗闇の洋上で日本艦隊はなぜ敵弾が自軍に正確に命中するのか理解できず、翻弄されるばかりだった。

南太平洋海戦

海上に浮かぶ「翔鶴」や「瑞鶴」という大集団にとっては、来《きた》るべき南太平洋海戦のほうがはるかに脅威的な事件となった。生き残った指揮官関衛には、その一〇月二六日の航空戦まで、ちょうど二カ月の生涯が保証されていた。第二次攻撃隊の指揮官山田昌平にも、また第二次ソロモン海戦では飛びたたなかった雷撃の村田重治にも、運命は同じ裁定をくだしていた。

日本海軍が、昭和一七年七月までに二五〇〇人の設営隊をガダルカナル島に送りこみ、施設した飛行場を米軍に奪われたことは先にのべた。ソロモン群島の各基地建設には、千単位の朝鮮人労務者が送りこまれた。ガダルカナル島では戦闘機用の滑走路、兵舎、電波探知機、無線施設などが設けられ、ここから攻撃の矛先がニューカレドニア、サモア、フィジーに向けられるはずだった。とはいえガダルカナル島でくり返される激闘の実態が、遠くはなれた東京の軍首脳部にはまったく理解されていなかった。

昭和一七年（一九四二）六月のミッドウェー海戦でいっきょに日本の空母四隻をほうむった連合軍は勢いを得て、八月上旬ガダルカナルとツラギに反攻、上陸してきた。ということは、最初ガダルカナル占領や奪取に関係なく立てられた作戦「ミッドウェー海戦」も、結果としてガダルカナル作戦に大きくかかわったことを意味する。七月から八月にかけてラバウル方面の航空隊は、すでに量において連合軍側に押されぎみとなった。

八月七日のガダルカナル出撃の日まで、ラバウル基地の搭乗員たちは誰も、島がどこにあるのか名前さえ知らなかった。飛行長からとつぜん出撃先の予定変更の命令をうけ、その場で航空地図《チャート》を調べて、爆撃機と戦闘機隊が一〇五〇キロ南のガダルカナルのルンガ停泊地まで、三時間かけて到達した。すでに他の日本隊機と米軍機の空戦が始まっていた。ガダルカナルの沿岸に真っ黒に密集している米船団と、無数の上陸用舟艇の白い航跡に圧倒された坂井三郎は、「戦争は負けだ」と実感したという。一瞬のひるみが仇となったのか、坂井飛曹長は片目の視力をうしない、重傷を負って辛うじて基地に帰投し、実戦参加はこの日がほぼ最後となった。

いちだんと壮絶な様相を呈することになる戦闘は、まだ始まったばかりで、敗戦まで三八カ月も残っていた。そしてその長い年月が膨大な数の青年たちを、海の魔鳥《セイレーン》が呼び招く死の底に誘った。当時日本では信長の辞世の句をもじって「人生五十年」といわれていたが、若い搭乗員たちは一日で五〇年分を背負わねばならなかった。正確にいえば、まだ二〇年の生涯しか経験していなかった青年たちは、五〇年の半分にも満たぬ「人生二〇年」を一日ごとの戦闘に賭けていたのである。三八カ月のあいだ、いたるところに張りめぐらされた死神の手を免れることは難しい。闘いの現場で生き残ることは宝くじに当たるようなものだった。

ガダルカナル攻防戦は緒についたばかりである。米軍司令部は最初からガダルカナル島作戦に自信をもっていたわけではなく、悪条件の気候風土で米軍将兵もかなりの苦戦を強いられたが、ニミッツ司令長官自身が現地のガダルカナルに飛び、指揮官と将兵の志気を鼓舞した。一〇月、重い皮膚病を治癒して復帰したハルゼー艦隊司令長官が、気おくれする陸軍部隊を後押ししたことも功を奏した。ハルゼーは空母「エンタープライズ」と「ホーネット」を、ガダルカナル島の北東海上に進出させた。

昭和一七年一〇月二三日の時点で、ガダルカナルには連合軍兵力二万三〇〇〇名、日本軍二万二〇〇〇名が上陸していた。八月以来、日本軍はガダルカナルのヘンダーソン飛行基地の奪回を試み、突撃をくり返したが、成功しなかった。戦車を陸揚げした完全武装の連合軍に対し、食料不足に悩む日本兵は機関銃と小銃だけで戦った。

ところで戦時のガダルカナル戦にばかり注目していた私は、吉田俊雄の『海軍のアキレス腱』を読んで、現在の変容ぶりに驚かされた。戦後、ガダルカナル島を含むソロモン群島の大部分は英国の旧植民地時代を脱して、一九七八年イギリス連邦の一員として独立した。吉田氏は、ガダルカナルの首都ホニアラで独立記念式に立ち会っている。一万五〇〇〇人のホニアラ市民は太平洋戦争で連合軍に協力したことを誇り、「民主的な国」アメリカ駐留軍の行進に熱狂的に応えたという。ただし日本は島民に感謝されることもない代わり、戦時中かれらに協力を強制したこともなかった。現在、日本はソロモン群島と貿易や技術援助の面で相互依存を深めている。

吉田氏はガダルカナル島の山頂に登って原始林を見下ろし、空中から見た原始林の領域があまりにせまく思え、制空権をアメリカ軍に握られた、森林に潜む日本軍の苦闘をしのんでいる。

ソロモン海域では日米両軍はたえず接触をつづけたが、空でも航空隊が連日戦闘を展開し、サボ島沖夜戦から二週間後の一〇月二六日、激しい航空戦が戦われた。これが戦史に残る南太平洋海戦である。この海戦は、一〇月二四日の日本陸軍によるヘンダーソン基地奪回の総攻撃作戦に合わせて、ガダルカナル支援にでた南雲の機動部隊と、駆けつけたハルゼーひきいる機動部隊との対決である。

南太平洋海戦の初日、昭和一七年一〇月二五日、索敵機からの報告はなにもないままに、とつぜん敵機襲来の一報が入ったので、全機動部隊は極度の緊張状態におかれる。そのときの状況を小町定はこう記している。

その日も艦隊は、ソロモン群島の西方三百カイリくらいの位置を航行していた。すでに、朝から索敵機が四方に発進され、我々は会敵をまえに、緊張の連続だった。というのは、わが機動部隊がソロモンおよびガダルカナル島沖にあって、連日のように攻撃をくり返して陸上部隊の作戦を支援しているため、その状況はすでにアメリカ太平洋艦隊の司令部でも知らないはずはない。さらに「大部隊のアメリカ艦隊が南下しつつあり」との情報もわが方にもはいって、緊張のゆるむ間がない。わずか五カ月前のサンゴ海戦では、敵機動部隊とわが機動部隊（五航戦）とが海上で四つに組んだ大海戦をくりひろげたばかりである。

海上の航空戦はまず敵発見の先手こそ勝利につながり、一手おくれをとれば、母艦はたんに輸送船にもひとしいほどの無力なものになってしまう。ミッドウェー海戦の教訓は、海戦に参加した第一航戦「加賀」「赤城」、第二航戦「飛龍」「蒼龍」の生きのこりの戦友たちから聞かされていた。ミッドウェーの二の舞いをやってはたいへんと、長官はじめ水兵にいたるまで、神経を針のように尖らせていた。

まだ薄暗いうちに飛びたった索敵機からは、なんの通信もはいってこない。いらいらしながら待つうち、ついに昼ちかくなってしまった。そのとき突然、「敵機襲来！ 戦闘配置！ 戦闘機発進！」命令は間髪いれずに発せられた。我々の中隊が待機中の搭乗割になっていたので、搭乗員は脱兎のごとくそれぞれの機に飛びのった。エンジンはすでに整備員たちによってかけられ、いつでも飛びだせる状態にあった。この瞬間、一分一秒でもおくれたら、わが航空母艦は輸送船と同じあわれな最期をとげてしまう。誰もが、それをいやというほど知っていた。それだけに、搭乗員はみな必死だったので、自分でも驚くほど早く発進準備がととのった。

母艦は搭載機の発進にさいし、かならず風上に艦首のむきを変針して、飛行機は風に向かって最短距離で発艦するのだが、その間の母艦の動作が、これほどのろく感じられたことはなかった。やっと母艦の向きがきまった。艦橋より、「敵小型機編隊、方位……度、高度……メートル」と知らせてくる。一番機はその報告と同時に、全速で発艦した。つづいて二番機、三番機と計六機が「翔鶴」から飛びたった。僚艦の「瑞鶴」からも六機が発艦した。

今日まで、私も何十回となく攻撃に、あるいは迎撃に母艦を飛びたったが、このときほど驚いたことはなかった。それは、わが索敵機からはなんの通信もまだ入電していないうちに、敵編隊の攻撃をうけたからである。このままでは、完全にミッドウェーの二の舞いとなる。艦爆隊も雷撃隊も、全機が母艦で魚雷と爆弾を満載したままである。この状態で、母艦が攻撃をうければ、たった一発で撃沈される。この恐ろしさ、この危険を思えば、だれ一人として総毛立つ思いをしない者はいないはずだ。この思いと全乗組員の期待をになって我々は飛びたった。

零戦の全性能をいっぱいに使い、スロットルレバーを全開にした一二機の零戦は、米機の編隊をめざして突進したが、上昇姿勢をつづける零戦には二三〇キロ以上のスピードをだすことができない。この速度で敵機の攻撃をうけたら大変だ。あせる気持ちをおさえて上昇をつづけ、やがて高度五〇〇〇メートルくらいに達することができた。

めざす方向をみると、はるかに敵編隊を発見した。ほとんど同時に、一番機もまた他の機も発見したようであった。本来ならば、敵機の運動、高度などを考え、十分に味方が戦える優位の態勢をととのえてから戦闘にはいるべきだが、このときばかりは一刻をあらそうため、中隊長機の指示も命令も待たず、発見と同時に、それぞれがめざす敵機に襲いかかっていった。

この日はちょうど高度五、六〇〇〇メートルのところに南方特有の入道雲がはりだし、雲の切れまに青空がみえていた。ほとんど白一色のまばゆいばかりの雲のなかでの空中戦となった。この雲は層があつく、まともに飛びこむと、まったく前方は見えず、めくら《（マヽ）》飛行になってしまう。これがどちらにとって幸いしたか、敵機も逃げ足がすばやく、見つけたと思うと、すぐさま雲のなかに飛びこむ。こちらは、また出てきそうな位置に先まわりして待っていると、パッと姿をあらわし、すぐさま襲いかかると、またもくるっと反転して雲に飛びこむ。こうして零戦にしつこく追いまわされた敵機は、いつのまにかバラバラになったらしい。この鬼ごっこのような空戦を二、三〇分ほどくり返すと、とうとう一機も敵影はなくなってしまった。

味方艦隊はと思って翼下をみると、五〇〇〇メートルの上空からでは、まったく何事もなかったかのように、いつも通りに航行している。ああ、よかった。一機も攻撃はできなかったのだ。健在な味方艦隊の姿を確認すると、我々もほっと安堵の胸をなでおろした。しかしなおも警戒をゆるめられない。いつ敵の大編隊が、雲のなかからとつぜん襲ってくるかわからないので、そのまま上空警戒をつづけることにした。やがて一時間ほどして、母艦より着艦せよとの合図があり、全機ぶじに帰艦、つぎの中隊と上空直衛を交代した。

上空からみるわが機動部隊は堂々として、微動だにしない信頼感を私にいだかせた。しかし、着艦してみると、やはりどの顔も驚きと緊張の色はかくせない。ミッドウェーの二の舞いを全員が恐れていたことは隠せなかった。そのなかで、だれよりも驚きあわてたのは、かの南雲長官その人ではなかったろうか。

かつては、ハワイ攻撃のわが機動部隊の司令長官として大成功をおさめ、内外にその名をあげた長官だったが、ミッドウェーでは惨敗を体験し、多くの飛行機と搭乗員、そしてかけがえのない艦と兵を殺したことは、切腹したとしても、その責任をとりかえせるものではなかった。その人がミッドウェー以来、参謀を引きつれて、この虎の子の五航戦に乗りこんできていたのである。人騒がせな敵襲も、あとはなんの進展もなく、一日の戦闘はおわろうとしていた。

（小町定「怒れる翔鶴艦戦隊傷だらけの凱歌」『丸』昭和五六年六月号）

こうして南太平洋海戦の初日、小町一飛曹は上空直衛の任務を成功裏に終えることができた。だが緊張のとぎれる間はなかった。翌日は全速力でやってきた。

あけて翌一〇月二六日、わが方はすでに、敵にその位置を発見されている。夜明けと同時に、敵の大攻撃をうけたらひとたまりもない。完全にミッドウェーだ。それを避けるため、夜のうちにわが機動部隊は、全速力で位置を変更したとしても、その距離は三、四百カイリ（七〇〇キロ前後）にすぎない。まだまだ敵の攻撃圏内である。これくらいの距離では、敵の攻撃まで、わずかに時間をかせげるという程度である。

それでも、稼げるだけ時間をかせいで、その間に味方索敵機の全力をあげて敵発見につとめ、発見と同時に発進できるよう、全兵員をあげて攻撃準備に徹夜の作業がおこなわれた。夜明けとともに飛びだす索敵用の九七艦攻は、すでに発進準備をととのえて、飛行甲板に待機していた。

残りの雷撃隊には、全機が魚雷を搭載し、艦爆隊にも全機二五〇キロ爆弾が積まれ、ものものしい緊張の夜がふけてゆく。のちにわかったことだが、当時米軍ではすでにレーダー技術がすすんでいて、いちいち肉眼で敵を発見したり、肉眼で距離や高度をたしかめてから大砲を射つ昔ながらの戦争ではなくなっていた。レーダーによって日本軍の存在を察知できるほど進歩していたのである。当時、もし我々がこのことを知っていたら、前夜はなんとも言いあらわしようのない恐怖の一夜を過ごしていただろう。そうとも知らず、我々搭乗員は明日こそはミッドウェーの仇討ちだとばかり、搭乗員室は異様な空気につつまれていた。

ちょうどそのころ、数週間前からマラリアに罹っていた搭乗員（三期甲飛予科練の艦爆搭乗員）は、高熱で入院中だったため、ここしばらくの攻撃には参加せず、闘病生活をおくっていた。

しかし病室に横になっていても、明日の攻撃の重大さと、異様な緊張を目の前にして、じっとしていられなくなったのか、病気をいつわって、さも全快したとばかりに白衣を軍服に着がえ、ふらふらする体を精いっぱい元気に見せかけて、搭乗員室にやってきた。そして、部屋に入るや、先任搭乗員にむかって大声をはりあげ「私の病気は全快しました。明日の攻撃には、私をつれて行ってください」と叫ぶように言った。いつもなら、ここで先任から一喝されるところである。「お前のような病人が戦闘できるか」。あるいは、「よし、気合いをいれてやる。歯を食いしばれ」といわれ、さっそく一発、二発あごへとぶところである。しかし、さすがの荒武者搭乗員たちも彼の真剣で悲壮なまでの決意、明日の攻撃参加を懇願する様子にうたれ、そのときの先任の態度は、いままでに見たことがないほどやさしかった。「よしわかった。しかし、お前はまだ病気なんだ。明日の攻撃はオレたちに任せておけ。つぎはかならず君を参加させるから」。熱のため真っ赤にほてったかれの双頬には、二すじの水滴が流れてとまらなかった。

(『丸』前掲号)

孤独な帰還

いよいよその朝がやってきた。いつもより一時間もはやく身支度をととのえて、艦橋下の搭乗員待機室に集合したが、そのときすでに、暗いなかを索敵機は発進していた。そして、いまやおそしと全神経をはりつめる艦橋の司令官はじめ、艦長や参謀たちの胸のなかはいかばかりであったか。また、各砲塔、機銃などすべての配備は、完全な戦闘配備となり、一人ひとりの水兵も今日の戦闘を覚悟してか、ハチ巻き姿でそれぞれの配置についていた。

今日の攻撃隊の搭乗割編成は、すでに昨日のうちにできていた。私は、今日は攻撃隊である。昨日、上空直衛隊で一日中、飛んだり降りたりのせわしい一日だったが、我々零戦隊はいつも、攻撃隊と母艦の上空直衛隊との二隊にわかれねばならない。そのどちらもが重大な任務であることはわかっていても、なぜか搭乗員たちは攻撃隊に編成されると大張りきりする共通した性格があった。攻撃隊の方こそ危険度一〇〇パーセント、かならずしも生還できるみこみはないのに、これこそ我々一人ひとりの心のなかに流れている、海軍航空隊の搭乗員魂とでもいうのだろう。時は刻々とすぎていく。イライラしながら待つ時間は長い。どの顔にも、もはや待ちきれないいらだちと、不安の色が濃くうきあがってきた。彼我のへだたりがもし一〇〇〇キロとすれば、夜明けと同時に敵が発進したとして、何時ごろにはやってくるぞと、だれかが叫んだ。その声にドキッとして、一同は思わず腕時計を見た。その計算のとおりだとすれば、あと一時間ほどしかない。

索敵機はいったいどうしたのだ。いつもより厳重に、幾重にも索敵機ははなたれ、さらに索敵距離も拡大されているはずだ。やりきれない気持で待つ搭乗員たちの神経は、もう爆発寸前だった。やがて、まるで昼頃まで待ったような感覚だったが、それより前に、待ちにまった索敵機からの第一報がはいった。「敵機動部隊発見せり、方位……度、距離……カイリ、空母二、戦艦……、洋艦……、駆逐艦……」

電報は矢つぎばやにはいってきた。搭乗員はわれがちに駈けだして、甲板上に整列、艦長、飛行長の出発前の訓示ももどかしく、脱兎のいきおいで、それぞれの愛機に飛び乗った。母艦も同時に風上の方へむきをかえた。

「一番機発進」先頭の一番機に発信の旗はふられた。甲板上はいっせいに始動したエンジンの爆音にふるえた。そして、その爆音をあとに一機、また一機、順番を待ちきれないかのように、かさなって発艦していった。甲板の両側からちぎれんばかりに整備兵や水兵たちのうちふるハンカチの波がゆれる。全機が発艦を完了すると、大きく母艦の上空を一周し、そのあいだに零戦隊、艦攻隊、艦爆隊と、それぞれ大編隊を組んで合流した。

これから攻撃針路にはいろうとしたときである。高度は、まだ二〇〇〇か三〇〇〇メートルくらいの位置であったが、雲の切れまに敵の大編隊を発見した。真正面「反航」の形である。このときの驚きは、何とも言いあらわしようもなかった。敵機動部隊発見とは知っていたが、敵大編隊による攻撃隊発見とは、まだ聞いていない。しかも、すでに味方母艦の上空に到達しようとしている直前のことである。思わぬ敵機の出現にあわてたわが零戦隊のなかにも、とっさのことゆえ、そのまま敵編隊のなかへ躍りこんだ者も何機かでてしまった。(『丸』昭和五六年六月号)

最後に「とっさのことゆえ、そのまま敵編隊のなかへ躍りこんだ者も何機かでてしまった」とある。これを具体的に説明すると、三空母の飛行隊が合流して、第一次攻撃隊が進撃途中、一〇分間の間隔で二度、敵の攻撃隊とすれちがった。最初は戦闘機隊の指揮官が気づかず、二度目のときは空母「瑞鳳」の日高盛康大尉指揮する零戦隊九機が、「エンタープライズ」発進の一九機を見てこれに躍りかかり、その半数を撃墜した。しかし、日高隊は銃弾を射ちつくし、ふたたび味方の制空隊にくわわることができず、しかも部下の五機を失った。

九機の援護戦闘機をなくした攻撃隊は苦戦を強いられることになり、のちに艦攻艦爆隊の側から批判がでた。このときの責任を感じて、日高盛康は戦後も沈黙を守りつづけた。だが日高大尉の零戦隊が米軍の攻撃隊を阻止していなければ、このときの米軍の標的だった「瑞鶴」が撃破、撃沈されていたかもしれない。

逆に日高大尉が最初の指令どおり母艦の護衛は上空直衛隊にまかせ、味方の艦攻、艦爆を援護していれば、米空母を攻撃した艦攻艦爆隊の被害はより少なかったはずである。当初の命令を守るか、機に応じて別の対応をとるか。この問題については海軍部内でも結論がでなかった。しかし『機動部隊』（淵田美津雄・奥宮正武）では、日高の行為は「独断」だったと指摘されている。

小町三飛曹もどうすべきか瞬間迷ったが、あやうく思い直し、最初の命令を遂行することにきめたという。

私は、攻撃隊を護衛する制空隊という今日の任務は、なにがあっても味方攻撃隊をぶじに敵機動部隊まで守りとおし、全機が攻撃を敢行して最大の戦果をあげることにあるのだ、とっさの場合とはいえ、はっとそれに気づき、あわや敵編隊におどりこもうとしたが、あやうく機をひるがえし、敵編隊をそのまま見送ると、いそぎ味方攻撃隊の上空にはせつけた。

敵編隊におどりかかった連中は、味方母艦が危ないので、母艦を救うことが急務と判断したのかもしれない。だが零戦本隊はそのまま敵艦隊をもとめて飛びつづけた。単座の戦闘機では話す相手もなく、いまの敵襲で味方母艦の安否を気づかいつつも飛行をつづけた。やがて三時間あまりも過ぎたころ、水平線の彼方に、点々とわずかに豆粒のように浮かぶ敵艦隊を発見した。ほとんど時をおなじくして、一番機からも発見の合図を送ってきた。昨夜から、待ちに待ったこの一瞬である。さきほど行きちがいになった敵攻撃隊の空襲で、味方も相当の被害を受けたにちがいない。

肉眼による測定では、まだ敵艦まで三、四〇カイリ（五〇キロから七〇キロメートル）もあるだろう。刻々近づいていく敵艦が、あとに長く尾をひく白波から判断しても、すでにわが攻撃隊の接近を察知したのであろう。そのとき、ふたたび一番機より敵戦闘機発見の合図があり、指さす方向をじっとみると、右前方の上方に十数機、さらに前下方に九機ほどの編隊で、二組ばかりが目にはいった。お出迎えにしては、いつもよりずいぶん早い。まだ敵艦まで三〇カイリもあるというのに、ここで大きな爆弾や魚雷をだいた攻撃隊が、この戦闘機につかまってはたいへんだ。攻撃前に無抵抗のまま大被害をうけてしまう。敵味方の距離はみるみるうちにちぢまる。さて、敵はどんな攻撃をかけてくるか。上方の敵も、下方の敵も、そして味方攻撃隊の警戒も、前後左右のすべてを見とおし、戦闘を開始するまでの緊張の数分間である。

先ほどの日高隊の逸脱で数のすくなくなった零戦は、数倍の敵戦闘機を相手に、一機も味方攻撃機にちかづけてはならないのだ。そのとき、すでにわが編隊の上方に達していた一群は、さっと反転して斜め後上方の位置から、いっせいに襲いかかってきた。この攻撃は、いつでもかかってこいとばかりに予知していたものだけに、わが方もいっせいにさっと一撃をかわしたが、これと同時に、日頃の空戦の勘とでもいうのか、すかさず自分もまた敵に対し優位を確保するべく体勢をとり、間髪をいれず追尾にはいっていた。そして、いまやりすごした敵機がふたたび頭をあげてくるところを、後から思いきり一撃をくわせた。そのまま私は混戦状態にはいりこみ、右も左も、上も下も、敵だらけのなかに、一人で奮戦していた。二、三〇分も追いつ追われつの目のまわるような空戦をくり返していた。しかし、このままでは危いと気づき、左前方にいた敵機に最後の一撃をおくりこむと、その余勢を利用して一気に急上昇をこころみ、思いきりどこまでも上昇姿勢をつづけた。

敵はと思って下をみると、まだしつこく私を追いかけてくるのがいる。その数は、なんと八機から九機はいた。今日の戦闘は零戦の数がすくないので、どうしても三機から多くて五機の敵機を相手にしなければならないだろうと覚悟はしていたが、なんと私は約一〇倍にちかい敵を相手にしていたのである。（『丸』昭和五六年六月号）

●二日目の一〇月二六日の南太平洋海戦のことですが、今度は上空直衛ではないので、三時間も飛んで敵機動部隊に接近した。

——それで敵の艦隊に約五〇キロ接近した場所で戦闘が始まったのです。戦法も変わってきて、あのとき敵は、先に戦闘機隊に襲いかかってきました。我々戦闘機は、途中までは制空隊で艦爆を護衛しながら、その二、三〇〇メートル上を左右に交錯しながら行くのですが、そうしないと戦闘機の速度が速すぎるからです。スピードをしぼりながら、味方が下にいるのを確認して飛んでいきます。ところが敵は、こちらの方向を盗み聞きしたのではないかと思うくらい正確に、米艦隊から五〇キロのところ、我々から見ると航空母艦がゴマ粒ぐらいにしか見えない距離で、すでに迎撃隊が円形陣を張って群をなして待っている。そのとき、私はあれほど電信機が欲しいと言ったのにと、瞬間的にいらいらしながら思いました。

相手は我々戦闘機を追い払わないと、その下を飛んでいる艦攻艦爆隊を攻撃できない。それで上にいる。相手がまずねらってきたのが、我々の中隊で、私はその三機編隊九機の右はずれにいたのです。カモ番機として、まともにねらわれた。

しかし、我々がかれらを相手にしている間に、日本の攻撃隊がまっすぐ目標まで到着してくれた。戦闘機は攻撃機を守るのが目的です。逆にいえばアメリカがこちらの手にひっかかったのです。我々のほうに戦闘機が一〇機近くいるので、襲いかかり、わが艦爆隊は米国の艦隊を攻撃することができたのです。あとで空母に戻って艦爆隊員に聞くと、「我々は敵戦闘機には遭わなかったよ」などと答えるのがいて、「なに言ってるんだ！　おれは散々に苦労したのだぞ！」と言って笑ったことがありました。

とはいうものの、計画的に敵戦闘機を引きつけたわけではありません。結果的にうまくいっただけです。このときの戦闘はだいたい高度二、三〇〇〇メートル、相手全機がいっせいに傘を開いたようにわあっと上から襲いかかってきたので、これは多数で来たなと思ったが、半分は日本の雷撃機、爆撃機のほうに向かったはずです。敵の目標は我々戦闘機ではなく攻撃機にあった。米軍機の中隊長機や小隊長機は、下方の艦爆機や雷撃機をねらって先に駆けていき、他の半分は後続で追尾します。今度は私たちが、眼前で降下する後続の米戦闘機に攻撃をかける。私もすぐ後上方から攻撃態勢に移り一機をねらって発射すると、相手のジュラルミンがビビビッとはげ、火花が散って手応えがあります。一機や二機は墜としているはずですが、あとをふり返るひまはありません。確認したわけではないから「撃墜しました」と報告もしないし、公認もされません。

こうして戦闘をつづけ、最後は米側は五、六機になっていたでしょう。なぜこれができたかというと、我々が艦攻、艦爆を守るために、その上に高度をとっていたからです。敵は日本の雷撃機、爆撃機を撃墜するために降下する、その我々より下方に降りた敵機をねらって我々が降下すると、またつぎは別の米機が我々をねらって追尾する。これをやりすごさないと自分が危ないので、これをふり払うと、その姿勢でねらうのに都合のいい場所に敵機が見えたので、それに一撃をくわえたが、今度はこちらが彼らより下方に行ってしまった。たいへんなことになったと、降下のスピードをそのまま生かしてぐうんと上がれるだけ上がって、こんどは慎重に体勢をとると、下の方では米軍機が日本の艦攻、艦爆を襲っている。それでうなりをあげて彼らの集団に突っこんで、カモ番機をねらったのです。

ところが、かれらは攻撃隊を追尾するための速度を変えない。味方の母艦を守るために、あくまで日本の艦攻、艦爆をねらってくる。それで私は降下の余勢を駆って上方にあがり、ふたたび降下してカモ番機をねらう。これを二撃ほどくり返すと、この五、六機がぐうっと向きを変えて私に向かってきた。この生意気な野郎と思ったのでしょう。だが、私はまだ高度は上ですから、この姿勢で戦闘をくり返すと、何度くり返しても私のほうが高度は上です。向こうは（日本の艦攻艦爆機に対する）攻撃姿勢から立ちあがったので、私よりスピードは落ちるのです。ここでこそ勝負だと思って、攻撃をしかけて降下し、またスピードの余勢を駆って上昇し、そこからまた攻撃をくわえて降下する、これを三度くり返して、高度計を見たら七千数百メートルです。

このときになって、はじめて攻撃隊の戦果はどうであろうかと、敵機動部隊の方向をみれば、もくもくと燃えあがる黒煙につつまれて、すでに沈没寸前の空母一隻がいた。さらに大火災をおこしてのたちうちまわる空母一隻、ほかに重巡か戦艦が二、三隻被弾して、大火災をおこしている。「やった、攻撃は成功だ」。そして、私は一〇倍ちかい敵機の進撃を食いとめ、制空隊の責任を果たしたのだと思い、大声で万歳を叫びたい気持だった。（『丸』昭和五六年六月号）

●もちろん酸素マスクは途中でつけているでしょう。

——すでに途中で酸素マスクをかぶっています。このつぎに上がったら八〇〇〇メートルを超えるのです。ところが零戦は八〇〇〇メートル以上だと能力が相手に及ばない。空気が希薄になると、ガソリンの濃度が濃くなって馬力が出ません。ここが思案のしどころ、もうこれ以上はなにもできないというところで、特殊飛行を訓練したときの成果がでてくるのです。失速反転させてがたがたときたとき、右足をぽんと蹴とばすと、みごとなキリモミに入りました。ぐるぐるぐるぐる機体が回転しながら落ちる。上を見ると、敵の戦闘機がそのままいるので「これでよし」と。しかしそれで、二、三〇〇〇メートル落ちた所でふたたびばんと蹴とばしてぐうんと機首を水平にもっていき、一息ついて、それからまたキリモミをつづけるのです。

●文章に書いてあるように、八〇〇〇メートルをいっきょに降下したわけではないのですね。

――キリモミでいっきょに八〇〇〇メートル降下することはできません。いちど降下をやめて一息つかないとだめです。そうしないと猛スピードになって、キリモミの旋回で意識を失う。一息つくのを三度ぐらいくり返したかな。もう海の波頭が視界に入るところまで降下したので、あとは高度計を見るよりは勘で機首をもちあげ、ぐうんと一〇〇〇メートルほど機体を起こした。直線飛行に移ってまわりを見ると誰もついてきていない。よし、それなら僚機の集合場所に行こうと思ったら、すでに時間が過ぎている。集合場所は、敵艦隊からわが方に向かって一〇分間飛んだ位置です。そのあたりで艦攻、艦爆が生き残っていれば、旋回しながら待ってくれている。戦闘機はひとりでは帰れません。それでやっと戦場を離脱すると、出発のさいに打ちあわせてあった集合地点までもどった。ところがすでに予定時間はすぎ、墜とされなかった攻撃隊はすべて帰還についたあとでした。

●戦闘機の航法としては東西南北を示す磁気コンパスしかついていないのですか。

――そう、あとは自分の勘だけです。心細い話ですよ。だから死線の紙一重のところを何度も試しては、どうだろうかこうだろうかと、心のなかでは試行錯誤だらけです。

ふと時計をみると、母艦を発進してからすでに五時間をはるかにすぎていた。空はもう夕暮れである。赤く焼けた夕空は、さらに私をいらだたせた。なんとか味方の艦隊の上空にたどりついたとしても、真っ暗になっては艦の姿も発見できない。あと何分この明るさがもつであろうかと思うと、気はあせるがどうしようもなかった。

発進時の母艦の位置を考え、あのままの方向へ進んでいるとしたら、いまは約五〇〇キロほど西へ進んでいるはずである。しかし、あのままの方向であるだろうか、艦隊はスピードは何ノットで航行しているだろうか。大激戦をやった今日の母艦の航行など遠くはなれた私にわかるはずもない。あとは、ただ自分の勘にたよって飛ぶのみである。やがて空はとっぷりと暮れてきた。(『丸』前掲号)

艦攻、艦爆の大型機は、航法計器としては偏流測定器、時計、計算盤、作図用具その他の器具を使った。ナビゲーションのなかった当時、日本海軍の洋上航法は最高の水準にあったが、気象がわるく荒れ模様のときは、波や風を目安にする方向基準が見つからず、偵察員は自分の技量を信じるしかなかった。飛行機は気流に流されるので、マグネット・コンパスで磁差修整して進路をとるが、スタート点ではわずかに五度の誤差でも、二〇〇キロ、三〇〇キロ飛ぶうちには、目標から何十キロも離れた場所にたどり着いてしまう。

しかも偵察機の偵察員ですら、上空を飛ぶときは気圧の関係で頭脳の働きが鈍り、計算があやしくなる。艦攻、艦爆が九〇度の方角へ飛び立ってからのち帰投する場合、帰るときに方向転換して帰着点の方角を決めねばならない。帰りにとる角度は三六〇度から九〇度引いてはじきだすが、機上ではその暗算すらできないことがある。そういう場合、偵察員は紙面に円周を描いてイメージし、図面を見ながら二七〇度だと割りだす。偵察員の責任はひじょうに大きい。大型機でも計測法をまちがえて帰り着けなかった行方不明の例が、数えきれないほど多い。それでも大型機では、偵察員は計測に専念できるが、戦闘機搭乗員の場合は操縦しながら、右膝の上に記録板をおいてメモをとることすら、ほぼ不可能なくらいに難しかった。

戦争末期の指揮官の艦載戦闘機には、たまにクルシー（直径数十センチの輪型アンテナ）が装着されたというが、一般の戦闘機には磁気コンパスしかないので、なにも見えない洋上での単独飛行は危険きわまりなく、安全飛行のためには偵察員の乗っている大型機に頼るしかなかった。そのうえ母艦も、戦闘中に動いて位置を変えることが多い。こうして大型機を敵機から守る戦闘機は、同時に大型機から守られる立場にもあった。

――零戦で時速五百数十キロの場合、三時間も飛ぶと、距離にしてかなりのものです。僚機を探しても、いない。それからがほんとに孤独な闘いになりました。まず思いださなければならないのは、朝出発したときには何度何分だったか。零度が真北で、三六〇度で一回転だから、一八五度だったことを思いだすと、ひっくり返して、その半分九二・五度の方向を割り出し……羅針盤でそこをまっすぐ目指す。母艦まで三時間かかる。夕陽の明かりがある。その光が逆に焦りの原因になる。夕陽が沈まないうちになんとか艦隊を見つけたい。放物線状になっている水平線をずうっと見ながら、焦る。三時間をあっというまに費やしたというのは、焦って、太陽を追っているのに、太陽の沈むほうが早かったので、太陽と追っかけっこしていた。

太平洋を戦闘機単独で飛ぶことがどんなに難しいかということは知ってはいたが、現実にそれにぶつかると、「人生はもうこれでおしまいだ」と思わざるをえなかったです。いままで戦闘には運が強くて、そのたびに元気で帰ってきたのに、今日だけはぶつける相手が見えない。この空中に、この地球上に自分ひとりしかいない。対象のない空間をひとりで飛ぶとき、とてもぶじに自分が戻れるとは考えられない。メモを膝に置いて帰着点の角度の計算をするのだけど、焦ってうまく行なわれているような気がしない。いままでは神の力によって生かされてとにかくぶじだったが、今日は大宇宙のまっただなかで相手がいないとなると、焦りましたね。

●それは今でいえば、迎えのこない宇宙飛行士のようなものですね。

——宇宙飛行士だったらまだ保証付きの衛星に乗っているのですが、零戦には保証がないのです。三時間の燃料だけです。だから太陽の沈むのがこわくてこわくて、なんとかこの明かりのあるうちに水平線上に本隊の影を見たいと願って、必死で目を凝らして飛んでいたのが事実です。母艦の容姿が脳裏にちらとかすんだり、鈴鹿飛行場の老母のイメージがひらめいたり、焦りと同時になんとかして生きたいという感覚がありました。ただ、なにかをじっくり反省したり味わったりする余裕はなかった。もう少し洋上航法を偵察員なみに勉強しておけばよかったと悔いたものです。恐怖心というのも、半分は飛行機に対してあるのです。燃料を戦闘で半分消費していますから、三時間分しかないことへの恐怖です。

●それでも太陽が沈む方向でよかったですね。反対側だったら早く暗くなっていた。

そのうち、黒々とつづく水平線と、かすかに見わけのつく空との境に、点々と黒いものが見えるではないか。「アッ艦だ、味方だ、自分は帰ったのだ」。思わず喚声をあげて、その方向へむけてまっしぐらに飛ぶ。味方艦隊の姿は、だんだん大きく見えてきた。

ここで射たれてはたいへんだ。味方機であることを合図しながら、まもなくその直上まできたが、下にはいくら目をこらしてみても、私の帰るべき母艦の姿はなかった。巡洋艦一隻、駆逐艦四隻のみである。今日の戦闘で、味方はたったこれだけしか残っていないのかと思い、がく然とした。といって、いつまでも飛びつづけてはいられない。燃料も、余すところあとわずかである。ついに私は意を決し、単縦陣になってすすむ艦隊の先頭を走る巡洋艦の真横にむけて、洋上不時着をこころみた。(『丸』前掲号)

――たまたま、帰路が太陽の沈むコースだったので、まだよかった。巡洋艦に置いていかれて次の駆逐艦が来るまでせいぜい三時間か四時間、そんな感覚でした。巡洋艦などの三、四隻が止まるだけでも三〇分か小一時間はたつのです。艦隊が止まったり、動いたりするには数十分かかりますからね。

●そのとき、小町さんより先に帰途についた僚機は「翔鶴」に着艦できたのでしょうか。

――「翔鶴」の甲板が破損したので、「瑞鶴」に着艦しました。

●小町さんはずっとおくれてやむなく着水したのですが、着水そのものが実は難しいのでしょう。
——それは難しいです。波の山にぶつかるとか。ただ、あの時は緊張して、空戦中に増槽タンクを落とすのを忘れていたのです。
●増槽タンクの落下を忘れるケースはよくあるようですね。往時で燃料をからっぽにしたタンクとはいえ、それをつけては戦闘しにくかったのではありませんか。
——空っぽになると重さを感じないです。増槽タンクというのはちょうど砲弾のような形をしていますね。それを積んだまま帰途についたのです。それからが大変です。零戦が帰ってきたので、巡洋艦の乗組員たちが手をふって迎えてくれているけど、こちらはそれどころではない、かちかちになって操縦するのです。波がかなりあったので、波の山にぶつかってはじけてしまうから、必要以上に機首をあげて、後尾から先に着水します。するとその途中で増槽タンクがポロッと落ちた。それでガクンときて、理想的な角度になったのです。運がいいときはそんなものですね。

　それから先頭を走っている旗艦の巡洋艦が、私のために停止してくれました。これは助かったと私もベルトを取り、飛行服をぬいで、すぐに泳げる状態で、喜び勇んで待っていたところ、巡洋艦がまた走り始めた。旗艦が走りだすと、他の駆逐艦もみなつながって走りだすのです。それで珊瑚海海戦のとき同僚が母艦から見捨てられたことを思いだして、今日は自分の番かと観念しました。しょうがない。昼間大激戦をやったのだから、一機ぐらいの零戦は、大勢を救うためには見捨てられることもありうるのだ、と。

　最初は自分の飛行機から落ちた増槽タンクにつかまろうとして、欲張って一生懸命に泳いで行った。ところが増槽タンクは大きいので、抱きかかえられない。波に叩かれると、つるっと手が離れてしまう。また取りにいく。これを何回かやったらくたくたになってしまって、これは駄目だ、このまま死んでしまうと思ったから、タンクをあきらめて、あとは救命衣をつけているので、自力であおむけになって、もう覚悟をきめて、それでいくらか休息できました。

●鮫に襲われる恐れがあったでしょう。立ち泳ぎするといいと言われていますね。

――いいのでしょうが、そんな器用なことをする力がもうないのです。鮫や鱶を避けるために、飛行士の白いマフラーがあります。長さ五メートルの、あれを首に巻いたまま流していると、鱶は自分の身長より大きいものには食いつかないと。それでパイロットは長いマフラーを巻いていたのです。しかし、そういう噂にすぎません。

●浮き袋には赤い布がまきつけてあり、あれも鱶が赤色をいやがるからとか。

――特攻隊の元気なパイロットたちが、やはり何パーセントかの生存率を祈願して、海中に落ちたときにマフラーを流すのも、赤褌を流すのも一つの方法です。だけどマフラーを流して群がる鱶から助かったという報告は一つもありません。流していたマフラーの端っこを鱶がかじって去ったので、自分は助かったという報告もない。誰か助かったという噂を聞いて、自分も助かりたいという悲願をこめるので、そういう神話が生まれたのです。

●なるほど。そういうものですか。

――くたびれ果てているので、少しでも休もうと、あれはどのくらい時間をかせいだのか、まったく記憶がないです。そしたら、真っ暗になった夜の海で探照灯でいちめんに照らされて、艦隊のいちばん後部を走っていた駆逐艦が到着してくれたのでしょう。もう見捨てられたと、なにもかも諦めていたところだったから、これはもう一回命をもらったと、とたんに元気が出て、「ここだあ！」と叫んで。「どうした大丈夫かあ」「大丈夫だよう」と答えた（笑）。

戦争の帰趨

ここで時計のねじを六、七時間前に戻して、新郷英城大尉や小町定三飛曹らの攻撃隊が発進したあと、空母「翔鶴」がどのような状況に直面したか、記録をたどりたい。

攻撃隊を飛びたたせたあとの「翔鶴」は、可燃性の缶や空き箱をすべて海にほうり投げ、全速力で戦場から離れ始めた。電探（電波探信儀）を見ていた飛行長が「敵はあと二、三〇分でやってくる」と叫んだ。「敵機の大群われに向かいつつあり」との情報が入った。「翔鶴」に乗りこんでいた報道班員牧島貞一は思った。「いよいよ来たか。みな神経をとがらせ、表情を固くした。あと一〇分もすれば死ぬかもしれないという場合の人間の顔は、実に情けないものだ。自分も同じような顔をしているのかと思ったら、なおさら情けなかった」。まもなく敵機の来襲と「翔鶴」の応戦が始まり、珊瑚海海戦と同じ惨劇が生じる。誰もが経験するように、牧島もこの戦闘をひじょうに長く感じたが、実際は二分間の出来事にすぎなかった。

珊瑚海海戦のときは甲板前部がめくれ上がったが、こんどは後部の甲板が破壊された。「翔鶴」に「大穴があけられた」ときの艦上の光景を、なまなましく復元した人がいる。「一番機にはわが翔鶴戦闘機隊長新郷英城、三番機にはわが友小町定三飛曹」を見送った秋山勘一整備兵曹である。小町三飛曹は第一次攻撃隊に属したので、第二次攻撃隊の新郷英城とは別の編隊だったはずだが、今はその問題どころではない。

ドーントレス爆撃隊が、四〇度の角度で「翔鶴」に突っこんできたのだ。その軸線は、秋山勘一整備兵曹がとびこもうとしていた一二番ポケットに、ぴったりと合っていた。危ない！　と思ったかれは、急いで向きをかえ艦尾に向かって走った。まだうろうろしていた若年兵をふたり両脇にかかえるようにして「伏せろ」と叫び、九七式艦攻の右翼の下に滑りこんだ。その直後ダダーンという爆発音が三、四回もつづいた。伏せていた身体が甲板から突き上げられる。もうだめだと恐るおそる目をあげると、目の前に黒煙と炎があった。三メートル前方に、吹き飛ばされた艦攻の遠藤分隊士が仰向けに倒れ、口から泡をふいて死んでいた。アイモのレンズが転がっている。敵の第一次攻撃が終わり、防御砲火の音も絶えていた。

爆弾は写真室と計器室、右舷の飛行甲板に命中していた。計器室の上には秋山整備兵曹が飛びこもうとしたポケットがある。もし一瞬の判断で向きを変えなかったら、かれはまちがいなく死んでいた。計器長の千葉一整曹は計器室で戦死した。第八群機銃員も全滅した。秋山は状況を把握するため艦橋へ向かった。

飛行甲板は先ほどの右舷への命中弾で、中部と後部エレベーターのあいだの甲板が、上部格納庫に落ちこんでいた。舷側の鉄板はめくれあがってささくれだち、格納庫からは黒煙と火炎がはげしい勢いで噴きあげていた。これではとても前部へは行けない。上甲板の通路なら通れるかもしれないと考え、私と助かった若年兵は後部錨甲板へおりた。ここには、左舷からの黒煙がもうもうと吹きこんでいた。あちこちの障害物を遠回りしながら、めくれあがって幅のせまくなった鉄板の上を、四つんばいになってすすんだ。前部ではたくさんの乗員が消火作業や負傷者の収容にあたっていたが、予想以上にひどい被害に驚かされた。艦は勢いよく航行していたとはいえ惨状をきわめ、艦載機の着艦は不可能だとわかった。

上部格納庫の右舷すみで、負傷した水兵が片手をあげて助けをもとめていた。見ると同じ整備科の宮崎一等整備兵である。「いま助けにいく」そう声をかけると、斜めになった飛行甲板を滑るように降りた。そばにひざまずくと、「しっかりしろ」と励ました。うしろから両手をまわしてかかえ起こし、一歩、一歩、力をこめて、いま降りてきた飛行甲板を、ゆっくり昇りはじめた。上につくと、すぐそばにいた兵に命じて、かれを病室に運ばせた。「秋山兵曹、ありがとう」と何度もくりかえしていた。だが、その日の夕刻、宮崎が息をひきとったことを知らされた。(秋山勘一『零戦』第一巻収録)

そのとき艦内の治療室にいた渡辺直寛は、とっさに珊瑚海海戦の経験を思いだし、さらなる不安をおぼえたが、部下を鼓舞すべき立場にあることをも自覚していた。

さらに上部に爆発音か、発射音か、飛行機の発着音か不明だが、ものすごい大音響が続けざまに起こり、至近弾だろうか舷側を貫いた断片が室内を飛びかう。そんな轟音が鳴り響いた。これは尋常ではない、珊瑚海海戦をうわまわる激しさだ。

あわてて引き返してきた本田軍医の「伏せ！」という一声で皆いっせいに伏せる。やがて負傷者が続々と運びこまれ、私たちは本来の任務に返りやっと落ち着きをとりもどすことができた。

軍属である理髪師、コック、郵便局員も負傷者運搬員として配置されていて、心配そうに「軍医官大丈夫ですか」と聞いてくれるのだが、私も内心では「珊瑚海のときよりもこれはひどい。今度はお陀仏かな」と多少不安になっていたものだ。しかし気を取り直して「大丈夫だ」と元気づけてやり、負傷者の運搬を命じる。

ところで胸部断片創の兵であるが、最初はやや貧血状態だったが「大丈夫です」としっかりした口調で応えていた。暫くして様子を見れば、なんと座った姿勢のまま息絶えていたのである。

私たち医務をあずかる者は珊瑚海のときと同様夢中になって負傷者の治療に没頭していた。そのうち上部格納庫付近から出火して、その煙が部屋に侵入し充満してきた。呼吸困難となり皆ガスマスクを着けて作業に当たる。（渡辺直寛『南十字星は見ていた』）

珊瑚海海戦のときに比べて木材もたりず、戦況もおしせまっていたので、翌日午後、「翔鶴」艦上では略式の水葬が行なわれた。それでも秋山整備兵曹はこう書いている。

戦死者一人ひとりの所属分隊、官等級、姓名などを読みあげながら、つぎつぎに水葬にふされた。全遺体が海中に没すると、指揮官の号令で弔銃が三回発射されて葬礼は終わる。戦友の眠る南太平洋上にむけ、我々は声をかぎりに「艦隊勤務」を歌った。死せる者へのせめてものたむけであった。さびしい軍歌だった。こんなさびしい軍歌は、もう二度と歌いたくない。だが、戦争がつづくかぎり、我々はこのさき、何回この歌を歌わねばならないのだろう。（前掲『零戦』第一巻）

小町定は駆逐艦に救われてトラック島基地に戻り、同僚たちの消息を聞いた。それによると、南太平洋海戦前夜、病気にもかかわらず翌日の出撃を隊長に頼みこみ、隊長からしっかり療養しろ、つぎの戦闘には必ずつれていくからと言われて「翔鶴」にとどまった若い搭乗員が、居残ったばかりに米軍機の爆撃で死んだという。どうせ死ぬのなら、思い通りにさせてやればよかった。生きて還った小町三飛曹の胸には、運命の皮肉という苦い刺のようなものがささったままである。

この海戦で、日本航空隊は米空母「ホーネット」を撃沈、「エンタープライズ」に損傷をあたえた。公平を期すためにつけくわえねばならないが、「翔鶴」「瑞鶴」「祥鳳」の一航戦とは別に、近藤ひきいる前進部隊「隼鷹《じゅんよう》」からの攻撃もすさまじかった。「隼鷹」の艦爆隊員、加藤舜孝中尉は初めての出撃で上官たちを失い、帰投後はそのショックと極度の疲労のためぼんやりと休息をとっていた。そこへ奥宮正武参謀から二度目の攻撃命令が伝えられたので、加藤中尉は驚き、「二度も死地に追いやるのか」という不満の気持ちをあらわにした。これを叱咤激励した指揮官志賀淑雄大尉の実意のこもった対応が、『機動部隊』に描かれている。

平時の一市民である私は、加藤舜孝がとった態度はきわめて合理的であると思うが、戦争は狂気と凶器の刺し違えである。極度の疲労感と怯みで周囲を当惑させた新参の加藤中尉に、冷酷な戦闘の至上命令は覚悟をきめさせた。志賀大尉が励ますと、加藤はみちがえるように「凛とした態度」で出撃し、第三次攻撃隊の成果をあげた。

その後なによりも、かれらが夕闇の中をぶじに帰投できたことが、突撃を命令した角田覚治艦長と命令を加藤に伝えた奥宮参謀を喜ばせた。関係者たちの話では、こういうときには母艦の乗組員、とりわけ幹部たちは、親鳥をもとめて飛びまわったひな鳥を迎える心境になる。ひな鳥はひな鳥で、ただただ帰巣本能に死力をしぼって母艦を探しもとめる心境だという。

日本側の被害は、「翔鶴」甲板に被弾による大穴があけられ、小型空母「瑞鳳」が小破した。『日本海軍艦隊写真集』（光人社）には、南太平洋海戦で破壊された「翔鶴」の甲板の光景が示されている。四発の爆弾が貫通して内部で爆発をおこし、爆風で木製の甲板が吹き飛ばされ、めくれ上がった。これで格納庫の整備兵八〇名が戦死した。さらに右舷後部五、七番高角砲と兵員待機室付近の被害写真の説明には、五〇名以上の高角砲員、機銃員が戦死したとある。南太平洋海戦での「翔鶴」一艦の戦死者は乗組員二〇〇名、搭乗員五四名で、総計二五四名である。

海戦の結果は、米側空母「ホーネット」沈没、「エンタープライズ」中破、重巡二隻小破、日本側は、空母「翔鶴」「瑞鳳」、駆逐艦二隻に破損。しかし未帰還機六九機、不時着二三機、真珠湾以来のベテランの戦死が多かった。米軍の未帰還は二〇機、破損五四機。

「翔鶴」はトラック島で補給を行ない、米潜水艦を警戒しながら、一一月六日横須賀軍港に入港した。

●そのとき「翔鶴」の艦長をしていたのは、呉で乗りこんだ有名な有馬正文大佐でしたね。
――ええ、南太平洋海戦のあと呉港で陸に上がるに際して、有馬正文艦長が、真珠湾からずっと各戦闘に参加した全搭乗員の生き残りを集めて「長い間ご苦労だった。じつは自分は航空関係者ではなく飛行機のことは素人だった。優秀な搭乗員をたくさん戦死させて君たちとは合わせる顔がない。いったん休養をかねて、本土の勤務に代わってくれ、また会おう。戦闘はこれからだ。自分はその間、航空関係の勉強をして皆といっしょに飛びたい」と、感動的な別れのあいさつをされて、涙があごの下に垂れるほど流された。そのときの有馬さんのあいさつは、もらい泣きせんばかりに私たちの胸にこたえました。

私たちはといえば、陸に上がることができて、嬉しくて嬉しくて喜んでいたら、有馬大佐がそんなことを言って涙を滂沱《ぼうだ》と流されるので、これは恥ずかしいことを考えた、申しわけないと思った。あの方が特別の感激屋さんなのかどうか知りませんが、あの気持ちだったら、飛べない飛行機に乗ってでも行ったでしょう。もうこれ以上負け戦はつづかないと思って、自分も死ぬ場所を探したのかもしれません。その後、有馬さんは実際に南方の基地から攻撃機に乗って、もちろん、自分で操縦はできませんでしたが、機上で戦死されました。

●すると誰かいったように、有馬大佐は、あとに続けと言ったが、だれも続かなかった「空振りの大佐」ではなく、自分がついて行くことを宣言し、責任をとった。「瑞鳳」の艦長、角田覚治とか上層部はほとんど航空機の役割に疎かったなかで、有馬大佐は「武人の鑑《かがみ》」というべきなのですね。

南太平洋海戦でも、「翔鶴」艦長の有馬さんは南雲司令長官や草鹿参謀に、さらなる追撃をつよく進言したが聞き入れられなかったそうで。それを見越して、ハルゼー司令長官は部下に「日本軍は追撃してこないから心配するな」と言っていたそうです。

帰港した「翔鶴」には、時の首相東条英機や海軍首脳部、政府の高官たちが視察に訪れた、と渡辺直寛の『南十字星は見ていた』に記されている。氏の日誌がユニークなのは、正確な統計資料が示されていることと、もう一つには、ふつうの市民感覚をもつ人間が、常軌を逸した状況に置かれてどう反応したか、またその体験後にものごとがどう異なって見えたかが、率直にメモされていることだ。艦内にいて、あるときは「家族のもとへ帰心矢のごとし」と記されているかと思えば、軍や政府のお偉方が訪艦しているときには、「私たちはというと、臨時上陸、休養したり整備などに従事した。私は逸見の波止場に初めて上陸したのだが、道行く婦人の美しい姿を見て、こんな世界もあったんだなあと眼が眩む思いでしばし佇んでいた」。

南太平洋海戦が戦われた、昭和一七年一〇月二六日の『翔鶴搭乗員戦闘行動調書』を閲覧すると、小町定本人の話とはちがい、かれは上空警戒、つまり攻撃には行かず、「翔鶴」上空で米軍を迎撃したことになっている。出撃搭乗員の組み合わせや消耗兵器など、一連の記録資料がまったく事実と異なっている。たとえば、小町三飛曹の戦闘機は海中に没したので、被弾の弾痕や消耗した銃弾の数など調べようがないにもかかわらず、もっともらしい被弾数や銃弾の消費数が記入されている。『行動調書』は、第二次ソロモン海戦のときは事実の裏づけとなったが、南太平洋海戦では事実を裏切るものとなった。母艦が被害をうけて「翔鶴」搭乗員が「瑞鶴」に着艦したり、行方不明者がでたり、報告がおくれたりで、戦局の逼迫とともに『行動調書』の記入も正確さを欠いたと思われる。

数々の海戦が戦われた昭和一七年（一九四二）。その年の一二月までには、ガダルカナル島の勝敗はほぼ決まりつつあった。日本兵はひどい気候条件のもと、飢餓に苦しんでいた。ガダルカナル島決戦はソロモンの戦いの縮図であり、さらにソロモン群島の激闘は、太平洋戦争という日米間の文明戦争の頂点でもあった。個々の陸上の激闘や海戦で勝利をおさめたとしても、国力を考えると、いずれ日本は敗れる運命にあった。ソロモン群島での戦闘の趨勢が見えたときに、日米戦争は決着がつきかけていた、と今なら誰しも思いつくことだが、当時、戦いの最前線では、将兵が死力をつくして自分の義務を遂行していた。戦後『丸』誌に小町定の回想記が掲載され、そのコメントとしてつぎのような無署名の文章が書かれている。

「戦後、アメリカ海軍士官が、〈日本海軍の下士官は世界一優秀だ。しかし、士官は落第だ〉と言って話題になった。だが、太平洋戦争をふり返ってみると、第一線の青年士官や兵も下士官とともにめざましい働きをした例は、いくらでもある。落第というのは、作戦指導に失敗した高級指揮官、参謀たちのことであろう」。

つまり軍の指導層はだめだったが、海軍の下士官は優秀だった。とはいえ現場で戦った兵卒とともに、尉官級の少尉、中尉、大尉どまりの士官は優秀だったので、下士官と同列に見ていいのではないか、と記者はもっともな論法を展開している。難しい技術をもち戦死率の高いパイロットは、他の一般兵科の将兵より早く進級したので、戦地の搭乗員はみな下士官だった。

珊瑚海海戦から南太平洋海戦まで、日本は米国とがっぷり四つに組んで互角に戦ってきた。本来なら日本軍はもっと優位に立てるはずだった、というのが奥宮元参謀の分析で、その説によると、日本陸軍の航空隊が太平洋では力を発揮できず、海軍だけで連合軍側の陸海共同の航空隊を相手にしなければならなかった。そのためガダルカナルをめぐる一連の戦局で、海軍航空隊は不利な状況に置かれたという。一理ある説だ。陸軍には陸軍の言い分もあるだろうが、陸軍と海軍の協力態勢がかみ合わなかったのは周知の事実である。半藤一利の『遠い島ガダルカナル』は、ガダルカナル島をめぐる日米攻防戦を戦略と戦術の視点から描いているが、日本軍、とくに陸軍指導層の無能ぶりを指摘した書でもある。

小町定が参戦した南太平洋海戦は、撃沈総トン数など物量の損失の点からいえば日本側が勝利している。だが個々のわずかな勝利は、多量の兵器、物資の補給を必要とする消耗戦へと変わったソロモン海戦以降には、重要な結果とは結びつかなくなった。昭和一七年度に米国の航空機生産量は四万五〇〇〇機、翌一八年度には一〇万機に達したが、日本の主戦力だった零戦生産量はけた違いに少なく、昭和一七年に一二四五機、一八年に三〇〇〇機にすぎなかった。これに艦攻、艦爆のわずかな生産量を加えても、その差はあまりに大きい。じつに三〇倍の開きがあった。造船の総トン数を含め、あらゆる兵器物資の生産、調達も同じようなものだった。

この時期から、植民地政策で欧米に立ちおくれた後進国日本の弱点が姿を見せはじめる。私は植民地政策の善し悪しではなく、事実をのべているにすぎない。近代国家としての富の蓄積、先行する技術文明の質の差が現われた。急激な西欧化を、国民を犠牲にする富国強兵によって行なおうとした近代日本の不均衡が、たとえばつぎのような形で現われている。

「紀元二六〇〇年」を記念して名づけられた零式《れいしき》戦闘機、略して零戦《ぜろせん》は開戦当時世界一の機能を誇る戦闘機だった。零戦の前の九六式戦闘機がすでに世界の水準をぬいていた。だが吉村昭の『零式《れいしき》戦闘機』の一頁は奇妙な情景で始まっている。世界の先端技術で造られた零戦試作一号機が、三菱名古屋航空から夜陰にまぎれて、提灯をさげた仲仕を先導に牛車で運搬される。各務《かがみ》原《はら》飛行場まで二四時間かかった。

戦時中には工場と新設の飛行場との距離は縮まったが、牛はのちに、荒馬や動員された徴用工、女子挺身隊や女子中学生たちの手押し車に代えられたにすぎない。『零式戦闘機』の作者は、先端技術で製作された航空機が家畜や人力で運ばれるという、日本社会のアンバランスな構造を示したかったのだろう。

5 雪崩を打って

ラバウル　トラック

結婚

昭和一七年(一九四二)一〇月、「翔鶴」を降りた小町三飛曹は、翌月から長崎の大村航空隊の教員を勤める。このときの上司に、海兵団時代、小町が所属していたボート・クルーの艇長だった海兵出身の蓮尾隆市がいた。もうひとりの上司に、日本航空隊の「サッチ戦法の先駆者」といわれ、また三号爆弾の発案者ともいうべき横山保がいた。横山は日中戦争以来のパイロットで、戦史のあちこちに名前が登場する。かれ自身の回想録もある。横山保と蓮尾隆市は夫人が姉妹どうしの義兄弟だった。

大村航空隊でその日の勤務を終えて、小町定がふたりの上司と盃をかわしているうちに、古田勝美さんと手紙をやりとりしている話がでた。ボート・クルーの艇長だった蓮尾隆市は、金沢八景の小休止のときに歓待をうけた姉妹の面影をよくおぼえていた。「ならばさっそく式をあげろ」とふたりが仲人になってくれた。ボストンバッグひとつで大村の基地にやってきた勝美さん、それにふたりの義兄弟をそろえて四人の結婚式だった。テレビドラマの「おしん」のように質素な生活がはじまった。

蓮尾隆市は、その後マーシャル諸島のルオット島の指揮を任せられ、一年三カ月後に玉砕する運命にあった。「死なせるには惜しい善い人でした」と小町定はふりかえる。あちこちで「玉砕」という名の全員突撃戦死が始まっていた。もうひとりの仲人横山保と小町定は、八カ月後にふたたびラバウルで再会するまでは、少なくとも生命が保証されていた。

小町三飛曹は、翌昭和一八年の八月まで九カ月間、大村航空隊の戦闘機専修課程で飛行術練習生(二四―二八期)を教えた。その間、かれは二飛曹からさらに一飛曹(一等飛行兵曹)に昇進した。彼は軍隊のプロでありながら、大村航空隊ではいっさい罰直をしなかった。彼は教える場に立ったときに田中一水を思いだし、絶対に部下や教え子を殴るまいときめた。その代わり、目前に迫った生き死にかかわる戦闘の基本はしっかりと叩きこんだ。

昭和一八年(一九四三)八月、小町定は戦地への転勤命令を受けてラバウルに赴任、これまで連戦してきたかれも、今度ばかりは生きては戻れないだろうと思った。そのころ、搭乗員は大型機でサイパン島に輸送され、サイパンの基地であちこちの島の各部隊に向けて、三人、五人と分かれて赴任していた。かれの教え子たちも間もなくサイパン島に送られ、最後の盃を交わして、翌日は各々の戦場に赴任することになった。同期の間でこんな話が交わされた。「お前はどこに行くのだ」「おれはラバウルだよ」「ラバウルだったら、小町先任がいる、おれと代われ」「おれは死ぬのだったらあそこで死にたい」「代わらせてくれ」「そんなことできるわけないだろう」。そうした交代はできないと知りながらも、果てはけんかになった。

小町定は先にラバウルに行き戦闘に加わっていたので、その後到着した教え子たちから話を聞いて、「ああ、そうか、それはよかった。自分は生半可な教育をしたのではなくて、みながそこまで思ってくれたのなら、満足だ」と思った。軍隊生活をとおして、いかに信頼できる兵隊を作るかは、また教える者と教えられる者を結びつけるのは、「愛情であり、暴力ではなかった」とかれは断言する。

ガダルカナルの死闘

先に小町一飛曹が南太平洋海戦から内地にもどり、病院をへて、大村航空隊着任後一カ月になる昭和一七年一二月、ガダルカナル島では二倍にふえた四万の米兵と、わずかに三〇〇〇人が増えた二万五〇〇〇の日本兵が死闘をくり返していた。武器と食糧に不足しなかった米兵も、マラリアと湿気と不慣れな環境で志気低下したが、新兵力の投入で息を吹き返した。

戦闘のたびに、日本兵は大きな被害をうけて退いた。翌昭和一八年二月一日には、日本兵一万二〇〇〇名に対し米兵は五万名に増えていた。

圧倒的な優位に立つ米軍は、二月九日、二派に分かれ、日本軍をジャングルの中ではさみうちする掃討作戦を展開したが、目指した場所はもぬけの殻だった。日本軍は陸と海で巧みな牽制を行ないながら、二日前の夜までに二〇隻の駆逐艦で、歩くのもやっとのひどい飢餓に苦しんでいた一万二〇〇〇名の兵を撤収していた。日本はソロモン群島で巧みな撤収を進めたので、ニミッツ司令長官は「日本軍は増援よりも撤収の面で名人である」と皮肉っている。

ガダルカナルにいたのべ総数三万六〇〇〇名の日本兵のうち、二万四〇〇〇名が戦病死、一〇〇〇名が捕虜になった。六万名の米陸軍と海兵隊では一六〇〇名が戦死、四七〇〇名が負傷した。いかに熾烈な闘いだったかがしのばれる。

ソロモンの他の島々でも日本軍の死力をつくした抵抗があり、米軍も容易には北上できなかった。終戦まではまだ三〇カ月もの長い時間がよこたわっている。米軍はソロモン群島と、そこから遠く離れてはいるが、群島の東方に平行して南北にのびるギルバート、マーシャル諸島、つまり中部太平洋の日本軍の基地や要塞を同時に攻略しなければならなかった。タラワ、マキン、ベティオその他で行なわれた激しい戦闘の先端を北方にのばすと東京に向かっている。日本軍も必死だった。

米軍は南太平洋海戦のときにも、戦艦「サウスダゴタ」に四〇ミリ四連装機銃弾を新たに搭載し、母艦の対空防御に威力を発揮した。さらに性能のよいレーダーや水陸両用戦車や火炎放射器、通信機、ロケット弾を開発した。日本も科学機器の開発に早く着手しながら、硬直した制度と組織のために成果があがらなかった、とのちに福留繁元参謀が反省している。兵器の大量生産と十分な物資補給によって、戦況はいちだんと連合軍側に有利になった。

豪州からはマッカーサーの陸軍がニューギニアに上陸し、さらにフィリピンに向かうことになる。ミッドウェー海戦の敗北で、日本軍部の中枢もやっと太平洋の制覇を決定するのが空母と航空隊で

南東方面一般図

あることを認めたが、おそきに失していた。

米国海軍は昭和一八年（一九四三）春から秋にかけて新型空母一一隻を建造し、計一五隻を所有していた。これに対し日本の主戦力は「翔鶴」「瑞鶴」「大鳳」のみで、あとは改造空母三隻しかなかった。米潜水艦の出没のため、空母が海洋で訓練を行なうことも難しくなり、熟練搭乗員と燃料の不足から、これまで戦ってきたような、空母対空母の真っ向勝負を挑むことが困難になった。空母は戦闘水域からの一時避退を命じられた。

太平洋の日本軍は最初の計画を捨て、ガダルカナルからラバウルまで防衛線を下げた。それでもガダルカナルからニューブリテン島のラバウルまで、ソロモン群島の数カ所に日本軍基地があり、見張り部隊が残留していた。

ラバウル基地へ赴任

ラバウルは、四国の二倍の面積をもつニューブリテン島の北東海岸にある天然の良港で、かつてドイツ領だったが、第一次世界大戦でビスマーク諸島とともに英豪軍に占領され、豪州の管理下にあった。しかし日本軍が真珠湾攻撃後、連合艦隊をこの海域に派遣し、陸軍を上陸させたことは先にのべた。

『ラバウル空戦記』（二〇四空編）には、小町一飛曹が赴任する一年前、つまりガダルカナル島戦が始まった昭和一七年の光景が、かなりのんびりと、しかし最後に切迫感をもってこうのべられている。

ラバウルの風物はすべてが珍しかった。煙を吐く活火山やすり鉢をかぶせたような休火山を背景に、湾内には多数の軍艦や輸送船が浮かんでいた。波止場に上がると、まず黒く肌の光った現地人たちの姿にびっくりした。しかもかれらは重いドラム缶を、二人で軽々とトラックに積み込んでいたのにまたびっくりした。海の近くには軍需物資が山積みされ、街はけっこう活気にあふれていた。六空の基地である東飛行場はラバウル市街のはずれにあり、（中略）到着早々とあって、団体旅行か何かのようなはしゃいだ気分でいたその夜、敵の空襲があり、ここが第一線であることを隊員たちは思いしらされた。

昭和一七年(一九四二)四月のラバウル基地には緒戦で名をあげた台南空(台南航空隊)と二空(第二空襲部隊)が進出していた。八月、坂井三郎飛曹長が負傷して退き、かれが属していた航空隊が引き揚げたあと、木更津基地で編成された六空(第六空襲部隊)が進出した。六空は同年一一月に二〇四空《ふたまるよんくう》と改称された。二〇四の「二」は戦闘機隊の番号である。こうして「名門」航空隊二〇四空が立ち上げられた。別に二〇一空《ふたまるいちくう》も駐屯していた。私は小町定自身から聞いた零戦分野で著名な人物のプロフィルやエピソードをいちいち紹介しないが、その間、兼子正、羽切松雄、新郷英城、小福田租、宮野善治郎、柴田武雄、その他ベテランの名がこの地を通過している。

南太平洋海戦が戦われた昭和一七年一〇月、小福田租隊長ひきいるラバウル航空隊は、ラバウル南東三三〇キロに位置するブーゲンビル島のブイン基地に進出した。これにより、ガダルカナルの米軍基地を攻撃をすることが、前より容易になったが、同時にブイン基地の搭乗員は米軍機の激しい反撃をうけ、激戦を強いられた。空戦恐怖症に陥る搭乗員もでてきた。ブインから出撃して、昭和一八年二月の日本軍のガダルカナル撤退に大きな役割を果たした二〇四空《ふたまるよんくう》と二〇一空《ふたまるいちくう》は、同年三月にはラバウルに後退した。小福田租少佐が転任し、後任には宮野善治郎大尉がついた。当時はまだ日本側も爆撃機で攻撃をかける余裕があった。

しかしガダルカナルを支配した米軍は、占領したヘンダーソン飛行場をはじめガ島に数カ所、ニューギニアのポートモレスビーに六カ所、ブナその他に八カ所の飛行場を設営し、ニューギニアとガダルカナルの両面からラバウルをはさみうつ態勢をととのえた。

山本司令長官や宇垣纏参謀は戦況の悪化に危惧と焦りをいだき、昭和一八年四月一日、「い」号作戦を発令した。山本自身が指揮をとり、機動部隊と計四一九機の軍用機を参加させ、ソロモンとニューギニアの敵航空基地ならびに輸送船団をたたき、米軍の北上を押しとどめようとした。しかし「い」号作戦は成功せず、同月一六日にとつぜん終了した。大本営への報告では大勝利となっているが、実際には微々たる戦果にすぎず、むしろ日本側の艦載機の消耗が、つぎの作戦計画を困難にさえした。

四月一八日、山本五十六はラバウル経由でブイン、ショートランド方面を視察したが、米軍側が暗号を解読し、長官の搭乗機を撃墜した。小町元飛曹長は「負け戦と知って、山本司令長官は死ぬ場所を見つけたのです」と断言する。海軍航空隊の集まりでは、そうした解釈もあるのだろう。

山本長官の戦死直後、例の横山保が、大村航空隊からラバウル基地の飛行長として着任した。横山少佐は、飛行場わきのヤシの葉でおおわれた、現地人の小屋のような指揮所に行き、司令に報告をすませた。かれは火山から噴きだす煙と、風が吹くたびに火山灰がまう、弾痕もなまなましい滑走路を見やりながら、新しい部下たちを前に「私が内地を立つとき、必ず搭乗員も零戦も送ると言われてきた。増援兵力が到着するまでがんばってくれ」と激励した。だが数日後に、「ラバウルのパイロットは死ななきゃ内地へ帰れない」という陰の声を聞いて、暗い気分に陥る。横山には部下を後方にさげて休養させる権限もなく、現地ではそのゆとりもなかった。

ラバウル航空隊の任務は、艦船護衛や、ソロモン群島に上陸した敵設営地への攻撃、来襲敵機への迎撃などにあった。輸送船護衛は気楽な仕事のようにみえるが、護衛旋回中に危うく撃墜されかけた初陣の搭乗員もいた。横山保の手記によると搭乗員たちは真っ黒に日焼けし、やせた顔に「目玉ばかりぎょろぎょろさせて、精神的にも肉体的にも疲労していた」。早朝出撃の際は、整備兵は午前三時か四時に起きて、すべての作業をすませねばならない。出撃する搭乗員の台所をあずかる主計科員たちは、かれらの手でつくったうまい航空弁当は搭乗員たちに渡し、自分たちはあり合わせのものでがまんした。こうして烹炊《ほうすい》員たちは軍需部に行き、必要品を手に入れ、風呂、食事、洗濯をこなした。

にもかかわらず前線にいてさえ、兵たちは「総員整列」というバッタ（木を削った丸太棒）による臀部《でんぶ》殴打の罰直をうけ、なかには寝床に入ってからも臀部に激痛が走り、眠れぬ者もいた。それでも地上の将兵は警報とともに壕に飛びこみさえすれば、空中の搭乗員より死傷率は少なかった。連日米軍機の戦爆連合（戦闘機と爆撃機）の二〇〇機、三〇〇機が来襲した。一日に五度来ることもある。夜間の空襲は日本の搭乗員たちを不眠症に陥らせるためだ。

横山少佐の着任から三カ月後、小町一飛曹も二〇四空《ふたまるよんくう》への赴任を命ぜられた。海軍は戦争開始以来、搭乗員養成のために教員としての有能な搭乗員を必要とし、他方で、前線もまた有能な搭乗員を必要とするというジレンマに陥っていた。海軍兵学校出身の士官は、参謀本部や戦場の司令役を果たさねばならないので、教員は准士官や下士官たちがなることが多い。ところが現場の戦線が要求するのは、その練達の下士官搭乗員である。開戦半ばからの飛行少尉や中尉は、等級では上官とはいえ、技量の点では経験を積んだ下士官には、はるかに及ばない。小町一飛曹のようなベテラン下士官の赴任は、ラバウル航空隊でも歓迎された。

●奥宮元参謀は、特殊で高度な技量をもつ空母搭乗員は「金の卵」なので、かれらを陸の基地に派遣したのは愚かな配置換えだと批判しています。当時「翔鶴」は南太平洋海戦の被害を修復して健在だったのに、なぜ小町さんを母艦に復帰させなかったのでしょうか。そして負け戦のラバウル基地に、なぜでしょう。

——あとになって言われればそのとおりですが、あのころの搭乗員の転勤先の決め方は、奥宮さんが自分で行って窓口で整理すればできたのかも知れませんが、余裕はなかったでしょう。そんなことをまったく無視して、ラバウルが手薄だから何名送ってくれとかいろんな資料があるので、教員から何名、どこから何名と選んで、無責任にどんどん補充しただけです。戦力がどうの技能がどうの、「金の卵」をそんなところで使うなというレベルではなかった。「金の卵」をそんなところで使うなという考慮は、いま初めて聞きました。当時そんなことはまったく考慮されていなかったと思います。

小町一飛曹がラバウルに赴任した昭和一八年（一九四三）八月は、搭乗員がサイパンから船で運ばれてくるというのんびりした時期ではなかった。零戦で着任して、翌日から連日迎撃に飛び立った。ある報道班員の記事に、ラバウル上空の迎撃戦で、空母から飛んできた日本の艦載戦闘機が、線香花火のように数十機の米軍機を撃墜する光景と、見守る報道班員たちの「海軍は強いなあ」という興奮ぶりが描かれているが、いつのことか年次が明記されていない。一一月一日とか二日に起こった戦闘だが、おそらく昭和一八年のことだろう。

戦争後半に入って補充された空母の艦載機搭乗員は、戦前の小町定が乗艦したころほど練度は高くなかった。それでも味方のふえたラバウル航空隊が米攻撃機を迎えて、相手に大きな損害をあたえたことは事実だろう。しかし二度や三度、多量の軍用機を撃墜されても、米軍はすぐに補充し、ふたたび大挙して来襲する。小町一飛曹には「一一月一日」当日や前後が特別な日だったという記憶がない。その日は、他の日々の連続した闘いのなかの一日にすぎなかった。

防衛庁戦史室を訪れると、『二〇一空《ふたまるいちくう》行動調書』に昭和一八年一一月一日のことが華々しく記録されている。記録の上では二〇四空《ふたまるよんくう》の影がうすい。しかし小町定は「ラバウルは二〇四空が主役でした」と断言する。実際のちに、といっても報道班員が賛嘆した空戦の二週間後、一一月中旬のことだが、二〇一空に派遣されることになった「撃墜王」の岩本徹三は、つぎのような言い方でその事実を認めている。「二〇一空は技量の程度も知れたもので、名だけの航空隊といってよかった。そこへ（内地からきた）私たち二八一空の搭乗員一五名がふえ、二〇四空に匹敵する戦力になった」。そしてその二〇一空全員が、翌一二月一五日に二〇四空に編入され、岩本徹三、西兼淳夫らは熊谷鉄太郎、小町定らと同じ行動調書に名をつらねることになる。

一般に『二〇四空行動調書』には連日の記録が記入されておらず、八月に着任して「連日闘った」小町定の名が、昭和一八年いっぱい登場しない。これは、戦況がおしせまって事務方の兵士がいなかったからである。

シムズは『太平洋のエースたち』で、二五三空《ふたごうさんくう》、二〇四空《ふたまるよんくう》などのラバウル航空隊を指して、こう認めている。「当時、日本軍はブーゲンビル島の沿岸部に設置した監視所を効率的に運用して、ひじょうに強力な迎撃隊を舞い上がらせてきた」。

パイロットの墓場

――行くときからすでに、ラバウルはパイロットの墓場だという者がいました。そんなにひどいのかなと思っていたら、とにかく毎日、正確に来襲するのです。だいたい九時前後、朝食を終わって、一服していいて、もうそろそろ来るぞと誰かが言いだす。すると必ず、各島にいる日本の残留部隊から、「今日の攻撃隊ラバウル方向に飛んでいます、高度何千メートル、B24何機、戦闘機P38何機、戦爆連合で二〇〇機とか三〇〇機」とかの連絡が入るので、みな情報がわかりました。だからラバウル基地では朝食が終わって、「さあ、これからだ」とばかり、皆はりきって飛んであがりました。

●そんなに簡単に言われますが、状況は深刻だったのではありませんか。開戦翌年の昭和一七年（一九四二）二月にガダルカナル島航空戦が始まって、台南空がラエに進出したのが四月です。ところが同年七月にはニューギニアのラエ、サラモア基地に対して連日敵機が来襲しています。七、八月頃から米軍機の数もふえ、日本の航空隊も連日の遠出の疲労がでてきて、搭乗員の消耗がふえてきます。

小町さんが赴任したこの時期、翌昭和一八年八月といえば、坂井三郎が前線を退いてからちょうど一年、ラバウル航空隊の戦闘後半に入ったころですね。アメリカのＦ６Ｆヘルキャットや爆撃機の新型機が飛び交っています。ひどい時期に、「朝食後の一服」とかそれほどの余裕があったのですか。

――いちばん零戦が揃ったのは四〇機が限度です。これで毎日二〇〇機から三〇〇機を相手にするのです。だから翌日になったら三〇機ぐらいしか使用できなかったり。空戦で銃弾をうけても、翌日には使用できるように、整備員が日に夜をついで修理してくれます。すると五、六機ふえて四〇機に戻ったり、また三〇機に減ったり。毎日犠牲が出るので大変な戦場です。用意して計画を立ててやる戦闘ではなく、毎日やられっぱなしの戦闘です。

●米側のグラマンがF4FワイルドキャットからF6Fヘルキャットに代わったころの、日本側の戦闘技術の変化など具体的に語ってください。

――アメリカのグラマンF6Fヘルキャットが昭和一八年に出現して以来、空中戦闘についての考え方が変わってきました。米軍機がF4F型だった頃は、馬力は少し向こうが上だったが、開戦当初ずっと互角の態勢で闘い、格闘戦になると零戦のほうがはるかに有利で、腕のたつベテランがたくさんいた。F4Fは零戦には歯が立たない。

だからF4F型も途中から従来の格闘戦をやらないで、スピードを利用した一撃戦法に変わりました。速度はF4F（改良型）のほうが速くなっていたので、零戦を見たら一撃で落とそうとする。これをやられると零戦は追いつけないのです。つぎのがまた一撃をくわえる。我々はどちらかというと宮本武蔵流に一刀両断を夢見て、格闘戦をさんざん訓練してきたので、一撃でやるような戦闘を訓練していない。ところが向こうはそれを早くのみこんだ。零戦に誘いこまれてはならないというのが、アメリカ航空隊の「禁則」として出ています。戦後に分かったことですが。

しかもF4F（一二〇〇馬力）に倍してF6Fのほうが二倍の馬力（二〇〇〇馬力）とスピード差

があるから、いちど襲いかかってきて、こちらが気づくと、もうそこにいないのです。零戦が追いかけても、スピード差があるから開くばかりです。指導的立場にあるわが航空隊の上層部が、従来と同じ戦法でやってはならないと教えてくれる場もチャンスもなかった。だから実戦で我々は高い代価をはらって、自分たちで感づいて戦法を編みだすしかなかったのです。例えば五〇〇〇メートル以下だったらスピード差でくることを念頭に入れて、下に潜って一撃をくわえないと追いつかれてしまう。

●「下に潜る」のはどういう方法で。下から上昇しながら相手をねらうと、相手のほうが速いのでは。

――下に潜るというのは、後上方から急速にいったん降下して、その加速でスピードをつけ上昇しながら、相手の腹つまり油槽タンクを射撃するのです。残念ながら、日本人はひねり込み戦法が得意だった。しかしF6Fになったらひねり込みなんておかしくって、相手は一撃しかかけてこないから、ひねり込みしても自分のマイナスになるだけです。それを早くのみこまないで、馬鹿の一つ覚えでひねり込みしかやらないのでは、少しの進歩もない。

先輩が、若い搭乗員を集めてそういうことを教えてくれるとか、指導するとか、極意を教えなければならないのに、日本の職人は最後の極意の隠し味を教えない。若い者に追い越されるのはいやだという意識があるのか、この奥義は自分ひとりのものとして大事にしなければならないのか、昔の剣法の時代から、これから先は自分で修業しろ、自分で覚えてこいという教え方しかしない。

●名人芸でやっても相手には通じなくなってきた。相手は力と数でやってくる。写真で見ると戦争後半の米軍機は、いわしの大群のように、圧倒的な数で隙間もないほど空をおおって来襲してきますね。

迎撃しながら、あれはF6Fで強敵だとか、F4Fならひとまずこれで行こうとか、差をつけて対戦することはありませんでしたか。

——そんなことを読みとるひまがない。いまの攻撃は手応えがあった、あっ、あれはF6Fではなかったかと判定したり、遠くからくるのは同じようなずんぐりした胴体で、ちょっと見分けがつきません。

●被弾した零戦はひじょうに火を噴きやすかったといいますが、最後の五二型まで改良されなかったのですか。

——最後までそうでした。同じです。

●紫電改が登場するまで！　落下傘は初めから使用したのですか。

——開戦当初は、ある部隊では落下傘を携帯しなかった。落下傘があると地上に降りて助かる。そういうのは卑怯だという考えがお互いの間にあって、落下傘なしで飛んで行きました。かすり傷で、まだ火も噴かない、燃料を白く引いている程度の損傷でも、落下傘がなければ、あと自爆するしかない。ひじょうに捨て身だったのですが、捨て身のほうが強かったことは事実です。しかし、一人のパイロットを育てるのは、半年や一年でできることではない。生命を大事にということから、落下傘を必ず使用しろとなったのが、開戦半年ぐらい過ぎてからです。

●落下傘を使用しないほうが強かった、というのも不思議な話ですね。

——捨て身だからそうなるのです。

●劣勢でありながら、精神的には互角の気持ちで。

——そう、互角で闘っていた。ただ私がラバウルに赴任してほぼ一年後、米軍がトラックからさらにサイパンを攻撃したころ、あのときは目を覆うべくもなかった。マリアナ沖海戦があった昭和一九年（一九四四）六月ですね。全戦場が劣勢になりかかったとき、川の奔流にながされる、あの負け戦のときはベテランもなにもない。野球でもサッカーでもそうでしょう。とにかく避けようがない。抑えようがない流れの力がある。量が互角のときは火が出るように闘っているが、負けだすと同じチームかなと思うくらい。戦争も負け戦になったら、目を覆うべくもないですよ。

●当時ラバウル基地には爆撃機も駐機していたのでしょうか。

——いや、私が赴任した一八年八月には戦況が押されぎみで、いつどこの基地を味方の爆撃機がたたく、というスケジュールを立てる余裕がまったくなかった。五機や一〇機が爆弾をかかえて行っても、アメリカにとっては痛くもかゆくもない。制空権を抑えられているので、全機たたき落とされてしまう。押されるまま、それを受けるだけの状況のなかに私は飛びこんだのです。ひどいところにきたなと思ったが、引き返すわけにはいかない（笑）。ラバウル基地から飛びたってどこを攻撃したとか、戦果をあげたというのは、昭和一七年（一九四二）いっぱい。一八年になったら、受けて立つだけです。

●昭和一八年の一月になったら押され気味で、二月になったらラバウルは防戦いっぽうになった。しかも小町さんが赴任したのが、同年八月です。

——いちばんひどいときに。それで三号爆弾の職人みたいになった。毎日これを持って上がって、敵爆撃機群のあいだに落とすのです。

●小町さんは八月にラバウルに赴任され、一二月に二五三空《ふたごうさんくう》に移籍したと戦闘経歴にあります。ところが、防衛庁所蔵の『行動調書』が当てにならないとはいえ、一二月の二五三空の戦闘行動調書には小町上飛曹（上等飛行兵曹）の名が出てこないのです。あけて昭和一九年（一九四四）の二月一二日にやっと小町定の名が出てくる。その間じっと身をひそめていたわけではないでしょうに（笑）。

——一時は入院していたのです、デング熱に罹って。マラリアと見境いつかないくらいの熱病で、診療所に二、三週間かよっている間に頭髪がぼろぼろ抜けていく。これが治って、部隊に参加するときの病気あがり、これが怖い。上空で急な昇降をくり返すと参ってしまう。そういうときに注意しないと犠牲がでる。やはり健康体にはかなわないです。みな若いのが健康でいっしょに闘っているのに、私は二週間にしろ一〇日間にしろ休んだのだから、肩身がせまい。言い訳はできないので飛びましたが、その代わり注意して無茶な操作はしなかった。

●ほとんど全員が一度は熱帯病にかかったそうですね。それで病み上がりでは、どんな過程で慎重な態度をとったのですか。やたらに敵の群に突っこんで行かないとか。

——もちろん、そうです。突っこんだら、慎重なんてものではない。一般に若手の連中は血気にはやって、敵を見ると興奮して頭に血がのぼるのです。それを我々は「アガル」と表現していましたが。だから全体の態勢を読むだけの余力がない。サッカーのワールドカップでも同じですが、全体の兵の動きが頭の中にあるうちは、まだ理論的な行動もとれますが、「アガッテイル」ときは敵を見るとめちゃくちゃに飛びまわるだけで冷静さを欠いています。私も若いときは敵軍に飛びこんでかき回したほうですが、そうでなくて、分かってくると、全貌をまずつかまなくてはならない。今日は八〇機、一〇〇機ちかく来ているというときは、それなりの態勢を、自分の位置をつかんでから、相手のカモ番機ぐらいを一撃して脅かし、敵が墜ちずに去ったら、前もって目印をつけた敵機がつぎにもいるはずだし、私はそうした状況を判断に入れて、態勢をとります。

星のマークの米軍機がいさえすれば突っこんで行くのは、判断や作戦や技術なしに、ただ飛び上がっているだけのことで、自分も隙ができるから、ついカモ番機になってしまう。撃ち墜とされて、結局、犠牲になる、これのくり返しです。若い者から犠牲がふえていきます。古い者ほど何度も回数を重ねて経験を積み、生き残るのです。今日の戦闘で飛びたって、犠牲者を数えると、どうしても（こちらの世界に）引っぱって連れもどしてやりたいくらい、若い者が先に去っていくのです。

だから、自分で今日は身体の調子が悪いな、熱っぽいなと感じられるときは、とくに若い者といっしょになって、敵の群に突っこむようなことは慎みます。それでなくとも私はもともと、何度も海戦をくり返している空母出身のパイロットです。これには母艦の上空直衛という戦闘機の役割があり、上空直衛は攻撃隊に加わる戦闘機よりもっと悲惨なこともあります。上空で母艦を守らねばならない。敵から見れば攻撃のいちばん邪魔なのが我々戦闘機なので、敵の制空隊がこれを最初にねらう。まず我々上空直衛隊が相手の標的になるのです。それで早く敵の位置を通信で連絡してくれと言ったのは、私が味方の上にいるときのことです。

その習慣が、大村航空隊からラバウル基地に転任しても身についているのです。二〇〇機から三〇〇機が来襲することがあり、雲霞《うんか》のように空を覆って来ます。

●写真で見ましたが、ただただ驚くばかり。空に隙間がないくらい。一機の零戦を二〇機のグラマン

（F4FやF6F）が追いかけたら、衝突して同士討ちになるくらい数が多い。

三号爆弾

——そういう状況で味方の基地を守るのに、二〇機や三〇機の零戦が飛びまわっても、どうにもならない。これが何カ月か続いたのですが、しかも我々は三号爆弾をかかえて飛ぶのです。爆弾は効果的に落とさないと結果が出ません。それをあちらで飛びつき、こちらでつかまえられでは、自分がなかば逃げているような状態ですから、爆弾を落とすチャンスもなくしてしまう。そこで敵が近づいたとき、肉眼で見られる範囲の距離だったら、相当近くなっています。その頃、向こうの編隊が三段がまえで来たり、二段がまえで来たり、いろんな組み合わせで来ます。それを見るくらいの余裕がほしい。

要するに私は航空母艦の出身なので、上空で敵が接近してくるときには、なにがなんでも母艦が攻撃される前に敵を攻撃したいという習性があるのです。

母艦が爆弾や魚雷でやられて火を噴いてから、母艦を助けに行っても間に合わないので、まず、まだ母艦までは五分やそこらはかかるだろうという距離で敵をとらえて、攻撃したい。三号爆弾もそのあたりで投げたい。だから私としては、三号爆弾の使用は敵がラバウルの上空に来てからでは間に合わない。病み上がりで身体が熱っぽいときは、何をしでかすか分からないので、少なくとも五分、一〇分くらい前に敵に近づきたい。二段がまえで来ている場合は、上から脅かしながら攻撃するなど、判断のゆとりがほしい。そうした余裕がなくて興奮している状態なら、一度敵機をやりすごしておいて、今度は後ろへ回ってから爆弾攻撃をするという戦法に変える。だから病み上がりというのは、ごく冷静に行動しないと、自分から命を投げだすようなことになります。

●ラバウル基地やトラック島で使用した三号爆弾とは、一発で終わる爆弾ではないのですね。

――猟銃の散弾のようなものです。米軍機の編隊のなかで爆発させれば、散弾式の鉄鋼弾がどれかに当たる。爆撃機のB24になると防弾装備が完備しているので、戦闘機の銃弾が命中しても、すぐ火を噴いて落ちるということはまずない。爆弾の破片が当たっても、燃料の白い筋をひきながら飛んでいきます。すぐれた防弾壁があって、穴があいても縮むのです。シューッとガソリンや煙をひくと、命中したと思うのですが、そのうち消えてしまう。だから日本の一式陸攻（海軍の陸上攻撃機の名称）や零戦みたいに長いあいだ火を噴いたりしない。あれには手こずった。

機銃で攻撃する場合、撃って手応えがあれば、B24は自分の基地に戻る前に不時着しているか、落ちているか、その可能性があったとしても、戦果はその場ではわからない。だからあのとき何機墜としたと言っても嘘になる。

●三号爆弾の出現に応じて、米軍航空隊の戦法も変わったのでは。

――三号爆弾を使用するまでは、米軍機は堂々と編隊を組んでやってきた。上空はB24でいっぱい。地上にいる者はとうぜん恐怖で青くなる。一発ずつ爆弾落としても全機が投下すると二〇〇発、三〇〇発ですから。しかし一機が一発なんてありえないから、基地が攻撃されるときは絨毯爆撃になる。

しかも向こうは重なってくる。ひとつだけ一列で来るわけではない。何層にもなっている。だから、こちらは米軍機のいちばん混んでいるところに三号爆弾を爆裂させるのが、もっとも効率がいい。いちばん混んでいる場所の頭に行って、どかんとやるのです。するとそこを飛んでいる飛行機だけでなく、下方を飛んでいるのも動揺する。そういったことをくり返し、こちらが三号爆弾を落として観察する余裕があれば、あれとあれを六機ほど墜としたと計算できるでしょうが、敵機の群のなかを突きぬけるのだから、そんな器用なことはできない。その場で脱出するから、何機に被害をあたえたか分からない。煙の筋だけで読むのです。三つあったら今日は三機かなとか。今日はずいぶん手応えがあったぞと、あとから滑り抜けながら推測するのです。ですから戦果の確認というのはほとんどむりです。

ところが、米軍のほうも編隊の組み方を研究してくるようになります。相互になるべく離れてくるのです。ですから一発の三号爆弾がひじょうに効率がよかったのが、だんだん悪くなってくる。しかも上空に我々をじゃまする戦闘機がいっぱい待っている。向こうもそのつど、作戦を研究し、よく勉強していますよ。我々も攻撃方法を変えて、研究しているけど、どちらかというと攻撃される米軍機のほうが怖いでしょうね。向こうも種々の手を使ってきて、今度はこっちが怖いけど、いい勉強になります。

ただ攻撃方法が各人みな違っていた。三号爆弾の攻撃法などは、内地の訓練でまったく行なわれていないので、ラバウルに赴任して初めて、ああこんなことをやっているのかと分かり、だから宮本武蔵の対決ではなく、何度もやって苦い経験をもつ者が、効率よく効果をだすことのできる戦法を、若い者につぎからつぎへと教えてやればいいのに、しないのです。それが日本人の欠点なので。だから、いろんな角度から、横から攻撃する者もいれば、まうしろから行く人もいれば、私みたいに真上の垂直からとか、攻撃はひとつの型にはきまっていません。反航（正面攻撃）でも真上からも後ろからでも相手は見えますが、接近の仕方は自由だけど、軸線をとらえていないと命中率はまったくないです。

ラバウル基地の重要性

●その頃には日本側でもラバウル周辺基地などでレーダーを使用していた、という記述が『戦史叢書』やあちこちにあり、たいへん効果をあげたとのことですが。
――いいえ、そんなスマートなものは見たこともありません。ラバウル基地ではレーダーは装備されず、電信でソロモン群島の島々の見張りから連絡がありました。それらは生き残りではなく、守備隊として駐屯していたのです。零戦の場合は手旗信号ですが、よほど敵機が接近しないと見えません。
●ラバウルは繁華街もある大きな港町で、「町は爆撃で破壊された」と平凡社の事典にも記されているほどです。アメリカはなぜラバウルを執拗に攻撃したのでしょうか。
――『ニミッツの太平洋海戦史』もふれていますが、思うに、ラバウルのあるニューブリテン島や、さらにフィリピンに近いニューギニアに米軍は攻撃をしかけてくる、東京の作戦本部がそう判断して、陸海の主戦力をニューギニアやラバウルに派遣していたからでしょう。ラバウルだけでも日本の将兵数万人がいました。米軍としても、珊瑚海やポートモレスビーまで南下してきた日本軍を押し戻して北上すると、とうぜん日本軍の要衝ラバウルに突き当たることになるのです。

●初歩的な質問ですが、ラバウル航空隊は海軍に属していたのですか。

——二〇四空《ふたまるよんくう》というラバウル航空隊は陸軍とか海軍に関係なく、それが本隊です。私が搭乗員養成の大村航空隊からラバウル航空隊へ行くようにと転任命令をうけたのは、昭和一八年八月でした。一二月に、こんどは二〇四から二五三《ふたごうさん》にすぐ転任しましたが、これもラバウルの山の飛行場が二五三で、北のほうが二〇四、これが点々と四つあるのが全部でラバウル航空隊です。

●なるほど、戦争末期に陸、海軍のほかに空軍を独立させる動きがあったと聞きました。その動きの一環なのでしょう。

　昭和一八年一二月に熊谷鉄太郎、岩本徹三、小町定、西兼淳夫、芝山積善、高岩薫らが、山ひとつ越えた隣りの二五三空に転任を命じられ、二五三空はいっきょにラバウル最強の航空隊になった。柴田武雄ひきいる二〇四空はまもなく休養と新任搭乗員の錬成をかねて、トラック島の竹島基地に後退した。

　二〇四空が移駐したトラック島には、本土から運ばれてきたばかりの新軍用機がずらりと並び、米軍の空襲もなく、別天地だった。しかし、空襲のない日々も三週間とは続かなかった。しかもその三週間のあいだですら、ラバウルに残された二五三空の搭乗員たちは連日、迎撃に舞い上がっていた。

米軍機は、零戦の倍もある二〇〇〇馬力をもつF6FヘルキャットやF4Uコルセアが登場し、少しずつ改良されたにすぎない零戦では困難な闘いを強いられたはずだが、小町上飛曹は互角に闘っていた。小町定の話からは、戦争後半期の零戦の機能が、米軍機にくらべ相対的に低下してきたことについて、いっさい苦情や弁明がでてこない。開戦当初からあたかも同じ機種の米軍機と闘ってきたような口ぶりである。零戦でもベテランパイロットになると、超高度を飛行するB32のような超大型爆撃機を除き、たいていの米軍機には対応できたと思われる。

零戦の最終的な改良五二型が、本格的生産に入ったのは昭和一九年春、ラバウルでの戦闘が終わり、小町上飛曹がトラック島に移動してからのことで、しかもかれの記憶では、幾種類かの改良型零戦は「ちょこちょこと手をくわえた程度」のものだった。

●ロッキードP38のような双胴の戦闘機に対してはどこに照準をおいたのですか。

——真ん中の胴の操縦席です。

●燃料タンクをねらうときは。

——燃料タンクは双胴にあります。

●ラバウル基地に横山保少佐が昭和一八年四月に着任したあと、かれは司令の杉本大佐に言われて「三〇キロ爆弾」の使用を思いつきます。成功はしなかったと、本人の回想にありますが、それがその後の六〇キロの三号爆弾の始まりなのでしょうね。

――そうです。ラバウルの戦闘も昭和一八年の終わりから一九年にかけて、三号爆弾ができました。米軍機がガダルカナルを起点にして、無線で上空でも時間を打ち合わせして、あちこちの島の基地から飛び上がって合流してくるので、二〇〇機、三〇〇機が重なり合って来るのです。

日本側はよほど整備が完全に行なわれても、せいぜい四〇機たらず。米軍機が近くにくると基地で鐘を連打する。遠くの島々に日本の残留部隊がいて、それが一生懸命知らせてくるのです。「いま戦爆連合約二〇〇機北上中」と通信してきます。基地のほうでは情報はうけていますから、今日は団子になって重なり合ってくるぞと。時間がわかるので、ぼつぼつ来るぞ、早く食事しろと余裕があるときもあるし、間近にきて余裕がないときは、ガンガンガンガンと鐘が鳴るやただちに飛びだす。この飛びだし方がまた勇壮です。飛行機がずらりと並んでいて、そのすぐ前を真横に滑走路が走っているのです。零戦は一発で滑走路に乗り移り、そのまま滑走路を走って上昇します。ふつうはここで、ブウッ、ブウッ、ブウッと吹かしたり、エンジンの調子を見ながら、整備員に別れを告げて発つのですが、鐘がガンガンガンガン鳴りだすと、そんなことは言わずにブルンと一発で飛びたつのです。

そのとき私はいつも先頭に乗って吹っとんでいくのですが、そうするのは西飛行場（ブナカナウ）では一機が上がってしまうと、砂ぼこりで前が見えなくなるのです。その砂ぼこりのなかで接触したらおしまいですから。早く行ったほうが見通しのよいきれいな空中に上がれる。僚機はあとからやっとついてくる。それをくり返しやったのですが、これは見てるほうとしては壮観な光景です。

今度は上空にあがって敵の来るのを見計らいながら、急いで高度を取らなければならない。米軍機はだいたい二、三〇〇〇メートルのところから来るので、我々は四、五〇〇〇メートルから五、六〇〇〇メートルは上がりたいところですね。だから急ぐのです。下から潜りこむのは不利だから、高度をいっぱい取ったら、向きを変えて、敵編隊の上におおいかぶさり、味方機に解散しろと別れさせて、単縦陣になる、つまり一機ずつ縦になって攻撃する。相手は横に拡がる編隊となってくる。その進入路の前で、相手の頭を押さえるような形で爆弾を落とすと、そのちょうど真下に相手が来てくれるとよい。すると、これが猟銃の散弾と同じで、弾がばあっと散らばるのです。

一機で三号爆弾を二発ずつ持って行きます。それがひじょうに効率よく理想的なところで散開してくれればいいけれど、皆まだ未熟者ばかりなので、爆弾が破裂したあとで米軍機がやってきたり、的確な場所に落とすのはたいへんです。それを私が毎日、専門の職人のようにやらされたから、基地にいる間に、「これならおれに任せておけ」というくらいに腕があがりました。こうして二発の爆弾を破裂させ終わったら、爆弾を投じるときの急降下の速度を利用して、今度は本来の戦闘機の機能をとりもどし、反転して、それから本職の空中戦に入る。連日これのくり返しです。

●そうですか。後上方からの攻撃などは、これしかできない初心のパイロットがやることなんですね。後上方からでなく、前上方から相手機の一五〇〇メートル頭上にきて、反転しながら（相手機と同じ方向をとり）背面になって、相手機の軸線に乗る。それをもう少し具体的に。

――大型敵機を後上方から撃墜するのはごく基本的でふつうの戦法ですが、これはこちらの被弾率も多いのです。犠牲が多いし、その割に効果がない。敵後部座席の銃撃手から射たれっぱなしで、こちらは進みますから。それでなにか良い方法はないかと思案のあげく編みだされたのがこの方法です。

これは反航攻撃のばあいですが、相手と真向かいの上空から降下して、相手より一五〇〇メートルぐらいの高さでぐうっと背面姿勢で反転（逆もどり）し、ちょっとのあいだ背面のままです。そのとき相手機の進行する方向に沿って、こちらは背面のまま眼で相手機の軸線をとらえる。これをとらえないと、爆弾を放っても相手機からはずれてしまいます。この軸線に乗って、つぎに自分の機を正常飛行にもどし、相手の頭の前方にむけて、ほぼ垂直の形で降下し、射撃をする。三号爆弾のときは、相手の頭上二、三〇〇メートルの高さで六〇キロ爆弾を投下して、それから左右の下に抜ける。こちらは垂直ダイブの重量によって、ふつうの速度の倍ちかいスピードが出ています。これは三号爆弾でも射撃でも同じ体勢です。

相手は垂直で降下してくる飛行機に対して、もちろん平行の姿勢をとることはできない。せいぜい四五度ぐらいの角度でしか上昇できません。私どもは安心して正確な攻撃ができるのです。ただ降下しながらその余勢を駆って再度、敵の前方上空に上昇し、同じことをくり返す。このとき加わる重力の圧力がたいへんです。マイナスGで無重力状態を過ぎ、測ったことはありませんが、音速そこそこのスピードが出ています。この反動で機首をもちあげるのですから、まともに今度はプラスGをくらいます。スピードも大事だからスピードも取ろうとするし、それも一挙にきたら参ってしまう。身体が崩壊する。だからぐうっとだましながら機首を起こしたときに圧力がかかっているので、目が真っ暗になるのです。あっ、いけないと思ってまた機首を戻す。引いている操縦桿を戻すのです。すると目が見えるようになって、ああ大丈夫だと思い、で、もう一度ぐうーんとやって、また目が暗くなります。三度目くらいでやっと正常の飛行状態に戻ります。

●ラバウルでそれを用いられたのですね。最終的に機を立てなおすのは高度何メートルぐらいですか。

――三号爆弾で爆撃機を迎撃したとき、背面ダイブでストンと爆弾を落としてあとは逃げるだけのとき、地上五〇〇メートルです。これは攻撃に入ったときの高度がだいたい二〇〇〇メートルくらいですから、爆弾を落としてぐうんと行くと一〇〇〇メートルというわけにはいかない。高度五〇〇メートルまでは降下します。

昭和一九年一月中旬、ふたたび八〇機の空母艦載機がラバウル基地の応援にかけつけた。新人のパイロットは意気軒昂だったが、新しい戦場に適応するのが困難だったので、たいして役には立たなかった。『ニミッツの太平洋海戦史』は、艦載機を消耗戦に巻きこんだ古賀峰一司令長官の作戦は失敗だったと指摘している。

シムズの『太平洋のエースたち』によれば、ラバウルに対する米軍の航空攻勢は昭和一八年一二月からいちだんと強化された。小町定が赴任してから五カ月、岩本徹三が赴任してから一カ月目である。戦後、病死のあと出版された岩本の遺稿メモには、ラバウルに着いたときの第一印象がこう書きこまれている。「帰投した搭乗員たちを迎えて、すぐ私が気がついたのはその顔つきである。内地では見られない、いやここラバウルでなければ見られない目つきである。目ばかりがギョロッと光って、その奥に底知れぬなにかがある。顔は笑っても、目だけは笑わない。連日敵機と命のやりとりをし、戦友がつぎつぎと消えてゆくなかを生き残り、明日は我が身かもしれない、そういう状況にあるもののつら魂である。敵機はおれたちが落とすのだ、という自負と気迫のつら魂である」。

『戦史叢書』にも、一二月中旬から「ラバウル上空邀撃戦《ようげきせん》に多大の戦力を食われるようになった」とある。そして翌一九年一、二月の敵機の来襲、撃墜の記録が残されている。米軍機の来襲がもっとも多かったのは、一九年二月一二日で、二四一機が来襲、ラバウル基地からは五五機が迎撃し、二四機を撃墜（不確実五）、日本側は二機を失っている。こうした戦果があげられているにもかかわらず、当日のトベラ基地から迎撃した小町上飛曹らの『二五三空戦闘行動調書』によると、三七機が飛びたち、行方不明者一名が記されているが、米軍機に対する撃墜数は記されていない。

簡潔を期すために全搭乗員名は省いて、指揮官機だけの名をあげると、記述順に春田虎二郎、萩谷信男、岩本徹三、久保田善夫、熊谷鉄太郎、福本繁夫、土井万寿男、小町定、酒井等、高岩薫となっている。連戦の勇士たちである。各指揮官機には二機ないし三機の部下が従っている。となると『戦史叢書』に記されている撃墜確実の二四機は、誰が墜としたのだろうか。上記のパイロットたちが属するトベラ基地発進の二五三空のはずだが、前から私が指摘しているように、記録する余裕がなかったのだろう、撃墜機数は空欄である。

別に、シムズの『太平洋のエースたち』によれば、ラバウル航空戦の山場は『戦史叢書』に記述されている二月一二日ではなく、二月一九日の空戦であり、かつてない激しい航空戦が、ケップフォード大尉を中心に展開されたことになっている。

この二月一九日の空戦を日本の『戦史叢書』で調査すると、当日米軍機一六〇機が来襲し、ラバウル航空隊から三六機が迎撃し、一七機(不確実五)を撃墜したが、ラバウル航空隊の自爆未帰還も八機に達したと記されている。さらに同日のトベラ基地だけの『二五三空行動調書』を閲覧すると、先述の同じパイロットたちの二六機が迎撃し、三名が自爆行方不明、敵機撃墜は一一機と記入されている。岩本徹三の遺稿メモによると、当日の撃墜機数は四八機となっている。

問題は来襲米軍機の数こそ一二日にくらべ相対的に少ないが、日本側パイロット八名がその日戦死していることだ。これは一、二月を通して二度しかない日本側の大きな損失だった。さらに軽傷を負った零戦パイロットもおり、被弾して使いものにならなくなった飛行機もある。こういう場合米軍側としては、日本軍の二五機前後を撃墜した感触でいただろう、と私にも判断できるようになった。そのつもりで詳しく読むと、『太平洋のエースたち』では、当日やはり二三機の零戦を墜としたと誇大報告されている。かれらはそう思いこんでいるのだ。

私がここで指摘したいのは、シムズが『太平洋のエースたち』でケップフォード大尉をヒーローに仕立て、ひとつの物語を構成していることである。この日、大尉は非公認で日本の水上機一機を撃墜したうえ、そのすぐあと零戦四機に長いあいだ追尾され辛うじて逃げ帰った。そして実際、その日がラバウル基地周辺での日米空戦の最後になった。

日本機を推定「二三機撃墜」、ラバウルでの日米最後の空戦、水上機撃墜、複数の零戦に追撃されて、これを劇的にふり切ったケップフォード大尉のドラマ。この四拍子をおさえてシムズは『太平洋のエースたち』で、昭和一九年(一九四四)二月一九日の戦闘を、前後の一連の空戦のなかで最大規模の山場に仕立てている。

だが当時の『二五三空行動調書』を閲覧すると、この部分はかなり正確に記録されていて、熊谷鉄太郎、岩本徹三、小町定らが当日をふくめほぼ連日、迎撃に飛び立っていた。私が日本側の視点から言いたいのは、ラバウル航空隊の戦果や被害も、シムズが強調しているにもかかわらず、二月一九日だけが特別ではないことである。小町上飛曹にも、シムズの言う二月一九日が特別な迎撃戦だったという記憶はまったくない。二月一九日は、死を賭して闘った連日のなかの一日にすぎなかった。

ただシムズのように戦史の曲がり角を二月一九日に限定するのはむりだが、少なくとも、アメリカの軍需生産ラインに乗った大量の武器と、正規の訓練をうけた多数の兵員がどっとくり出されたのが昭和一九年の二月であり、この一カ月間が、小町定のいう「日本軍にとって雪崩をうったような負け戦になる」流れの端緒となったことはまちがいない。

トラック基地猛爆される

トラック島は、西太平洋上ミクロネシアのカロリン諸島に位置する火山島群で、直径六五キロの大環礁内の約五〇の島からなり、トラック環礁ともいう。第二次大戦時代は連合艦隊の基地であり、三万五〇〇〇人の日本人が住んでいた。ラバウル基地からトラック環礁まではほぼ一〇〇〇キロ。

昭和一九年（一九四四）二月一七、八日、つまりシムズがラバウルでの日米航空戦の頂点だったという一九日の、前日と前々日に、米軍のべ四五〇機がトラック島を空襲した。内地から輸送されてきたばかりの地上の新鋭機一六三機が爆撃をうけ、大損害をうけた。前年四月に戦死した山本五十六に代わる古賀峰一連合艦隊司令長官が、ラバウルと周辺の航空隊にトラック基地への救援を命じる。基地が孤立しているとの入電をうけ、ラバウルの二五三空《ふたごうさんくう》は三〇機ほどの全機をあげてトラック環礁に急行し、大宮基地や竹島基地に移駐した。

『二五三空《ふたごうさんくう》行動調書』によれば、早速二月二〇日から、三〇機単位の零戦がトラックでの迎撃に舞い上がっている。そこには熊谷鉄太郎、小町定、岩本徹三その他の名が列記されている。多くはいつのまにか私の記憶にとどまっている搭乗員たちである。増山勇三、平田巌、鈴木勲、衣川達夫、大谷隆男、箕形政道、西兼淳夫とつづく。トラック島でも定期便と化した空襲をうけ、二五三空も偵察や迎撃、艦船護衛に従事した。

終戦まで一八カ月と迫っていた。しかしこれは、かれらにとっては先の見えぬ長いトンネルだった。現場の将兵には「現在」という時間しかない。そしてその「現在」は、たえず死という無時間と向き合っている。

ラバウルから北上してカロリン諸島のトラック環礁へ、そこから日本に向かってさらに一〇〇〇キロ近く北上すると、グァム、テニアン、サイパン、アナタハンなどのマリアナ群島が視界に入る。マリアナ群島自体がさらに一〇〇〇キロにわたって南北に通りぬける。その北端が硫黄島につながり、さらに一〇〇〇キロ北上すると小笠原群島があり、そして東京にいたる。

●トラック環礁での戦闘も凄まじい攻防ですが、ラバウルとトラックで戦死しなかったというのが、さらに終戦まで生き残るという点で、大きな重みをもちますね。連日迎撃なさったのですから、日誌かなにか残していたら興味あるものになっていたでしょうが。

——そうですね。こまめな人で書いていた人もいます。それで毎日毎日書いているうちに気分が高揚して、今日は友軍機とともに何十機かを撃墜したと、それで自分の墜とした数は分からなくなり、一人で一〇機墜としたようなことを書いたり、飛んで行った仲間のを全部合計して書いたり、どこまで本当だか分からなくなってしまう。

●自称撃墜機の合計というのは当てにならないのですか。

——なりませんね。

●私の手元にある「海軍戦闘機隊エース一覧」によると、小町さんの公認撃墜機は一八機です。ご本人は最初のインド洋攻略などを念頭に入れると、二四、五機かそれ以上撃墜したはずです。さらに、戦場現場を知っている人たちは、小町さんは四十数機撃墜したとも言っている（Henry Sakaida『The siege of Rabaul（ラバウルの攻防戦）』PHALANX, 1996）。ヘンリー・サカイダはまた、小町さんのことをmodest individual（控えめな人物）として紹介し、小町さんが実際に四十数機は撃墜しただろうと仄めかしています。

——そんなふうに憶測しているのです。それはどうしても仲間と一緒にやりますから。戦果は確かに四〇機も五〇機も墜としているのです。それをそのまま記していくと、自分の合計になってしまう。実際はそうはいかない。

●小町さんが撃ったのを、二番機、三番機が続いて撃ち、自分で墜としたことになる。さらに他の小隊機がこれに続く。また敵機が煙を噴いて降下すれば撃墜したと思いこむ。
——そうです。どうしてもそうなるのです。
●それで日本軍のあげた効果と、戦後、英米側が公表した被害機数とがつじつまが合わない。米軍航空隊も避けられない同じ誤りをしている。
——そうそう。それを書くと何かつじつま合わせみたいなものになるので、正直な人はだいたい、太平洋戦争を通してまあ撃墜数二〇機前後か、その下でしょうね。で、まあどうでもいいやと、ヤマカン的な人は他人の墜としたのも一緒に書いていくから、そうなってしまう。なかに極端なのは、太平洋航空戦で五〇機も六〇機も墜とした人がいるけど、そんなのは全部この手のものです。そのなかで一番はっきりしているのが、私と同じ部隊で、潜水艦を「撃沈」したという。それが実はばかばかしい話で、今日まで口にしたことはありませんが、実際は私が銃撃したのです。

「潜水艦撃沈」

——これはラバウルからトラックへ転任してからのことです。トラック島にひと月に一度かそこら定期便みたいに陣中見舞いとか慰問袋とか、内地から船で運ばれてきます。そこには家族や彼女の手紙も入っているでしょうし、将兵にとっていちばん嬉しいのが輸送船なのです。ところが運送屋の船だからスピードがおそい。小さな駆逐艦とも護衛艦ともつかぬものと一緒に行くので、輸送船の上空を警戒していたのです。

たまたま私が任務に当たったときに、アメリカの潜水艦が浮上して走っている。これはいますぐ前に出られて一発ドカンとやられたらおだぶつです。基地とか港の周りにはアメリカの潜水艦がうようよいますから。何千人もの夢を乗せてきた輸送船がやられたら、なにもかも破れてしまう。それで、潜水艦を見つけたときは目の色を変えて、私が列機に合図して最初に、まだ浮上中の潜水艦めがけてハゲタカのように降下して射撃する。それで潜水艦は急いで潜航します。あとからきた僚機も勇みたって続いて射撃するが、すでに潜水艦は白波を立てて潜水した頃です。

ところが潜水艦がいることを、日本の輸送船に教えてやる方法がない。しかもこの輸送船はわが戦闘機隊の船でも所有でもなく、零戦との通信がぜんぜんできない。どうして知らせようかと思って、手で示そうと思っても飛行機の風防がじゃまになる。仕方がない。半長靴の飛行靴をぬぎ、その中に、メモを破って右何度の方向に敵潜水艦あり注意せよと書いて、これを長靴に入れて輸送船上に落とそうとするのに、船の上では零戦が守ってくれていると万歳を叫ぶ。万歳どころではない、危ないのだといっても教えようがない。これが分からないと大変だと思って、もう片足ぬいで同じように書き、なにがなんでも見張ってくれとの願いをこめて。

●靴は甲板の上に落ちたのですか。

——船に落ちたか海に落ちたか分からない、すごいスピードで飛んでいるから。参りましたね、これは。今度は基地に帰ってから、裸足で降りて歩いて行って、指揮官岡本少佐の前に出て、潜水艦を発見しました、連絡の方法がないので、これこれしかじか、何か連絡があるかもしれないので調べてくださいと言って、宿舎に戻ると、すでに輸送船からお礼の電報が入っていて、警備の零戦に危ないところを救ってもらいましたと。

　ところが私の射撃のあと、急潜航して白い泡を立てている潜水艦に、つづいて射撃をくわえた列機のひとりが、自分ひとりで潜水艦を沈めたかもしれない、それが可能だったかのような微妙な書き方をした人がいます。私は司令塔をねらったのですが、潜水艦の外周は戦闘機の弾丸が貫通するようなやわなものではない。潜水艦撃沈を仄めかすようなこと自体がおかしい。そういうわけで、どうしても自分の戦功を多めに誇張したがるものです。

　その後、全員特別の呼び出しがあり、なにごとかと整列すると、飛行長から特別善行賞が私に授与されました。船団を敵潜水艦から守ったからなのかと思いましたが、「燃料タンクからガソリンを噴きながらも三号爆弾を敵爆撃機にめがけて投下し有効な打撃をあたえた」というのが受賞の内容でした。そういえば、自分の零戦が撃たれて胴体から煙を吐いているのに、かまわず追いかけて、ちょうど基地の上まできたことがあります。敵爆撃機群に三号爆弾を投下して撃墜したのを、基地でみな見ていた。遠い戦場でやれば誰も見ないから、分からないけど、このときはちょうどトラック島の上空でした。
●ここにヘンリー・サカイダ氏の書いた本がありますが、それによると戦争末期には撃墜機数の記録制度も廃され、表彰もなくなったので、ラバウル基地で士気が衰えたのは当然だとありますが。
――それはヘンリー君が自分で会った人たちから聞いて、自分の印象を文章にしているだけのことです。戦時中に勲章をまだ貰っていないとこぼしている者は一人もいません。誰もそんな者はいませんが、私が表彰してもらうことは予期もしないし、全員集まったところで、今日はお前の表彰だと初めて分かったことです。表彰のあるなしが士気に影響したとか、そんなことはありません。そういう目的で私たちは戦ったのではないので、いつもすることをしただけです。これが本当ですから、それを全軍の雰囲気であるかのような言い方をするのは、おかしいです。

●それは、つねに昇級や表彰を怠らなかった米軍の慣行を日本軍に当てはめて、米軍との対比において、日本ではそんな制度があまりなかったので、おそらく将兵たちも士気がふるわなかったという推定ですね。

――そうですね。米軍ではそうした慣行が現地でも浸透していますから。映画でも、今日から軍曹だといわれて、米軍の兵士が喜ぶシーンがありますね。あんなことは日本ではなかった。

●そういう比較でいえば、日本はうまいやり方ではなかった。

――そうは言えるでしょうね。個人としては、そうしてもらって怒る人はいないだろうし、それを貰うと月給まで違ってきますから。月給袋がぽっと膨らみますから、それは喜びます。アメリカのほうが人使いがうまかったのでしょう。日本側では誰それがどの戦場で抜群の功績があったと記録されるだけで、別に本人に知らされるわけでもなく、「死は鴻毛より軽し」という教え方できているので、少々のことがあっても、国のほうは痛くもかゆくもない。

●表彰状を大切に残そうという気持ちはなかったですか。

――余裕のある戦地にいた人は、りっぱに残して持っているようですけど、私たちは毎日毎日攻撃されて、いつ火を噴いて落ちるかわからないときは、しまっておく場所もなし、どこでなくしたか、手元にはありません。私への表彰状は、部下たちへの励ましの意味をもっていたのでしょう。

●それからラバウル基地の戦闘機隊では、司令部の上層と一般搭乗員との間に上下意識がなかったと書いている人がいますが、そうだったのでしょうか。
——それは解釈の仕方によるでしょう。ラバウルといえば何十日も制服をつけたことのない前線のなかの第一線ですから、指揮官といえども内地で着るような正装をしたり、セレモニーをくり返したりはしない。半袖半ズボンの即戦型の服装で、ちいさな襟章がついているぐらい。そのうえ酒をもらったり誉められたり、内地の軍隊の組織とは雲泥の差があります。ひじょうに親密な生活ですが、もちろん階級差はあり、個人の受け取りかたによるでしょう。

深追いと行方不明機

●それから三日後の昭和一九年四月三〇日、二五三空《ふたごうさんくう》の三二機の零戦は、トラック島に来襲した百数十機の戦爆連合と闘った。のべ三時間半におよぶ空戦で、米軍機を五機撃墜しています。さらに日本側の未帰還搭乗員による推定撃墜数は三五機（つまり未帰還になったとはいえ、かれらが米軍機を撃墜する場面を見ていた同僚パイロットが、帰投したのち未帰還機の戦果を報告するので、推定撃墜数となる）。損害は、味方一七機が行方不明、三機の搭乗員が戦死、重傷者一名です。
いずれにしろ日本は大きな被害をうけています。しかしこの日、小町さんは参加していません。

——私は非番だったからです。行方不明が多いのは、雲霞《うんか》のごとく敵機がくるから、尋常の腕ではひねりつぶされるでしょうが、それにしても当時補充された若い士官や下士官たちは、ひどく意気軒昂で気がはやっていて、だから、はやりすぎて敵を深追いするなと言っているのに、深追いして自分の場所を見失うということがあったからでしょう。

深追いして行方不明になった零戦の例が、米軍パイロットの側から証言されている。ラバウル最後の空戦になる例の昭和一九年二月一九日午前、ケップフォード大尉がF4Uコルセア機でブーゲンビル島基地を発進し、ニューアイルランド島をすぎて、爆撃機の護衛を終えたあと、ニューブリテン島のラバウルに近いところで哨戒中、上空に米軍機と異なる編隊形式の四〇機を見た。相手は気づいていない。大尉は零戦に視認されないように海面に向けてできるだけゆっくりと降下しながら、無線で味方の第一七戦闘機隊に状況を報告した。陽光を浴びて零戦のシルエットがくっきりと浮かびあがった。

すると編隊のなかから四機の零戦が離れ、ケップフォード機を追ってきた。零戦は降下してケップフォード大尉のコルセア機に追いつき、ぴたっと後尾についた。零戦の機銃が放たれ、曳光弾が翼をかすめて飛び、命中弾がガーンとすさまじい音を立てた。さらにガン！　ガン！　ガン！と命中した。コルセア機はエンジン回転の上限を超えるオーバーブーストにして、気も狂わんばかりになって逃げた。「日本機の照準点をいくらかでも狂わせてやろうと、ジグザグ飛行を試みる」。日本の四機は三機になっていた。三機の零戦との距離が少し開いた。大尉の「操縦桿をにぎる手がピクピクふるえ、フットバーに乗せた両足がガクガクしはじめる」。空戦に出撃するようになって初めての恐怖感にとらわれた。零戦は右後方に遠く二機、左後方により近く一機が追ってくる。ケップフォード大尉はただいちずに逃げたので、ニューアイルランド島から敵基地のラバウル方向の海上に出てしまった。コルセア機はエンジンの緊急時出力を使いきってしまい、これ以上エンジンを酷使すると使用不能になる。早くつぎの手を打って反対方向の味方基地に機首を向けねばならない。コルセア機は左や右に旋回して、追尾の零戦を牽制しながら、左一機の零戦の反応が少し鈍いことを認めたので、左にまわって一八〇度逆方向に垂直旋回を行なった。海面はすぐ下にあった。

ケップフォードが左フットバーを強く踏みこみ、操縦桿を一杯に引くと、コルセア機は左主翼を下にして旋回に入っていく。重力がかかって目がくらむので、操縦桿を少しゆるめ、慣れてからまた引きつける。左後方から追ってきた零戦が大きくバンクしてコルセア機の後方に回りこんでくる。その主翼前縁がチカチカと光っているのが目に入る。零戦の曳光弾だ。急旋回すると速度が落ちる。失速の前兆だろうか。機体に振動が生じケップフォードは不安になる。零戦はまだ射撃をやめない。だが零戦の高度が下がっている。海面すれすれで旋回し続けている。ケップフォード大尉は左眼の端で、追ってくる零戦の機影をとらえている。主翼前縁は機銃の発射光でまばゆい。大尉機はほぼ一八〇度の旋回をおえた。基地のブーゲンビル島に向かう方向だ。そのとき後方で大きな水煙が上がった。大尉機を追ってきた零戦の主翼が海面に接触してしまったのだ。機体を軸にぐるっと回転する。海上に突入した零戦から、なおも機銃弾が発射され、空中に消えていく。海面に激突したショックで主翼が吹っ飛んでいるのが見える。零戦は目標を追うのに夢中で、海面に突入してしまった。（シムズ『太平洋のエースたち』）

これが米軍機側から見た、深追いして自滅した零戦の一例である。しかし、シムズが描いた空戦模様で私に納得できない記述が何カ所もある。しかもそれは空戦中のパイロットの生命にかかわる重要な操縦法である。たとえばケップフォード大尉は「日本機の照準点をいくらかでも狂わせてやろうと、ジグザグ飛行を試みた」とある。

しかしジグザグは急激に左右に機首の向きを変えつづける操作である。左方向に進むかと思えば、とつぜん右翼を下に傾けて右方向に蛇行する。ということは角度は何十度であれ、機体を傾けないと急激な変化はできない。このとき敵との距離は縮まり、後方の敵機に背中を見せることになる。小町元飛曹長は「敵に背中を見せないというのが戦闘の原則ですから、逃げるに際してジグザグなんかするはずありません」という。

さらに当日ケップフォードは、空戦に出撃するようになって初めての恐怖感にとらわれた。そこまではいいが、「操縦桿をにぎる手がピクピクふるえ、フットバーに乗せた両足がガクガクしはじめる」とある。これも常識では考えられない。小町定はいう。「操縦力学からいえば操縦桿の操作が一センチちがっても飛行機は別の方向に行ってしまいます。おおげさに書いて読者を喜ばせようとしているのでしょう」。

さらに垂直旋回のときに「重力がかかり目がくらんだ」とあるが、これも書き手の想像にすぎない。機体を九〇度垂直に傾ける飛行は、それほどの重力はかからず、目がくらむことはない。ことこまかに検証すれば、『太平洋のエースたち』にはこうした誤記が限りなくあるだろう。

グァム島事件

以上、昭和一九年二月一九日のラバウルの空戦模様を紹介したが、その後二五三空がトラック島に移駐したことはすでにのべたとおりである。

これまで米軍は、ギルバート諸島、マーシャル諸島、ソロモン群島、カロリン諸島の日本軍要衝を攻撃してきたが、ラバウルに上陸すると思わせてトラックを空襲し、日本軍の注意をここに引きつけ、矛先をサイパン島に転じた。サイパンの飛行基地をおさえれば、米軍は長距離爆撃機で日本本土を空爆することができる。

六月一一日、米軍はサイパンに空と海上から猛攻をくわえた。これが空母一五隻を投じた米軍のマリアナ作戦の初日となる。ミッドウェー海戦のときとは逆に、こんどは米軍が日本の機動部隊を誘いだす殲滅作戦にでた。一五日には米海兵隊がサイパンに上陸する。

サイパンには二万九〇〇〇名の日本兵が守備を固めていたが、米軍の艦砲射撃で通信機能が破壊され、守備隊は統一した作戦が展開できなくなった。サイパン防衛に自信をもっていた東京の作戦指導部は、とつぜんの急襲に大きな衝撃をうけ、その日一日中、東条英機首相自ら対策と作戦計画に没頭した。

●飛び石づたいで日本の玄関先に入ってきました。

――そんなところまで来るとは誰も考えなかった。ニューギニア、ラエ、サラモアから西寄りに展開していた日本の連合艦隊では、準備してサイパン島を奪還しようとしても、一週間はかかる。そこで我々、ラバウルから連なっている小さな基地で二、三〇機ずつ持っている航空隊を、すべてラック島に集合させて、サイパンを奪取せよというのが、血眼になって打たれた電報の主旨です。サイパンを取られると東京が危ない。

昭和一九年六月一七日、つまり米海兵隊がサイパン島に上陸した翌々日、そしてサイパンの日本軍が未明にかけての起死回生の夜襲に失敗した当日、トラック環礁の大宮基地に駐屯していた二五三空《ふたごうさんくう》は、サイパン戦に向け出撃することになった。サイパン島守備隊全員が玉砕する二〇日前のことで、敗北を喫することになるマリアナ沖海戦（「あ号」作戦）の緒戦である。

戦場が日本本土に近づき始めたので、パイロットたちも極度に緊張した。重苦しい雰囲気のなかで、出撃の前夜、人間関係のごたごたが生じた。その紛糾もようやく収まり、二五三空の十数機は、命令どおり他基地の艦爆隊を護衛して飛びたった。そのときのことを、小町定自身が『丸』誌でつぎのように書いている。これは戦後二六年を経て書かれた上官告発の文章でもある。

昭和一九年六月の中旬だったと思うが、とつじょアメリカの主力艦隊は、ビアク島（ニューギニアの南西岸に位置する）方面に現われるどころか、まんまとその裏をかいて、サイパン島に大挙して来襲してきた。完全にふところに飛び込まれたかっこうである。しかも「あ号」作戦のために周辺の基地のほとんどの航空兵力は、ビアク島方面に進出した後であり、留守番の陸上部隊だけしかいない、空巣攻撃である。我々ですら驚きあわてふためいたのだから、軍司令部および連合艦隊司令部のあわて方は、相当なものだったと思う。

そのときサイパン島にただちに進撃可能な部隊といえば、まず我々の二五三空だった。我々はトラック島に健在であり、洋上六〇〇マイル（一一〇〇キロ）の距離ではあったが、我々が一番近かったため、司令部から「全力をあげ敵艦隊攻撃を敢行すべし」との命令をうけた。先だって、ラバウル航空隊を全員引き揚げ、陸上部隊だけを残して来た息苦しい思い出もまださめないうちに、ふたたびここで二五三空の全機がサイパン島に突っこんだら、南太平洋唯一の艦隊基地であるトラック諸島を裸にして放棄するのも同様である。命令ならばどこへでも飛んでいき、闘う用意のある我々搭乗員ではあるが、そのときばかりは、何とも表現のしようのない重苦しいものを一人ひとりが感じていたにちがいない。

さらにまた、トラック島からサイパン島までの洋上攻撃において、とうてい往復は不可能だ。たとえ燃料を満タンにして行っても、片道攻撃が限度であり、そのまま帰還することはできない。まだこのころは、特攻隊という名の攻撃隊はなかったが、飛び立ったら最後ぜったいに帰還のできない片道攻撃である。

空中戦闘のあと、燃料のゆるすかぎり飛べる者は近くのグァム島か、またはテニアン島のわが方基地にたどりつけとの説明であったが、いま考えると、飛行長も隊長も生きてふたたび帰還しない覚悟という説明ぶりだった。

さて、攻撃に出発する数日前に士官室内部では、大変みにくいゴタゴタがあった。そのために、地上指揮官である飛行長がみずから先頭に立って明日の攻撃には飛んで行かねばならないことになった。いつもの攻撃なら、搭乗編成を決めて、明日の攻撃は第何中隊計何機というふうに発表されるものが、第何中隊も第何小隊もない編成になってしまった。飛行長以下隊長、中隊長、小隊長、すべて上から順に一人残らず将校ばかりのメンバーで、これに古手の下士官数名がくわわっての計一五機。

万一、全機とも戻らなかったら、二五三空は事実上、解散である。地上の整備員を残し、残る搭乗員はすべて若い経験の浅いものばかりである。そのうえ、基地には飛行機が一機もなくなってしまう。以後の戦力はゼロとなる。ゴタゴタの感情のもつれからとはいえ、このような攻撃隊の編成はかつてありえないことだった。

この編成なら、数倍の敵にぶつかっても、びくともしないだろう。またこのような豪華な編成は、海軍航空隊多しといえども他にあるまい。私はこんなことを考えながら飛行長の小隊について飛んでいた。重苦しい何時間かが過ぎたころ、飛行長機は静かに降下姿勢をとりはじめた。はっとして、前方をよく見ると、はるか前方三、四〇マイルもあろうかと思われるところに、かすかに小豆粒くらいの大きさの島が見えてきた。「グァム島だ」と直感したとたん、私は武者ぶるいした。

それから数分もすると、島の姿はみるみる大きく見えはじめてきた。ところがどうしたことだろう。飛行長機はどんどん降下していく。もちろん編隊の全機も、これにつづいて降下しなければならない。サイパン島に到着する前に、敵艦隊にも遭遇しないので、私は我々がひとまず着陸して、燃料を満載してからふたたび飛ぶのだなと判断した。我々は島の上空の高度五百の高さまでおりた。目の下には、味方飛行機が見える。飛行場上空を通過するとやはり、飛行長機は、編隊解散の合図をした。

第一小隊は、着陸コースにはいった。第二小隊と第三小隊も、それぞれ着陸コースに入るべく高度を下げ、大回りをして順序を待っている。着陸コース上は、高度二〇〇、そして間もなく隊長が、もうもうと砂煙をあげて、着陸してゆくのが見えた。引きつづき二番機、三番機の番だ。私は三番目だったが、すっかり着陸準備をととのえて、着陸の順番をまった。フラップ（主翼部分）を全開にし、車輪を出し、機銃の弾をぬき、エンジンをいっぱいにしぼった状態で、第四旋回を終わったころ、前方に栢木《かやき》中尉の飛行機があり、接地寸前の位置だった。

そのとき、何機ぐらいか数はわからないが、敵戦闘機がいっせいに雲の上から急降下してきた。このときの驚きは、とてもここでは言いあらわせない。私の前にいる栢木機がはやくも攻撃をうけている。私は自分が襲われているのも忘れ、目の前の栢木機を攻撃している敵機に、全速で攻撃をかけた。

この間、とっさに行なったことは、まずフラップをしめて車輪をおさめ、弾をこめただけである。増槽タンクまですてる時間はない。一瞬のできごとに対する瞬時の攻撃態勢、我ながら人間わざとは思えなかった。こちらの高度は、一五〇メートルくらいでスピードはフラフラの時速百マイル（一六〇キロ）そこそこである。それにひきかえ、敵は雲の上からの急降下なので、猛烈なスピードによるねらい射ちである。敵にすれば、赤ん坊の手をひねるような、戦いだったろう。それでも、我々は必死に敵と入り乱れて空中戦に入った。私の目にいま撃退したはずの敵機が、すかさず反転して、前方より正面攻撃をかけてくるのがみえた。

敵機はＦ６Ｆヘルキャットだ。正面攻撃では、とうてい機銃装備の性能からいって、不利は百も承知の上だが、もはや避けることはできない。私はとっさにそのまま真正面から引き金を引いた。それはアッという間の射ちあいだった。

そのとき私の体と、機体にガンガンという大きなショックをうけ、同時に愛機はパッと火をふいた。シマッタ、やられたと思った瞬間、胴体の燃料タンクが爆発し、操縦席をふくむ機体全部が火ダルマになった。私はグッと息がつまり、目もあけられない。まわりは炎の海だ。私は瞬間的にエンジンを切って、横すべり急降下をして、海上に着水するべく夢中で盲目のまま飛行機を操作した。高度は百メートルそこそこなので、パラシュートによる脱出はとても不可能だ。また炎のなかで考える余裕もない。右側の海面に横すべりしながら少しでも火を消そうとする焦りと、着水時の瞬間の操作のことだけでいっぱいだった。まったく奇蹟といおうか、直感的な操作のおかげで、全身が火の玉のまま みごとに海上に着水した。もちろん炎はパッと消えた。機はエンジンを下にしてさか立ち姿勢になった。このままでは機はすぐに沈む。私はあわてて機外にとび出した。さいわい身体には銃弾をうけていなかったので、手足は自由に動いた。私は夢中で岸辺に泳ぎ、やっとの思いで岸にたどりついた。島はまだ味方陣地である。大声を出して、「オーイ、だれかおらんか」と叫んだところ、密林のなかから数名の陸軍の兵隊がかけ出してきた。私の顔をみて、兵隊たちはびっくりしている。顔も、手も、足も、べろんべろんで、ビフテキのレアのように焼けただれ、真っ赤に血が吹きだしていた。衣服は焼けてぼろぼろだ。私はそのまま密林内の青天井のザンゴウにつれていかれ、そのなかに寝かされて軍医の手当てをうけることとなった。

それから二、三日たった夜の一二時ごろ突然、私のいるザンゴウへ連絡が入った。それは、私の属する攻撃隊二五三空の搭乗員を探しているらしい。「攻撃隊二五三空の搭乗員はおらんか」の声に、私が「いるぞ」と叫ぶと、夜間飛行でトラック島まで行く、出むかえの飛行機が飛行場で待っているという。

私はこの体ではとうていむりだと思ったが、しかし、陸軍のボロボロの服を一着もらって、裸のため二、三人の者に肩をかり、助けてくれた陸軍への挨拶もそこそこに飛行場に向かった。飛行場では一式陸攻が、待っていた。飛行場につくと、栢木中尉が片腕を射ちぬかれてただ一人しょんぼりした姿で、立っている。その日、グァム島で救助されたのは私と栢木中尉の二人だけだった。先に元気で帰還したのは、下士官一名と隊長一名の二機だけである。

張り切って飛んだ数日前を思い、そして発進の前日、何か胸さわぎのする重苦しい予感を想いおこし、わが二五三空の主力もついに滅亡かと、ぼう然とふたたびトラック島基地に立ったときは、どうにも我慢ならぬ怒りがこみあげてきた。一帯の制海、制空権が米軍の手にあるのを知りながら、島影を見つけるや、なぜ上空の警戒もせずに隊長は高度をどんどん下げて、着陸をしてしまったのだろうか。みすみす、何物にもかえがたい先輩同僚たちを一瞬にして失ってしまった。一人の飛行長の愚かな判断によって、このような大犠牲を出したかと思うと、い

まもなお許せない気持でいっぱいだ。（小町定『丸』昭和四六年一二月号）

●昔の事件とはいえ、よくも雑誌で告発されましたね。告発をうける当のご本人も生存していて、戦後になってとはいえ部下が上司を告発するというのは、ずいぶん勇気のいることでしょう。

――それはそうです。たいへんなことです（笑）。

●しかし一つの事実ですからね。飛行長の判断ミスでもあるでしょうが、当日現場で、飛行長自身が出ていかざるをえない状況をつくりだした人物にも責任がありますね。

――飛行長機はグァム島が見えたとき、ほっとして戦闘を忘れてしまったのでしょう。武装解除して滑走路を降りて行った。そして上方に待ちかまえて降下してきた米軍機に撃たれた。私はびっくりするもなにも腰をぬかしちゃった。

私がねらわれたら私が墜ちるところだったのですが、前の栢木さんが撃たれた。幸い栢木さんの機は火を噴かなかったが、右手をぶち抜かれました。流血のまま着地したらしいです。栢木さんは左斜め後上方から撃たれた。私はこの野郎と思って、栢木さんを助けるため、かれを撃ったＦ６Ｆヘルキャットを右海上のほうへ、着陸時の不十分な体勢のままで追撃したのです。こちらはもうフラップを下ろして浮力をつけ、スピードを落とし車輪を出して着陸する寸前ですから、思うように飛ぶことができない。私自身はやってはならない反航射撃をしてしまったのです。

●なるほど、勢いでせざるをえなかった。

――反航射撃をなぜやってはならないかというと、アメリカのとは装備がちがうのです。機関銃の数からして向こうが多い。銃弾こそ小さいが一三ミリの機銃がダダダダッと一斉射撃でくると、シャワーの水をかけられたくらい、銃弾をかぶります。これを真正面からやったら絶対不利ですから、教え子たちには止《と》めているのに、自分がやっている。そういう体勢になってしまった。私が着陸しようとしたとき、やっと車輪を出したのと出会い頭に、上方、正面から敵機が攻撃をしかけてきたのです。こちらの一番弱いところを撃ってきたから、私はやられてしまった。出会い頭というのは避けられぬ場合があります。

●反航、つまり真正面から向かってきた敵機は栢木さんに一撃をくわえて反転してきたのか、それとも別の機がたまたま逆方向から飛んできたのでしょうか。

——栢木さんを撃った米軍機がそのままの勢いで前方へ飛びたちますね。それで相手は、機体を右に垂直旋回させて海上寄りにぐうっと曲げて引き返してきた。それとも最初にわが飛行長機に一撃をくわえた別のF6Fが、すでに右側の海辺にいたのか。私はまったく気づかなかったが、それがただちに右反転してこちらに向かってきたのかもしれない。私はとっさに脚をひっこめ、弾倉装塡したり、しかし、不利な体勢のまま反航攻撃をうけ、火を噴いたのです。

●真正面から撃ち合う反航攻撃を避けねばならなかったのは、機銃の数の違いが理由ですか。

——米軍機は六門の機銃を装備していました。初期の頃は日本は二門しかなかった。のちに零戦に二〇ミリが四門装備されるようになったのですが、米軍機は二〇ミリではなく一三ミリなのです。一三ミリで機銃を数多く並べると、当然ながら撃ったときの弾丸の数が多い。小さな弾丸でも防御板の薄い零戦に対しては有効でした。それでまともに相打ちする反航方式は不利だから、禁則の指令をうけていたのです。

●赴任してきた上官でも技量は小町飛曹長にはるかに及ばない。そういう場合に本来は部下である小町さんに、戦法を教えてくれと少尉、中尉クラスの搭乗員が頼むことはなかったですか。

——教えるまでのことはなかったですが、よろしく頼むよと言ってきた人はいます。そのなかのひとりが栢木中尉でしたが、栢木さんは「あのとき君が撃って追っ払ってくれたので助かったのだ」と最後まで感謝してくれた人です。「そんなことないですよ」とは言っておきましたが。栢木さんも危ないところをしつこくやられていたらおしまいです。その直後、私がその米軍機と渡り合うことになった。アメリカにもなかなかしつこい腕の立つやつがいました（笑）。

●栢木さんは戦後まで生き残られたのですか。

——栢木さんは千葉に自宅があり、一〇年くらい前に、自衛隊を退官してよそで勤めているうちに病気で亡くなりました。私より年長の予備学生出身の士官で一〇期生でした。いつも私のことを命の恩人だと口にしていたらしく、奥さんが葬式のときに私に弔辞を読んでくださいというのです。私が巻物に筆で書いて当日読みましたが、その巻物を宝物のようにして保存してあるそうです。やっぱり謙虚でひじょうに人好きのする人は、戦場でも心が通いますから、危機に際してもこういうふうになりますが、威張っているのはほったらかして（笑）。

小町上飛曹がほんとうに「腰をぬかして」、僚機ではなく自分の安全を優先し別の行動をとっていれば、反航体勢にもちこむ必要もなければ、撃墜されることもなかった。つまり栢木機への小町上飛曹の配慮が結果として、禁じられていた反航姿勢を招いたのである。

事件の引き金

●グァム島事件の記事で気になるのは、「前夜士官室でのごたごたがあって、そのために本来ならば地上の指揮者として残るはずだった飛行長が、自ら編成して編隊の指揮官になった」とある部分です。このため搭乗割が変更されました。ごたごたというのは何があったのですか。この内容が明らかでないために、のどの小骨がとれないようなもどかしさを感じるのです。もう六〇年も前の事件ですから、真相を話されてもいいのではないでしょうか。

——その人たちも亡くなっているし、事実は事実だし、もう六〇年も過ぎたことだし、許されていいと思いますが……。ただ人を傷つけることになりますから、ごたごたがあったとだけしておきましょう。

そこで日頃は地上で指揮だけをとっている基地の飛行長が、よし、それでは明後日は自分が若い者をひきいて行こうということになった。しかし飛行長はふだん飛んでいなかったし、何カ月ぶりか何年ぶりかで指揮官として搭乗したのです。状況としてはサイパンは六〇〇マイル（一一〇〇キロ）先の距離ですから、そこで戦闘したら航続距離の範囲内で帰ってこられない距離です。

●最初はグァム島に寄るつもりではなかったのでしょう。

——出撃のときには、先にサイパンを叩いて、帰途、日本の兵隊がいるグァム島でガソリンを補給してから戻るという打ち合わせがあったのです。ところが飛行長の判断で先にグァム島へ行った。

そこで燃料を入れてからサイパンに向かおうとしたのです。そこまではまだいいのです。燃料の問題がありますから。ところが三〇〇〇メートルから五〇〇〇メートルぐらいの高さを飛んできたのに、グァム島がそこに見えたので、戦闘機といえども一〇〇〇キロからの距離を目的地まで、ぴたりとはずさずに飛んできたという誇らしげな気持ちがあったのでしょう。前に書いたような事態になりました。

●本来ならかなり上のほうで旋回して、敵がいないと分かってから滑走路に降りなくてはならない。『大空のエースたち』でケップフォード大尉は訓練時代に、教官から空中の敵に対する見張りは鉄則として叩きこまれた、とありますが。

――そうです。それが常識で、ストレートに降下するなんて危険千万です。

●ふつうはこういう場合、何分間か旋回するのでしょう。

――一応、ひと回り大きく旋回するのにはけっこう時間を費やします。ひと回りでいいのですが、各方面を見渡さないといけないから。しかも当日は、サイパンが攻撃されているさなかに行くのですから、そのへんにも敵機がいることを想定しなければいけません。

●部下としては、これはおかしいから、自分だけ別行動をとって周囲を旋回することはできないのですか。

――そんなことはできないです。編成されて、そのために指揮官がいるのですから、指揮官を無視して、先に飛んで行くということは、ふつうありえません。

●そのときの飛行長は助かったのですね。

——そうです。「零戦搭乗員会」には一度も見えなかったですが、終戦後は航空自衛隊に入り、ひじょうに高い地位まで昇進されました。

ごたごたの大筋はそれとなく察せられた。以下は私の推理劇である。

その人物は敢闘精神にとみ、国を守る気概にあふれて海軍の学校で学び、航空隊に入り、日中戦争以来戦ってきた。トラック基地では飛行長のあとを継ぐほどの地位にあったが、ラバウルとトラックの戦闘状況は予期に反して凄まじかった。かれはこの戦争の見通しに疑問をもち始めた。

勝ち戦のときの戦闘機パイロットはゲーム感覚で戦った。「獲物」「カモ番機」「おみやげ（撃墜した敵機）」「七面鳥狩り」というたぐいの言葉が日米両軍で使用された。しかし負け戦で「獲物」や「おみやげ」になりうる立場にたたされると、そんな軽い言葉とひきかえに殺されてなるものか、冗談ではないといいたくなる。負け戦で死ぬのは、ばかばかしいかぎりだ。雲霞《うんか》のように来襲する敵機を目の前にしていると、いつかは必ず死ぬと思わざるをえなかった。あと少しがまんして後方の安全な基地に転任するか、せめて飛行長にでも昇進すれば、司令塔で指揮をとり、先頭に立って強がりだけ言っていればいい。実戦には参加しなくてすむ。

慰問袋で家族からの手紙と子供の写真が送られてきた。両親と家族の前には、位牌ではなく生きた姿で帰りたい。ふっと戦意を喪失し、こんな気分で飛び上がれば、危ない、ほんとに「獲物」になると思った。口実をもうけて、下位の搭乗員に何度か交代を頼んだ。二日後のサイパン島出撃の命令が下ったときも、かれは不吉な予感がして、搭乗割を編成する際に、ある部下に交代を頼んだ。

しかし、その晩の集まりで、最近の上官の態度をにがにがしく思っていた飛曹長（飛行兵曹長）の准士官が、酒の勢いを借り、「指揮者がひるんで仮病を使っていては、部下へのしめしがつかないではありませんか」と直言し、つめよった。相手はひとまわり高位の上官である。上官も色をなした。「仮病だと！　貴様は上官に向かって何を言っているのか、分かっているのか！」「あなたこそ戦場のパイロットとして卑怯ではありませんか！」こうして前例のない大騒ぎが生じた。

これが日本の内地であれば、事件の引き金をひいた准士官は軍隊の営倉入りとなるところだ。しかし、トラック基地は明日の身も知れぬ最前線である。驚いた飛行長が「まあ、まあ、まあ」となかに入ってとりなし、「飛曹長、きみも疲れているのだ。明後日のサイパン出撃の代わりに、後日、休養がてら新人搭乗員をつれてサイパンまで新しい飛行機を引きとりに行ってくれ。明後日の指揮はおれがとる」となだめた。こうなると、事件の原因になった上官も今さら「明後日は自分が飛びます」と言いだせず、そのまま居残るかたちになった。しかも日ごろ飛ばない司令塔の飛行長が、みずから飛ぶと言いだしたので、居並ぶベテランたちも参加せざるをえなくなった。

このグァム島事件の主役は飛行長だが、背後には事件の原因となった上官と、事件の引き金をひいた准士官がいる。上官はサイパン出撃に参加せず、准士官は飛行長になだめられ、ふたりともに翌々日出撃しなかったので、『二五二空《ふたごうさんくう》戦闘行動調書』の昭和一九年六月一九日の記録には、名前は記入されていない。以後の記録にも見いだせないので、本人たちを確かめるすべがない。

別に「昭和一九年二月～七月迄二五三空トラック島基地搭乗員調べ」という公的なコピー紙片が小町定のファイルにあり、同時期にトラック島ですごした五〇名の搭乗員の生死、戦死現場と期日が記入されている。しかし必ずしも正確とはいえない。その理由の一つは、六月一九日に小町上飛曹とともにグァム事件に遭遇した十数名のうち、五名の名が見当たらないからである。つまりその時期の全搭乗員の名がここに記入されているわけではない。

にもかかわらず、この資料で、ひとりの准士官が七月に不審な死をとげていることがわかった。小町上飛曹の先輩、熊谷鉄太郎飛曹長がサイパンで七月戦死と記されている。グァム島事件が生じたあと、熊谷飛曹長の戦闘機が一機で、一〇〇〇キロ離れたサイパン島に出撃するはずがない。新人たちを連れて、熊谷は新しい飛行機を受けとりに行ったのか。たしかに「トラック島基地搭乗員調べ」には、ほかにひとり若い搭乗員がサイパンで七月戦死と記されている。とにかく、熊谷はなんらかの理由でトラック基地から発進し、サイパン島で死をとげた。事件の引き金をひいた准士官としては、熊谷鉄太郎が最有力候補である。私が熊谷の名をあげると、小町定は「そうです」とだけ答えた。

つぎに、事件の原因となった上官の名を割りだすために、私は上述の「昭和一九年二月〜七月迄二五三空トラック島基地搭乗員調べ」の士官級の姓名を、拡大鏡で見るようにして調べた。しかし不正確な記録のため、飛行長と栢木《かやき》一男中尉、小町定を除いて全員戦死している。しかも、ほとんど私がこれまでに知っていた名である。

私はふたたび『二五三空《ふたごうさんくう》戦闘行動調書』に戻り、トラック島から発進した将校搭乗員で、途中から搭乗割に出なくなった人物を探すことにした。私はかれの軍隊の階級を推測し、指揮官機の搭乗員名を絞りこんだ。そして二五三空《ふたごうさんくう》とともに、前身の二〇四空《ふたまるよんくう》の行動調書をも調査し始めた。

だが私はなんのために刑事訴訟のような真似をしているのか。

アメリカ空軍と同じく、一週間戦闘して一週間交代する余裕が日本側にあったならば、かれは仮病を使う必要はなかった。とすれば、かれはかれなりに生き残るための休暇という合理的な方法を選んだのだ。だが、現実にはかれの怯みのために幾人もの同僚が犠牲になり、小町上飛曹も重傷を負った。事件の引き金をひいた熊谷鉄太郎も飛行長になだめられ、「休養」に出かけたはずのサイパンで米軍に殺されてしまった。

それでもやはり、苛烈な戦場に身をさらしたことのない私に、検察官の資格はない。さらに、中年に近づいていた高位の士官は仮病ではなく、実際に身体の不調を覚えていたのかもしれないのだ。小町定が話したがらぬ以上、推理もここでうち切ることにしよう。実際、戦争はこうした無数の負の挿話から成立している。数えあげると限りがない。

サイパン島玉砕

●六月一九日の『二五三空《ふたごうさんくう》戦闘行動調書』では二機の六編隊で、小町さん一機だけ、はずれて飛んだことになっています。計一三機ですね。しかし小町さんの記憶では一五機で、真珠湾以来のベテランパイロットたちが参加したのに、その名がもれている。しかも当然ながら『行動調書』には、小町さんや栢木さんが負傷したり、飛行機が使い物にならなくなったとか、そんな記録はありません。事件の真実も正確な数字も藪のなかですね。

――私の記憶も一〇〇パーセント正確ではありません。あのとき使える飛行機が一五機あったという事実から、そう思い続けてきたのかもしれない。起こった事件のことも、私がいなくなれば、誰も知らないでしょう。

●『日本海軍戦場の教訓』の鼎談で半藤一利さんが、頼りにならない資料がひじょうに多いので、現在生きている人に尋ねなければならないけど、生存者がだんだん少なくなりつつある。これからの研究者は生存者に会って資料の誤りを訂正するぐらいでないとだめだ、と言っています。私も同感ですが、もう遅いかもしれません。

ところで撃墜されたあと、グァム島に治療所があったのですか。

――陸軍の雨ざらしの塹壕のなかで一晩治療をうけ、二晩目に島の下へ降ろされて海軍の雨ざらしの病室に入れられた。マリアナ沖海戦で負傷した連中が、グァム島やテニアン島にぞろぞろ引き揚げてくるのです。空母対空母の海戦ができなくなったあとでは、これも大きな戦闘でした。

私は顔も手も全身包帯で動けず横になっていましたが、三日目の晩に、「七日から一〇日までのトラック島からの攻撃で生き残っているのはいるか」と声がかかってきました。トラック島から一式陸攻が迎えにきたのです。私がグァム島から去ってまもなく、グァム島の日本軍が玉砕したのです。トラック島からの救助が少しおそかったら私も玉砕組でした。無抵抗で寝ていても艦砲射撃や飛行機の銃撃でみんな殺されたのですから。

●サイパン、テニアン、グァムなどマリアナ群島の日本軍守備隊は、昭和一九年七月から八月にかけて玉砕していますね。「玉砕」と言っても今の人には通じないでしょうが、戦闘で最後の一兵士に至るまで突撃戦死、もしくは自決することですね。ですから、小町さんは戦後、サイパン島やグァム島を感慨なしには訪れることができない。

――グァム島でゴルフをやろうとか、サイパン島への誘いもあり、沖縄は今がいいとかいって、戦争を知らない連中は平気で遊びの対象にしかしませんが、私は誘われるたびに全部ことわっています。かれらがあの生々しい戦闘のなかで、目の前で殺されていったのを思いだすのに、いまさらゴルフとは何事ぞと、なにか心のなかで（私自身が）批判されているような気がして、そこで遊びごとに誘われても、元の戦地ではついにゴルフもなにもやったことないです。行っても遊びにならない。

ところが最近、孫がダイビングでトラック島（現在はミクロネシア連邦に属している）に遊びに行ったとのことで、時代は変わるものですねえ。孫の話ではトラック島には二つ三つホテルがあり、旧日本海軍の艦艇四〇隻が浅瀬に残骸をさらしていて、皿からコップに至るまで持ち去ることを禁じているそうです。つまり観光資源になった。孫がトラック島の、以前私がいた竹島の洞窟要塞と、いまはジャングルになった滑走基地を、私が頼んだわけでもないのに、偶然、うまくカメラに収めているのです。写真でその遠景を見たときの気持ちを、いまさら人に言っても通じないでしょう。

小町定の事務所の隅に、サイパン出撃の前夜に遺書として書き残された墨痕鮮やかな掛け軸がある。そこにはこう記されている。「勇躍挺身奉君国絶好機会此感激措今日又求何　サイパン沖海戦出撃の前夜」。要するに、天皇と国家のために歓び勇んで身を捧げる感激は今日の日にこそある、という意味。これはある司令長官の言葉を、青年小町定が自分の心境として書いたものである。

現在目の前にいる小町定とは異なる、もう一人の小町定という青年の、日本共同体のために死んで、明日はもうこの世にいない、明日は力の限りを尽くして闘うという決意が、爆発一歩手前の筆勢にあふれている。この肉太な筆勢というより「筆撃」は、ことの善し悪しを超えて、現代の青年書家には出しようのない、戦争の証言のひとつである。

●この事件は基地の飛行長はもとより、さらに上層の艦隊司令官、航空参謀たちの責任でもありますね。

――当然です。だから怒りをおぼえたのです。二人乗り以上の飛行機は偵察専門員が乗っています。かれらといっしょに飛んで行きさえすれば目標に到着できる。ところが途中で基地から本日の攻撃中止だという指令が入っても、戦闘機隊にはまったく届かない。そういうわけで、サイパン攻撃の日に飛行長が気がつかなかったのは無理もない。あとで聞いたところでは、飛行中に通信が入っていたという。

●最初は他の基地から発進した爆撃機の護衛としていっしょに飛んでいたが、爆撃隊からの合図がはっきりせず、戦闘機隊だけが残され、艦爆隊は途中で基地に戻ったのですか。

――そうです。もっと意志疎通ができていて、全機が帰還していれば事なきをえたのですが。

●だから艦爆隊がなんらかの方法によって戦闘機隊に合図を送ることはできなかったでしょうか。艦爆側の責任といえませんか。

――そういうことも考えられますね。艦爆側は「自分が打電したのを指揮官は知っていると思った」と答えるでしょうが、戦闘機指揮官のほうは何かの障害で聞こえなかったとか、「なぜ知らせなかったか」とか言うでしょう。だからそういう誤認問題はあります。双方でしっかり確認していれば、こんなことは起こらなかったでしょうが、グァム島、サイパン、テニアンの航路はしょっちゅう飛行機が通っている味方の領土なので、飛行長は目をつぶってもグァム島までは行けると安易な解釈をしていたかもしれない。これは零戦と艦爆隊のどちらがどうだったか、我々には分かりません。

●もし最初の指令どおり、飛行長がサイパン島に直接飛んでいたら、どうなっていたでしょう。これまた米軍上陸直後のことで、米軍機は上空に群らがっていたでしょうし、帰りの燃料はなくなるし、ふらふらでグァム島に立ち寄ったり、死への確率はもっと高くなったのではありませんか。

――そのとおりです。

●それから、ここまで生き残れた理由の一つとして、「後ろをふり返ること」とおっしゃっていますね。地上の車でも、経験者ほどバックミラーを覗く度合いが高いそうです。アメリカのF6Fは胴体が太くて後方が見えにくいので、頭上にバックミラーがついている。ところが零戦はミラーがないのでふり返らないと見えない。本来なら零戦にもバックミラーがつけられていいはずですが、そこは変わらなかったのですか。

――部分的にちょっと変わる程度でした。

●『二五三空《ふたごうさんくう》行動調書』で、たえず飛びたっているパイロットに高岩薫、西兼淳夫、小高登貫、徳地良尚、高橋健一、林太加夫、平野龍雄、岩本徹三、箕形政道などがいます。

――箕形大尉はちょうど張り切りどころでした。本名はミノカタですが、私たちはミカタと呼んでいました。岩本先輩とは、ラバウル、トラックでは私は腕を競い合う仲にありました。地上の運動はなにをやらせてもできるし、空戦の腕も達者でしたが、口も達者で、いつも大風呂敷をひろげていた。小高は名をもじってトッカンと呼んでいたが、大分航空隊時代の私の教え子です。飛行時間一五〇時間ぐらいでラバウルに送りこまれて、はやり立っていた頃で、頑張ってはいたが、最初のうちは五里霧中で、空砲を撃っているようなものでした。戦後病死しました。
●箕形政道は飛行長や小町さんと同行してグァム島事件のときは生還するのですが、それから一週間後の六月二三日、大谷隆男と二機で迎撃してついに戦死するのです。矢折れ刀尽きという感じですね。『行動調書』を調べているうちに、あれだけ出撃のたびに名が出ていて、ということは実際には記録以上に飛びたっているのでしょうが、閲覧する私もなにか不安になって、祈るような気持ちで頁を一枚ずつめくっていきます。すると、最後に「戦死」の朱印が押されて、簑形さんがふっと消えるのです。私も胸をつかれて、なんともいえぬ空しさを覚えるのです。大谷隆男とあと二、三人だけ残って、これで『二五三空搭乗員戦闘行動調書』一冊の頁は終了になっているのですから。

岩本徹三飛曹長は、五日前に西兼ら同僚六人と機材補充のため内地に飛んでいたので、グァム島事件にはまきこまれずにすんだ。

小町上飛曹がグァム島で被災した昭和一九年（一九四四）六月一九日、同じ日に、以前のかれの母艦だった「翔鶴」もサイパン沖で、米潜水艦の魚雷をうけて火災を起こし、沈没した。海底にはいまなお巨大な鉄屑と、乗組員一一六三名の人骨が、魚介類や微生物とともにひっそりと沈黙を守っている。

6　敗戦前後

出なかった復帰命令

●トラック島からは赤十字船の氷川丸だったので、潜水艦に沈められることもなく、ぶじに日本に着いたのですね。

――顔も手足もベロンベロンに焼けただれていたので、船員さんが気の毒がって、厨房《ちゆうぼう》から砂糖をどっさり土産に持たせてくれたのです。これを持って家内の疎開先に戻ると、顔を見て家内が驚いて卒倒せんばかりでした。

軍の病院に入院して治療を受けていたのですが、「あと一カ月くらい治療すれば顔かたちも元通りになるけど、戦局がきびしいので」と舞鶴鎮守府の本隊へ回されました。また戦場に送られると思ったら、峰山航空隊に教員として赴任させられました。

まだ傷跡が残っていたので怖がられたものです。卒業生は実戦部隊にまわされ、実戦部隊がいっぱいになり、その一部が教育隊にまわされる事態が生じていたので、ベテランが教員になるとはかぎりません。あちらで一週間前に習っていた練習生が、こちらに来たらもう教員になっている。それでも基本的なことを教えるに不都合はなかったのでしょう。

●前線に復帰命令が出なかったのは、なにが理由でしょう。

――私に前線復帰の命令が出なかったのは、だれか上司が配慮してくれたのだとしか思えないです。

早めに退院させられた小町飛曹長は、京都の峰山航空隊で甲飛（甲種飛行予科練）一三期生を教えた。酒を飲むと飛行帽の形だけ残して顔面が朱に染まった。教え子だった一三期生の平田昭平が、列車で同席した際に、「小町分隊士は酒を飲むと顔のその部分が赤くなりますね」と話しかけ、あとで他の下士官からたしなめられた。戦場で負った軍人の傷が、触れてはならぬものとして神聖視されたのだろう。

新しく創設された峰山航空隊でも、練習生たちを震えあがらせる罰直が行なわれていた。練習生たちは顔面を拳や手で殴打され、「海軍精神注入棒」と書いたバッタで臀部を殴られた。トイレで腰をかがめることもできないほど殴られ、入院する訓練生もいた。しかし平田氏は、自分の教官だった小町飛曹長についてこうふり返っている。

「小町分隊士は練習生たちを殴りもしなかったし、バッタもしなかった。しないどころかほかの教員が暴力をふるうと、「やめろ」と制止したことも何度かありました。教員たちに睨みがきいていたので、小町さんがいると下士官たちも練習生をしごくことを遠慮していましたね。それで分隊士の姿が見えると、私たちは訓練のときもそうでないときも、安心したものです。小町さんは訓練生に対しては口でさとされた。仏様みたいでしたよ（笑）。それに操縦を習いたての私たちには、まったく誇張なしに小町さんは雲上人《うんじょうびと》に見えたものです」。

平田さんの同期生だった放生明《ほうじょうあきら》もいう。

「小町分隊士がいると、ほかの教員たちが暴力をふるわない。そういった一種の安堵感みたいなものを、私たちは持っていました。罰直なんて人生で二度と経験したくない軍隊のしごきですから。小町分隊士は、やはり生死の間をくぐりぬけてきたから、こんな馬鹿なことをなぜやるのだという気持ちを持っていたのではないかと推測しますが、訓練生たちの間では「生死の間を駈けてきた人は違うなあ」とみな言っていましたね。また小町さんは今でもそうですが、迫力のある擬音やジェスチャー入りで教え方もうまいものでした」。

――私は昭和一八年八月、ラバウルに赴任しましたね。私が戦場で、特攻隊にひとしいような厳しい搭乗割（搭乗日程）を黒板に書くときに、搭乗員一人ひとりの顔が浮かんでくる。こいつらを死なせるにしのびないと、ひじょうに迷うほど辛いときがあるのです。明日の敵機の攻撃は激しそうだと情報が入っている。ところが、その連中がじつは逆にどうしても迎撃に飛んでいきたい、戦闘に連れていってもらいたがるのです。それで外されて泣かんばかりの顔をして、恨めしげにしていたり。予科練を卒業してくるのは、そういう者たちばかりです。戦闘に連れていかれない童顔の搭乗員が口惜しがって大きな涙粒を流しながら、死を承知のうえで連れていってくれ、と。南太平洋海戦の「翔鶴」のときもそうでした。

そういった、まだ一八、一九、二〇歳前後で、人生の一歩を踏みだしたばかりの純真なやつらを、裏では私は戦闘に連れていって死ぬのを見ているので、かれらが死ぬのが前もって分かるのです。若いのが明日、明後日と死んでいく。ひとまず今日の犠牲になるのは、卒業したての現地にきて初めて飛んで、そして前の話に出てきた、してはならないときに「ジグザグ」かなにかをやって殺されるような若いのばかり。だから一日目に死なずに、二日目、三日目と回を重ねた連中は慣れもするし、上達もして、なんとか当座生きのびるのです。

そんな死んでいく連中を目にして、私がグァム島で撃墜され重傷を負って内地に帰りますね。それから峰山航空隊の教官になって、さらに現地の戦闘員よりもう一段若い搭乗員の卵を前にして、これをどうして殴れますか。ましてや、戦地でも何か罰直があるらしかったですが、戦地にまで行って殴るなんてとんでもないことです。

●ところで峰山の航空隊では特攻隊の訓練をしていたのですか。

——特攻隊の訓練というのとはちがいます。戦争末期の頃に、半年ぐらい前に、飛べる者はすべて本土決戦にそなえて飛べるようにするための訓練をしました。練習航空隊です。複葉の木製の黄色い飛行機、ぱたぱたいう布張りの中間練習機ですが、その中練で操縦の基本を、たとえば宙返りもできるくらいに教えこみました。

ところが、そこへ特攻隊向けに編成するという命令がきたので、みなが興奮したのです。飛行機は五〇機しかないのに、クラスに一〇〇名いるので、半分しか入れない。半分を選抜して特攻隊員にし、突っこみ方を訓練していったのです。毎日明けても暮れても突っこむことばかり。これが峰山で編成された特攻隊です。やっと赤トンボを操縦できるようになった若いパイロットが、巨大な戦艦や空母を初めて目の前にしたら、ビビッてしまう。爆弾かかえて突っこむのは犬死にするようなもので、戦闘にならぬだろうと思っても、口には出せないので、しっかりやれと訓練はしていたのですが。

そのとき特攻隊の編成にはずれた五〇名のなかの代表が、ブルブル手をふるわせて敬礼しながら、私はどこが悪かったのですかと喰ってかかるのです。上官に文句をつけたら、ふつうなら張りとばされるところですが、私は胸を打たれました。「かれらの次にはお前たちの飛行機が来るから待ってろ」と慰めましたが、それは嘘なのです。新しい飛行機なんか来ないです。だから、そこは本来の特攻隊の養成所ではなくて、一人前の飛行機乗りになる初歩訓練の場所です。翌日から、特攻隊に編成された若者たちは生き生きと行動していましたが、はずされた者は見るからに精気がなかった。

●その場合、一〇〇名のうちの五〇名を選ぶのは誰が行なうのですか。

——おそらく、私どもの上官の分隊長クラスです。かれらが家庭状況から、一人っ子とか、長男とか、体が弱くて病身だとか、結婚したばかりとか、いろいろ支障のある人を選抜からはずすために、マークしてあったのだと思う。誰でもかれでもというわけではないのです。

●今からふり返ると、空戦のためだった操縦訓練が、特攻隊編成が始まった昭和一九年末以降には、突撃死を前提にした単純な訓練になってしまったのでしょうか。

——結果としては、そうですね。だから、もうベテラン搭乗員はほとんどいない時期でした。私が練習生のときのように、一クラス一〇人ではなく、一クラス何千人といたわけです。ほんとうに気の毒なことに、戦争末期の昭和一九年、二〇年に入った戦闘機搭乗員は、飛行機に乗り始めてたったの四、五〇時間で出て行ったのですから。五〇時間なんて、大阪まで飛んでこいと言っても、どこへ行くかわからない、そんな実力しかないときに、編隊を組んで誘導機に連れられ、敵の艦が見つかったらぶつかってこいと。人間の数は爆弾の数ですね。そんな悲壮な戦闘を最後には押しつけることになってしまった。そんな状態でパイロットになり、特攻隊になってしまった人はほんとうに気の毒としか言いようがない。そんな初心者が、爆弾をかかえた特攻隊に選ばれるとは信じられない話です。

特攻隊

小町さんの教え子で、特攻隊員になった平田さんや放生さんに当時を回顧してもらった。甲飛（甲種飛行予科練）一三期生の元特攻隊員、平田昭平さんは現在七〇歳代半ばだが、歯切れよく声の大きな、じつに若々しい感受性をもつ人である。

私たちは自分から進んで、特攻を志願して、ひとまずクラスの半分が選ばれました。私たちは目的をもって充実した訓練をうけましたが、ふしぎなことに逆に特攻隊からはずされた同期生たちは、見るからに元気がありませんでしたね、ほんとの話。

やがて部隊に配属され、飛行機やガソリンが足りないので、自転車に乗って編隊を組み、模擬訓練をさせられました。アメリカ人はみな当時から車の運転をしていたので、車から飛行機へと、われわれのように自転車から飛行機へでは、操作の要領からスピード感覚に至るまで、だいぶ飛行機までの距離が違ったと思います。それでも、私たちも頑張って操縦できるようになりました。同僚の飛行機が訓練中に漁船の帆柱に翼を引っかけてしまった。漁民もびっくりしていましたが、現代だったら大騒ぎになっていたでしょうね。

兵舎を出て軍服姿で歩いていると、今の女子高生ぐらいにあたる、当時のもんぺ姿の女学生が「兵隊さーん」と呼びかけてきて、自分で編んだ小さな毛糸の人形を贈ってくれるのです。幼児が人を描くときに、頭と胴体を描いて手足をくっつけますね。あんなふうに、毛糸をかんたんに繋げて作ったものです。よく慰問袋に入れてあるのですが、その毛糸の人形を私に渡すときに、彼女が両掌で囲んで、人形に自分の息をはあっと吹きかけてくれるのです。それで人形に生命がかようのですね。若い青年ですから、あれは嬉しかったなあ。その息のこめられた人形を身につけて、この人形のために死ぬ、人形には彼女の呼気とともに、この国の思いがこめられているのだと思って。私は終戦前日の八月一四日に特攻隊の爆雷装塡を命ぜられましたから、戦争があと一週間つづいていたら、いまごろ生きてはいなかったでしょう。あの頃は私も純情でした。

放生明さんも平田さんと同年配で、やはり年齢よりずっと若く見えた。敗戦後、周囲の勧めで大学に行き、通産省に就職、のち電気配線系の会社を立ち上げた。放生さんは私と会う前に予科練同期のMさんと連絡して、自分の記憶や判断に誤りがないことを確かめ、そのうえで二人の共通認識として話してくれた。

ぼくの家内の父親が海軍士官で戦死しているのです。ぼくは家では何十年間戦争の話をしたことがない。ちょっと言いかけたら、家内の顔色が変わりましたからね。それ以来いっさい戦争の話はしていません。

私は昭和二年生まれの甲飛一三期生です。昭和一八年に海軍に入りました。M君に予科練に入った動機を聞くと、あのころ山本五十六長官が戦死して、アッツ島も玉砕、日本は危ないから、よしおれも行ってやろうと思ったと言うのです。じつにきれいな、りっぱな言葉なのですが。

ではなぜ予科練をめざしたのか。ぼくは若いとき飛行機が好きで憧れていました。戦後、若者たちがみな車に乗りたがっていたのと同じです。ぶっとばすのを楽しみにして。お恥ずかしいですが、最初から国のために働こうとか、命を賭けようとか、そんな勇ましい気持ちではなかった。日本が負けるとわかっていたら、予科練の受験もためらったでしょう（笑）。ちょっとお恥ずかしい。だから日常の会話では、天皇を「天ちゃん」と呼んでいた。海兵出身で、撃墜されて捕虜になって苦しんだ「零戦搭乗員会」の人がいましたが、折あるごとに「天皇のためにつまらないことをしてしまった」と言うのです。

ぼくが言いたいのは、文章に書いても所詮は文字なんです。なにか実際の感じを、頭のなかにあるもの、心の内面を文字や言葉にするときに、そのとおりにならないです。びっくりした、というのでも「厳粛に受けとめて」ということになってしまう。

最近、特攻というと、若い命を賭けて国を守りに行ったというイメージが強い。「ホタル」の話にしても。知覧の基地から出て行った若者を讃える風潮がありますが、これは少し美化されているかなという感じがする。そんなものばかりではない、と私は言いたいのです。私は違います。飛行機に乗りたくて、親にも黙って、兄貴に判子を捺してもらって受験したのです。合格してから学校にわかり、担任の教師が「きみ、予科練に行くのか、勇ましいなあ」と言ったけど、ちょっと軽蔑の眼差しが感じられました。

M君のときは、すでに中学校に予科練の割り当てが始まっていたそうです。成績のいい生徒は海兵、海経、海機、陸士を受けさせ、できないのは予科練に行かせられた。かれの話では、教員が中学生をそう促したので、軍の予科練側が怒って中学校に談じこんだとか。ですから自分で志願した者と同時に、先生にそそのかされて行った者もいるのです。

昭和二〇年三月、特攻隊が編成されました。M君もそうですが、ぼくらは特攻隊に志願したのではなく、全員されてしまった。よく長男ははずされたと言いますけど、ぼくは長男だし、M君もそうです。

半分ぐらいの割で落ちたというか、残った連中が小町さんのところに押しかけたのです。なぜ落とされたのか理由を知らせてほしいと。小町さんが一番えらい立場にいたのですが、さらにその上の事務方で決めたのです。ただ操縦については、ぼくは平均なみだったとうぬぼれていますが、腕前とは関係なかったようです。

昭和二〇年三月、特攻隊に入ってから罰直がなくなりました。死にに行くやつだから殴るなと、上のほうから指示があったのでしょう。

特攻隊は夜飛んで行って、明け方、敵艦に到達する、あるいは昼間飛んで行って夕方薄暮のなかで突撃する。向こうの戦闘機だって、夕方迎撃に上がれば戻るのは夜ですから、着艦は容易でなく、被害がそれだけ出るわけです。ですから、薄暮に行くとか急降下とかの練習をします。急降下爆撃とは、垂直ではなくかなりの緩降下です。もちろん、ひよっこ程度ですけど。猛訓練をやらされました。しかしM君も「おれたちは楽しかったよ」と言うのです。飛行機に乗るのが苦しいとかいやだとか思ったことは一度もない。好きでやっているのですね（笑）。

夜間訓練でも、探照灯に照らされたら、それから逃げる訓練を自分で勝手にやってみたり。

ところが特攻隊の編入で死ぬことが決定されても、死ぬという実感が湧いてこない。しかも同期生は事故で死んだり、行方不明になったりしているのです。

どこまで低空で突っ込めるかという訓練がありました。適正な角度がありますから、駆逐艦を照準に入れて降下する、それを下から航空司令と小町さんが艦橋で腰かけて点数をつけているのですが、そのときたまたま、ぐんぐん突っ込んでゆく一機がありました。あっと驚いているうちに、艦橋のそば五、六メートルの海中に突っこんでしまった。そしたら航空司令がびっくりして椅子から転げ落ちたという、小町さんの話ですよ。いや、事実、搭乗員が死んだのは知っています。ぼくらの同僚ですから。二人乗りで急降下の練習をしていたのですが、飛行機は突っこんでゆくと、逆に上へと吸い込まれるのですね。垂直になって引きおこしきれず、縦にドーンと行ってしまった。今なら重大事です。

こんなに死がすぐそこにあっても、ぼくやM君は、もうすぐ死ぬというふうには、死を受けとっていませんでした。死ぬということは、人間が年をとれば死ぬというイメージとあまり変わらなかった。今もね、私たちはまもなく死ぬわけですが、そんなに切実に今日死ぬ、明日死ぬとは思っていない。それと似た感覚ですね。

昭和二〇年七月に岩国に行き、いよいよ特攻隊です。途中、姫路があり、そこから九七式艦攻が特攻で出撃していました。ぼくらもいったん着陸して、見送りながら、あ、特攻機が行くのだな、と思いながらも、自分が死ぬのだという感覚が湧いてこない（笑）。いや、今生《こんじょう》の別れをするのに、水杯の手がふるえて酒が飲めないそうだとか、そんな話を人ごとみたいに話して岩国に行って、それから同じ峰山空でも、半分が知覧に近い鹿屋《かのや》に派遣されました。鹿屋が一次隊で、岩国のぼくらが二次隊。でもその頃になると、日本は十分に訓練できるほどガソリンがなかったので、ときどき飛んで調整するくらいのものです。

特攻隊には目的地まで連れていってくれる誘導機があるのですが、その偵察員たちがいて、かれらは予備学生なのですが、ある日、かれらがこっそり話しているのを聞いたのです。九州から沖縄へ行けといっても五五〇キロメートルある。ところが中型練習機は五〇〇キロメートルぎりぎりしか飛べない。ましてや二五〇キロもある爆弾をかかえて、燃料満タンにしても飛べるはずがないと。だから実際に特攻出撃の段階になって、余分な員数を乗せたら目標まで到達できないだろう。だからおれたちは降ろされるよと。ほとんどが分隊士なのですけど。中尉とか少尉ですね。

予備学生というのは大学から士官を希望して急遽軍隊に入ってきた人たちです。大学を知り、社会を知り、都会を知り、愉しいことも知り、女と交際もしてたでしょう。大正デモクラシーの残り香を身につけている人たちです。分隊士関係の人、大学から来た人たちは、腹のなかでは特攻編成に対し懐疑的だったと思います。雨のなかを行進する有名なニュース映画のシーンがありますね。あの学徒出陣で強いられて、いやだなあと思いながら来た人が半分以上はいたと思いますよ。かれらは社会を知っているから、現状に対しても、分析の仕方が中学校出のぼくらとはちがっていたでしょう。

ではお前はどうかと言われると、だんだん戦況がひどくはなってきたが、負けるという現実も理解できない。しかし、ラバウル帰りの教官からもれてくる話では、ラバウルでは今でいうノイローゼに陥って、泣いて飛びたくないという若い搭乗員が出てくると、少佐級の士官がバッタで気合いを入れてむりやり飛ばせたという。これはさすがに小町さんにも聞けなかったですけど。

周知のことですが、偵察員が自分で足を撃って負傷にみせかけたが、弾の入り具合がおかしいと。機銃の弾だったら吹っ飛んでしまいますからね、それがすぱっと入っていておかしいと。

しかし戦地に行くと、そんな逃避をしたくなるような現実が待っていたのです。どのくらい凄かったのか、小町さんに聞くと、「大砲や機関砲で防弾幕をうちあげてくる敵の機動部隊の凄さってのはお前、言葉にも何にもならないよ」って。

これは雷電か紫電に乗っていた仲間の話ですけど、B29を迎撃するのに焼酎を飲んで飛び上がった。しらふでできることではないぞと言うのです。

もう一つは、我々は当時休息なしの「月々火水木金々」の訓練生活を送っていたのですが、特攻隊編成になって月に一度は休暇があった。そのときは下宿があたえられていて、一泊するのではないですが、休養しろと、娑婆《しゃば》の空気を吸ってこいというのでしょう。一服していたら、そこのお上さんが「放生さん、私の知ってる人に、何度出撃しても帰ってくる人がいるの。それで殴られて、行っては、また帰ってくるの。そして、おれは彼女がいるから、あの娘と結婚するまでは死なないんだと言ってね」という話をしてくれた。ぼくはその頃はきっと、なんだ女くらいのことでめめしいことを、と思っていたでしょう(笑)。

岩国では特攻機二機と直援機三機から編成されていて、三機は零戦です。直援になると、特攻機におおいかぶさるようにして、援護しながら飛んでいきます。前日に発表がある。そしたら自分が、特攻機ではなく直援機だからひょっとしたら助かるかもしれない。特攻機は死刑の宣告をうけたのと同然ですから。しかし直援機は宣告はうけていない。実際には直援機が最初にやられる可能性が高いのだそうです。それでも敵の戦闘機の目をくらますためには、動くことが可能です。特攻機は爆装しているので、そうは動けません。だから雲霞《うんか》のような敵機に迎撃されながらも、直援機は助かる可能性なきにしもあらずだけど、その直援機に指名された者が前の晩にタバコに火をつけようとしても、ガタガタふるえてね、火がつかなかったって（笑）。ぼくらはまた当時、なんて度胸のないやつだぐらいに思っていたでしょう。

八月一五日に、ラジオで分かりにくい終戦の詔勅を聞いて、M君の話では、ある士官が、これで日本も変わるよと言ったそうです。ぼくらは分からない。ぼくはそのときは一等飛行兵曹の下士官でしたから、寺に泊まっていたのですが、えっ、日本が負けた？　ちきしょうっと（笑）、日本刀をふりまわして寺の柱を傷つけたり、酒飲んで酔っぱらったり。他の分隊士がそのときのことを思いだして言うのです。「見に行ったら、お前たちふぬけたような顔をして坐っていた」と（笑）。戦争が終わったのかという虚脱感ですね。

罰直についての、戦争が終わってからの総括ですか。バッタでの罰直は痛いし、そこへいくまでの恐怖感が大きいですね。最初、一発ガーンと殴られるときは、ぐっと我慢するだけですが、四、五発目ぐらいからしびれて感覚がなくなる。それで五発以上叩かれると内出血を起こし、トイレに行ってもしゃがめないと、これは平田君の話だったかな。ともかく、すごいですよ。それから走らせられるのもね。「走れ」といわれたら、飛行場って広いですから、片側一二〇〇メートル、往復二四〇〇メートル、幅二〇〇メートル、全部で四キロに近い距離を走らせる。四角を走ると長いからまるく走ると、いんちきしたと、また走らせる。全力疾走ですから中には倒れる者もでます。それから向かい合ってぶんなぐらせたり、教員は皮の手袋をしてぶんなぐる。一発で脳震とうを起こして倒れる場合もありました。

M君に、きみはどう思うかと聞いたら、罰直はあってもいいが私利私情でやるので癪にさわったと。ぼくにいわせると、しごきですね。自分が威張って行なう、強いやつが弱いのをやっつけるというのは、一種のいじめですよ。教員のなかには若い教員、ちょっと上の中級の教員、それから先任教員、小町さんみたいな人がいるのです。それで上の人はあまりやらない。下の人間がやる。一番下の人間は、罰直をやらないと、「お前たちはたるんでいる」と上の教員からやられるというのです。げんに下の教員が中の教員からバッタをくらったのを、ぼくら見ているのです。

ところが教員であっても、ぼくらより階級の下の人間がいるのです。これがひどい。ぼくらは甲種予科練なので入ったときに二等飛行兵曹で、乙種や丙種より多少階級が上なのです。ですから乙種や丙種からきたのが、経験は我々より長い。それで自分より上のが来たら癪にさわってしょうがない。

そこで、罰直についての総括ですが、ぼくはまた別の意味を付しているのです。それはたしかに罰直なんていやですよ。あんなひどいめに遭って二度とやられたくはないですけど、あの罰直のひどさ、あれを耐えていく精神がなくては、戦争なんてやれない。罰直されるときは「甲板せいれーつ」と整列を長く引っぱった号令がかけられるのですが、今日はやられるか、ひどいめに遭うぞという恐怖に耐える精神力、痛い目にあって耐える精神力、これがなかったら、初めて戦争に行ってもみんな逃げだすんじゃないかと思う。猛烈な訓練というか、怖さに耐える精神力が戦争を遂行できる軍人に仕上げていく、とぼくは思うのです。

ぼくの場合、あれのおかげで、戦後いろんなことがありましたが、これならまだ耐えられる、この痛さならまだ大丈夫、この苦しさならまだあの時ほどではないと、ある種の、きれいな言葉でいえば不撓不屈の精神ができたんじゃないかと思います。M君はそうは言っていませんが。罰直が成立したひとつの理由は、技術や物量の面でアメリカは戦力が有利で、日本のように精神主義に頼る必要がなかったということもあるでしょう。

敗戦時の思い

●『零戦の二〇世紀』（神立尚紀）によると、進藤三郎少佐は昭和一九年（一九四四）二月に一カ月間ラバウル基地で司令をしていて、あまりの被害の大きさに、この戦争は負けるかなと思ったそうです。もう敗戦の一八カ月前でした。小町さんも奥さんとの間で日本は負けるのではという話をなさいませんでしたか。奥さんは、反戦思想で東大を追放された無教会派牧師、矢内原忠雄の説教も聞いた方ですから。

――進藤さんは、同じラバウルで私の上司でもありました。しかし私には「戦争は負けるかな」と考えた、そういう記憶はないのです。先日アメリカ人が三人の元特攻隊員にインタビューしているのを聞いていると、かれらが言うには、陛下の放送がどうやら終戦のことにふれているらしいので、みな同じ人間だから、つい口もとがほころび、表情が嬉しげになりましたよと。

しかし私は、アメリカは日本本土に上陸するだろうと予測していたので、まったく反対でした。

当時、私は横須賀航空隊にいましたが、横空といえば、横須賀鎮守府と隣りどうしで日本の中枢ですから、終戦、敗戦が迫っているということは肌で感じていました。しかしそれに対し、別に本土決戦の案も計画されていたのです。

本土決戦というのは一口でいえば、飛べる飛行機は練習機であれ何であれ、プロペラをブルンと回して飛べるやつは飛んで行ってぶつかろうと、これが本土決戦になる。近くにきた米軍を陸に上がらしてはならないと。とにかく波打ちぎわで我々海軍は全部死のうというのが本土決戦であるぞ、というふうに思いこまされていた。飛べる飛行機から防空壕に順々に格納して、最後のときには全員がこれで突破する、死ぬのだぞというのが、本土決戦だというふうに聞かせられておったのです。それで水上では内火艇、水雷挺、いわゆるエンジンをかけて走っていく今のカッターのようなもので、そういった雑役船に至るまで魚雷をつけて、海軍軍人たる者は死のうということだった。それでもなおかつ本土に上陸するのがあれば、あとは陸軍にお願いしますと。おれたちは海岸ばたで全員死にますよというのが、最後の最後の決戦だったのです。

整備兵たちは飛行機のテストを完了し、一〇〇機以上の爆装した整備機を一機ずつ、飛行場の裏山に大きく掘りぬいた横穴式格納庫に格納していた。裏山に構築された洞窟陣地網はじつに大規模なものだった。洞窟の下層が飛行機格納庫で、上層にはトンネル通路が縦横にはしり、兵員宿舎や指揮所など、すべてがそのなかに収まっていた。搭乗員の宿舎も洞窟陣内にあり、小町飛曹長は一〇畳ほどの部屋で五名の同僚と寝起きしていた。

毎日の米軍機の来襲時には、本土決戦にそなえて飛びたたず、敵機が去ったあと、血の一滴にひとしい貴重なガソリンを使って、若手搭乗員を養成するだけにした。そんなことを知らない市民からは「最近の日本の飛行機は空襲になると一機も飛ばず、空襲解除になると飛ぶ。なんと臆病なことだ」とののしられる。作戦の秘密をまもるために、搭乗員たちはただ唇をかんで耐えるだけだった。

しかし地方の中学生だった私にも、「航空隊は満を持して米軍をむかえうつのだ」という噂が耳に入っていたことも事実である。

●源田実参謀も職業軍人ですから、『海軍航空隊始末記』で本土玉砕の同じ決意をのべています。

――そう、終戦宣言の日に自分がしたことは一切忘れてしまいましたが、三四三空の源田実司令が、血相をかえて横空に飛来したことだけは鮮やかにおぼえています。異常な精神状態のなかで割腹して果てるものや、個室に書類を山積みして火を放ち、焼身自殺する上官もでました。そんなとき、徹底抗戦をはかる小園司令を中心とする隣りの厚木基地から戦闘機が飛来して、私たちの決起をうながすビラをまいていきました。だから、終戦になったからといって、ああよかったとにっこりするような余裕はなかったです。

私は横須賀航空隊で飛行長のこちらにいて、一同いっしょに顔を向き合わせているのですが、みな顔が死んでいるのです。目の奥のほうで、お互いにそれぞれ考える中身は違うでしょうけど、目から涙がでてとまらないし、メシは二日も三日も食べられないし、ましてやにっこりするなんて考えられない話です。

終戦後のＢ32爆撃機追跡

――ところがその二日後に、Ｂ29よりひとまわり大きなＢ32が飛んできました。とつぜん「アメリカ超大型機東京に向かって来襲」との見張りからの警報。止めるのも聞かず、私はバネがはじけたように走っていき、この野郎と、新しい二〇〇〇馬力の紫電改に飛び乗った。ところが上には上がいるものですね（笑）、そのときの整備兵の動作のすばやいこと。私が飛び乗ったときには、もう紫電改のエンジンが始動していたのですから。驚いている暇なんかないので、チョークをはずして、そのまま発進しました。

●零戦だったらアメリカの大型爆撃機には追いつけないでしょう。

――零戦で大型爆撃機を迎撃するのはむりでした。馬力が零戦の倍あった紫電改だから二撃も三撃もできたのです。地上でエンジン音を聞いただけで、これは凄いと思いますから。零戦に長年乗っていたので、両者の相違はよく分かるのです。零戦と紫電改とでは、もちろん上昇高度も速度も違います。防弾の強弱は分からなかったが、いちばん驚いたのは、私は垂直降下が得意で、ラバウルでこれをさんざんやったので、ついこの手を使って、紫電改で垂直ダイビングで行ったときのことです。格差が違うのです。零戦だと適当なところで起きあがるのですが、紫電改ではぐうっと下まで行ってしまう。重たいし、馬力が違うから行くはずですよ。それを計算にいれてもう少し浅く降下しなければならなかったのに、思い切りやって、そのあと苦労しました。びっくりしましたよ、あの時は。凄い重力がかかり目の前が真っ暗になり、これが最後かと思った。

●紫電改を操縦したのは横須賀航空防衛隊のときが初めてですか。

――そうです、峰山航空隊で教官をしていましたから。あるとき連絡任務のため東京へ行くことになり、赤トンボで横須賀に飛びました。基地で偶然、真珠湾攻撃前の空母「赤城」以来親しくしてもらっていた指宿《いぶすき》正信少佐に出会いました。「いまどこにいるのだ。探しとったのだぞ」という。この大事なときにベテランが赤トンボに乗ることはない。すぐ帝都防衛のために横空に来いと引き抜かれたのです。指宿少佐は私が負傷して内地へ帰っているのを知り、退院後に横須賀航空隊に呼ぶつもりでいたが、私が早期に退院したので居場所がわからなくなったという。

これが終戦の年の六月ですから、紫電改はその半年前にできていました。それでも私が搭乗する前に武器として紫電改を受けとった部隊は、いくつもありません。紫電改がもし大量生産されて、使いこなせる搭乗員が多くいたら、アメリカのF6Fヘルキャットもびっくりしたと思うのですが。

急に針路を変えて逃げるB32を伊豆大島のあたりまで追撃、直上法で攻撃しました。憤懣と怒りをこめて思い切り二〇ミリ弾を撃ちこみ、これで私の生涯の空中戦は終わりです。これが問題にならなかったのは、終戦の詔勅が出ただけで、まだ九月二日の終戦協定が結ばれていなかったからでした。それで罪にならなかったのですが、そうとは知らないので、何年ものあいだ逮捕されるのではとびくびくしていましたよ。

●それに、アメリカ側で正式に日本の降伏を知ったのは、八月の翌一六日だったとか。最初アメリカは、日本の戦争犯罪人として、五万人程度を目安にしていたそうですね。それが一万人に減り、最終的には五七〇〇人に絞られて、起訴されました。捕虜虐待や現地人へのひどい行為に対象が絞られたので、小町さんは逮捕をまぬがれたのでしょう。

――横須賀基地では翌日、迎撃した紫電改からプロペラがはずされ、資料はドラム缶に入れて全部焼かれました。その後も搭乗員は何をするか分からないので、解散命令がでたのです。もう実際にも飛ぶことができないのに、飛行場にいてもしようがない気持ちもありましたし。横須賀鎮守府長官の名で急いで書類が発行され、軍の庶務課で急場しのぎに作った一種の軍票のようなものを手渡されただけで、現金は一銭も受けとらなかったです。そう、そんなに早まって指令をうのみにせず、もう少し基地に滞在していれば、給与や退職金ももらえたのですけど。私たち搭乗員は一銭ももらわず、全国で通用するという受取人払いの銀行伝票だけもらって、横空を追いだされ、郷里に戻ったのです。

●石川県の郷里まではそれで戻れたのですか。

――横須賀駅で乗りこむときはどうぞ、と。基地の地元の駅には連絡してあったのでしょう。危険な者たちだから乗せてやってくれと。しかし石川県の郷里の駅員には連絡が行ってなかった。改札口でこれはキセルではないかと言われ、キセルとはなんだとけんかになりました。私は何年ぶりかで実家に戻ってきたのに、こんな扱いをうけて我慢がならなかったのです。戦争が終わって、態度がちがう。もっとも日本人も家族が死んだり、家を焼かれたり、そうした感情もあって口にだしたのでしょう。しかし私たちにとっては、昨日まで軍人だの英雄だのといいながら、負けるととたんにこんなに態度が豹変するものかと、これが日本国民のほんとの姿だったのかという思いです。駅長が出てきたので、駅長室に乗りこんで、言ってやりました。テーブル叩いて一席ぶってやった。しかしここで本当にけんかになると帰れなくなりますから（笑）、適当にほこを収めたのですけど。

このときばかりは一枚の紙切れにすぎない軍票を眺めて、最後は海軍にだまされたのか、これから国のために命なんか捨てるものかという気持ちになりましたね。

●敗戦ですべての価値がプラスからマイナスに変わりましたから。それに多くの民衆が内心では戦争をいやがっていたふしがあります。戦争に負けたとたんに、案外かれらの本心が出たのかもしれません。

――石川県の故郷に帰ってもそうです。その年の一一月まで農作業を手伝いながら居候《いそうろう》しましたが、戦争中は軍神だとかなんだとか言っていたのに、こんどは戦争犯罪を恐れて東京から逃れてきた、あれは戦犯だと遠巻きにして見られるようになり、そのうち「目下アメリカのＭＰ（憲兵）が真珠湾攻撃に参加した海軍パイロットを捜索している、つかまったら銃殺だそうだ」というデマがひろがりました。敗戦でがらりと態度が変わり、そんな言い方をされるといい気持ちはしません。これが（前線を背後で守る）銃後の日本人の実態だったのかと情けなくもなりました。日本国内ですべてこんな調子で自分たちを見ているのかと思ったら、がっかりしました。

これでは田舎にいては目立ちすぎる。東京ならどこか闇市にでもまぎれこんで生活できるだろう。逮捕されるなんてまっぴらだ。いまさら殺されてたまるかと、意を決して家を出ることにしました。もう一二月です。そのとき長兄が「元気でな、風邪をひくなよ」「絞首刑にだけはなるな」と言って米三升をそっと持たせてくれたのが、ありがたかったですね。あのころ米なんか食べられない時期で、戦後のたいへんな交通事情下で汽車に乗って、妻の勝美と上野にやってきました。あの雑踏のなかで、ここにまぎれこめば大丈夫というわけです。

東京での再出発

●上京してきてよかったのですね。

――田舎にいたら木の根や草を食べたり、畑の作物を盗んだりで、ひどい状態が続いていたかもしれない。夜逃げするように夜行列車に乗り、朝一番に上野駅に到着しましたが、東京の風は冷たかった。さあ今日からがんばるぞとは言ってみたものの、行き先も目的も仕事も寝る場所もない。駅の片隅で妻と相談しましたが、名案などありません。

思案にくれたあげく、妻の母の知人で千葉の成田ちかくの寺に嫁いでいる人を思いだし、祈るような気持ちででかけましたが、ていよく断られました。あのころはみな食べ物もなにもなかった時代ですから、居候がころがりこんできて、よい返事のあるはずがありません。ふたりでがっかりして上野駅まで戻ってきました。有名な駅の地下道は、どこも満席で割りこむ余地もないほどでしたが、なんとか一カ所みつけて、一晩をすごしました。

二日目は一面焼け野原のなか、港区の芝の増上寺を訪れました。妻の母親が専門学校をでて赤十字の婦長でしたので、クリスチャンでもあるし、負傷兵の面倒をみた経験がある。その人が戦時中の苦労した老人を世話する、名前は忘れましたが、ある組織のリーダーになって、芝のお寺にいると風の便りに聞いて、妻の案内で訪れたのです。

母親はいるにはいたけど、超満員で我々元気な若いものは入る所がない。ただ正門はりっぱな構えですから、その軒下なら雨露ていどはしのげるので、一晩くらいはいいだろうと、夜は門の軒下で寝ましたが、昼間は自分の仕事を探さないといけないということで、どこに行ってもそんなものです。親子でも親戚でも助けようがないのです。人を恨むときではなく、自分で努力しなければならぬ時期でした。三日目は登戸《のぼりと》の民家で、四日目は小田急線のある駅の待合室で寝るといった、まったくのホームレスの生活の連続でした。

仕事も探さなければならず、夜になると寝る所が心配になる。そのつぎは勝美の母親の里が登戸なのですが、その登戸に母親の姉やおじさんなど親族がいた。そこへ行ったら、悪いけど、うちも食うや食わずで、長男次男が復員して帰ってくるし、とても人を受け入れられる状態ではないと、丁重に断られて、やはり一番期待した所がやっぱりこれかと、すごすご駅前に戻ったら、大福餅を売るおはぎ屋があった。そのまったく知らぬ家の二階屋で、頭がつっかえるような四畳の物置小屋みたいなのがあって、そこでよければ入りなさいといわれて、やっと屋根があるところに入れ、仏様に会ったような気持ちでした。

そこも長くは住めない応急の部屋だったので、こんどは自分たちで生活できる場所を探すことにしたのです。駅前の不動産屋の物件で、畑のなかに土間の叩きが玄関になった三畳の一軒家がありました。家賃は月に一〇〇〇円という。えっ、そんな金はない、しかしよく相談してまた来るから確保しておいてくれといって、戻ってもそんな金はどこからも出てこない。しかし海軍の士官服ひとそろい、飛行服があった。これをとったらいよいよ裸です。本が少しあった。やっと一〇〇〇円もって行ったら間にあった。南林間の林のなかの一軒家です。

こんどは引っ越し。田舎から丸通で運んであちこちに預けてあった荷物をとりよせ、しかしタイヤ付きのリヤカーはなかったので、二輪の荷車の柄を押して歩きました。登戸から一〇キロメートルでは利かない距離です。土地勘がないから、駅と鉄道を目印に一日かかって夜やっとたどりついた。翌日は荷車を返しに行かなければならないから大変です。この引っ越しですっからかんになりました。こうしてゼロからスタートしたのです。

●仕事探しのほうはどうでした。

――登戸から当時のお話にならないような超満員の電車に揺られて、職探しにでかけました。都内の小石川職業安定所へと。焼け跡整理の仕事が多かった。わあっとみんなが手をあげ、人を押し分けて前にでる。ですが私は後かたづけの仕事はできなかった。戦闘機の操縦ばかりしていた身体が、まだそういう仕事に従っていけない。手足がそういうふうには動かないのです。

南林間に三畳の一軒家を借りて、海軍の将校マントだけが布団代わりに残っていて、夜はそれを着て横になります。昼出かけるときは中になにを着ていても分からないので、マントは上っ張りになる。しかし将校マントは、もちろん肩章やなにやすべて剥がしてはいるけど、手をあげると目立つし、それを見られるだけでも口惜しくて、誰もふり向きもしないはずなのに、まだ自意識とプライドが残っているのですね、よし、ここではおれは仕事をしないと、自分で決めて帰ってしまったのです。

新聞の求人募集に、横浜の大きな工場の整理の仕事があった。小町定は履歴書を書いたが、元戦闘機乗りには記入できるような職歴がない。仕方なく戦歴で埋めて提出すると、社長が履歴書と本人の顔をしげしげと見比べ、あきれ顔で「あなたはこんなことをやっていたのですか。とてもあなたのような方に、この仕事をしていただくわけにいきません」と、丁重に断られた。

それでまた一から東京中をまわり歩いた。小田急線で新宿まで行く。みなすさまじい勢いで満員電車の窓から乗っていた。乗りさえすればなんとか目的地に行ける。これを小町青年は自分の人生にあてはめてみた。とにかくなにがなんでも踏み越えて目的を果たす。これで行こう、と。乗り損なったらどうなるか分からない。自分で自分を叱咤した。

南林間からいまのＪＲ線を使用すると、蒲田を通過する。東京の入り口だった。ここから求職の一歩をやりなおすのだが、いくら探してもない。どこでも断られる。妻の勝美さんに「あなたは勤め人にはむきませんよ」と言われ、ついに勤め人になることをやめた。

小町定は戦前の養子先だった大阪の看板屋に連絡した。看板屋といっても陳列棚やウインドウの装飾も手がける、今でいうインテリアデザインの会社だった。戦後はさらに間口をひろげ、売れる商品はなんでも扱っていた。小町定が連絡すると、社長は「一週間で全部売れるはずだ」といって、前金もとらずに、手元にある一樽六〇キログラムの釘樽を一〇樽送ってよこした。太っ腹の社長は元養子の商い能力を試したのだろう。

小町定が建築会社に話をもちこむと、社長や役員に会う前に、下の従業員から「そんなものはどこそこで、同じ値でいくらでも売っているよ」と軽くあしらわれた。バラック建築にトタン屋根をふいて、すぐに売れる時代だったので、樽の釘は卸値の五倍、一〇倍に売れるはずだったが、海軍時代の無線電話の件と同じように、話が上層に伝わらず、商いはうまくいかない。釘樽一樽を売却するのがいかに大変なことかを思い知らされ、困りはてた。以前、海軍に入団したとき「貴様たちから娑婆気《しゃばっけ》を抜いてやる」と気合いを入れられ、ほんとに怖ろしいところだと思ったが、敗戦とともにふつうの社会人になってみると、娑婆のほうが海軍よりずっと複雑で、怖ろしいところだとつくづく思った。こうして飛行兵曹長小町定は、娑婆ではただの「小町さん」になった。

当時、蒲田駅東口の前に規模の大きな建築材料店があり、本業の大工職人が十数人働いていた。そこの社長をしていた棟梁が「いいよ、引き取るから十樽もっておいで」と言ってくれた。小町さんは喜んだ。やっと「上層部」に話が通じたのである。さっそく駅前の丸通に預けていた一〇樽もの釘樽を、リヤカーで建築材料店に運んだ。社長が「じゃあ預かるよ」と澄まし顔でいうので、小町さんは商談はどうなるのだろうと不審に思って帰宅した。翌日、店に出向くとすでに樽のふたがあけられ、店員が釘を量り売りしている。釘は飛ぶようにはけていた。小町さんは話がちがうと思ったが、ここで話がもつれるのはよくないと思い、不満を口にださなかった。

一〇樽何万本もの釘が手間ひまかけて何倍に売れたか、くわしいことは聞けなかった。いつのまにかこちらが頭を下げて売却をお願いするかたちになっていた。売り終わると社長は、元金の分はそっくりくれた。ひとまずお礼を言って帰ったが、大阪のほうからは、おまえはもう商人にはむかないと出資を断られた。それでまた建築材の社長のもとに戻り、「明日からは金と縁がなくなって仕事探しです」と言ったら、「そうか、じゃあうちで働けよ、やってもらうこともあるから」と応じてくれた。社長は棟梁あがりで帳簿には不精な人だったので、コピー機のない時代に、小町さんの能筆が書類の作成に役立った。事務方で重宝がられただけでなく、裏表のない人柄や、その差配力に社長が信頼をおくようになった。

数カ月して小町さんが、「お世話になっているのに申し訳ないですが、留守番役ぐらいでなく、なにか独立して仕事をしたいのです」と社長に話をもちだすと、「そんなことなら早く言ってくれれば、こちらも考えたのに」。いつもそんな調子で答える人だった。

棟梁の藤田さんは、同駅の西口に店舗用の店で一〇店ほどの借地権をもっていた。「息子が復員してきたら西口に支店を任せるつもりだったが、戦死してしまった。その土地が空いているので使えよ」という。「ちょっと待ってください。私がお世話になる前から、こちらにいる職人の技術をもっている人たちが何人もいるのに、私がそこに行くわけにはいきませんよ」。「よけいなことをいうな。これはおれがきめたんだ。あそこに林場《りんば》を立てて材木を送ってやるから、建材をあつかえば繁盛するはずだ」。そういって、木材を置く林場とバラック小屋を建て、材木を送ってよこした。

藤田さんは、戦死した息子の面影を小町さんに重ねていたのかもしれない。この人物なら支援するだけの価値がある、そう思わなければ、とても千坪からの土地の一部をあかの他人に任せられるものではない。相手が悪ければ、地上権を貸しただけで土地を取られてしまう。

元准士官もここで働いていれば、「戦犯だ」「絞首刑だ」とうしろ指をさされることなく、過去を詮索《せんさく》されずに仕事に精をだすことができた。

材木店を開業したのは終戦後まもない昭和二三年。金融公庫が創立されて住宅の需要がふえ、商売も繁盛するはずだったが、最初から順風満帆とはいかなかった。材木の名前もろくに知らない若い店主を前に、専門家の大工職が来て、ヌキ柱だ、オオブチだ、コブチだ、これはいいと言って良いものばかり買っていくと、あとには節だらけの材木しか残らなかった。藤田さんが心配顔でやってきては、仕事のこつを教えてくれた。

小町さんが材木店を営みながら周りを見ていると、施工主は設計図にしたがって大工、左官、電気などの専門家を手配して、仕事をしている様が手に取るように分かった。施工するには、材木は自分がおさえているので、あとは専門に頼めばいい。こう思いついて、かれは最初にクリーニング店を建てた。下をコンクリートで固め、あとは水回りを十分に確保して一棟完成。

近くでさらに二棟の建築依頼があった。設計図どおりに建てさせ、畳を入れて座敷をつくり、庭に石をおいた。ただ監督の仕事を果たせばよかった。建築はりっぱに仕上がった。しかしここで思わぬ難関にぶつかる。家は建てたものの、集金が思うにまかせない。建築主の態度がこれまでとうってかわり「今日は金は用意してないよ」とか、渋い顔をして「今日は朝から雨降りで金どころじゃないよ」と言って、支払う誠意が見られない。小町さんが交渉に訪れると、おやじさんは息子を呼んで二人で言いたい放題のことを言った。引き延ばしと横領が先方の作戦だったらしい。

併行して複数の建築依頼があった。その一つに新橋駅近くの電気製品問屋があり、都心の問屋にふさわしくりっぱな店舗を完成させた。ところが、これもまた依頼主が支払いに応じない。設計図とはあれも違うこれも違うと非難したあげく、施工主を告訴した。小町さんは冗談ではないと思ったが、裁判所から召喚状がきたので、被告として法廷に立たざるをえない。かれは話を論理的に組み立てて展開する能力に長《た》けていたこともあり、弁護士をやとわず、自分で二度出廷した。訴状は、施工主が契約どおりの角材を使用しなかったという類いの羅列だった。

訴状の内容が事実からほど遠いことを知った小町さんは、被告席から立ちあがって反論をのべた。「裁判官、申し上げます。訴状でのべられていることがまったく事実と異なるので、現場での検査をお願いします。明日私がご案内しますから、スケール（物差し）を持ってきてください。私が測るよりそちらで測ってください。天井裏の梁《はり》のことも見ていただければ、どちらが偽っているか一目瞭然です」。いちいち項目をあげて反論した。すると裁判官が被告人の態度を見て判断したらしく、「わかりました。それ以上聞く必要はありません」と答えた。終戦からさして年月を経ぬ、まだ世相が定まらぬ時期には、法廷にも細則に縛られぬゆとりがあったのだろう。さらに判事が「ところで小町さん、あなたは裁判に際してなぜ弁護士を雇わなかったのですか」と問うたので、被告は悪びれずに答えた。「金がないから頼めません。しかし正しいことを話す分には、人に頼まなくともいいと考えました」。

裁判が終わっての帰り道、有楽町駅付近まで来たとき、原告に雇われたはずの弁護士が小町さんを追いかけてきて、「お茶でものみましょう」と誘い、蕎麦屋での食事になった。かれは小町さんの言動をほめ、法廷には裏づけの証拠が揃っていたわけではないにもかかわらず、判事はよくも真実を認めてくれたと感心した。小町さんはまたとない機会なので、裁定がくだっても、相手が建築費を支払わないときはどうすればよいのかを弁護士に聞いた。

裁判で結論がでて、小町さんは物件を第三者に売り払ってもいいことになり、原告もそれを承知している。弁護士によれば、そうした場合、相手の目の前でもいいから、いつどこで何が話されたかメモしておくと、あとで紛糾した際に役立つとのことだった。小町さんは弁護士の忠告どおり、相手の発言をメモにとり、残りの二棟の不払い問題もようやく解決した。

戦後の焼け野原で、人々の心は荒廃していた。窃盗、詐欺、横領は日常茶飯事だった。

「真心」

いかにも素人らしく仕事で苦労している小町定に、なにかと声をかけて激励してくれる人が現われた。「実業之日本社」の取締役だった。かれは小町定の過去も少しは知っていたらしく、戦後一〇年を経た頃、その実直な働きぶりをほめ、戦後の苦労を雑誌に書くことを勧めてくれた。小町さんが焼け跡の生活をふり返って文章にすると、それが『実業之日本』誌の隅に、復員後の裸一貫からここまで築いてきた人物として、美談ふうにとりあげられた。

それまで小町定は、なにがあっても負けてはならないという姿勢で生きてきた。世の中を生きぬくためには、新宿の駅から窓を破ってでも電車に乗らないとやっていけないのだ。実意をもって正直に取引しようとすればするほど失敗する。だから利益を得るためには、自分もそれ相応の態度をとるしかない。それで小町さんは「私も（人間が）悪くなりましたよ」と言うと、「実業之日本」

のAさんは「ちょっと待ちなさい」と制した。Aさんは軍人ではなかったが、中国で長い間苦労した人である。かれが言うには「あちらでは日本人を嫌っていて、まず信用してこない。疑ってしかものを言わない人々といっしょに生活してきて、それでも最後に手を握ってやってくれるのは相互の信用だ。最後には、中国人は私が言うことはすべて聞いてくれた。他の日本人は腹をさぐられて利用されるのがふつうだったが、自分だけが例外だった。一度信用したら、これほど頼りになるものはない。人生を生きるうえで大切なのは信用と真心です。あなたはあちこちでだまされてきて、悪に長けてきたというけど、それはよくない。どんな悪でも信用の信よりは弱い」。

戦場の修羅場をくぐり抜け、戦後は国民にそっぽを向かれ、MPにねらわれていると脅され、取引をすればだまされてきた小町さんは、「きれいごとを言っても始まらない」と内心では思ったが、Aさんの熱意と誠意にうたれて頭をさげた。家に戻ると考え直して、得意の墨筆で「真心」と「真実一路」を書き、額縁に入れて事務所の壁にかけた。

家庭も長男、長女、次女と生まれ、婦長をしていた義母を迎え入れていた。子供の手がかからなくなると、勝美さんは夫の手伝いをしたいと考えた。「実業之日本」のAさんに倣《なら》ったわけではないが、そのころ小町さんも、なにかの縁で台湾系のたいへん人物のいい中国人と親しくなった。その人が日本橋三越の先の昭和通りを越えたところにビルを入手して、小町さんに改装を依頼した。場所もビルも申し分なかったので、小町さんが喫茶店用に一階の部分を貸してくれないだろうかと申しでた。すると、自分で経営するはずだったその人は、「小町さんがいうなら仕方ありません」と気持ちよく権利をゆずってくれたので、勝美さんが初めて店をもつことになった。

当時は甘いものも憩いの場も少なく、喫茶店は繁盛し、「コマチ製菓」の団子もケーキも飛ぶように売れた。勝美さんは最盛時には五店の喫茶店チェーンを妹の早苗さんに手伝ってもらいながら経営した。即席のりっぱなチラシには「こまち団子は江戸以来二〇〇年の伝統を誇る老舗」云々《うんぬん》と記されている。

しかし、こんなことがあった。串団子を食べている最中に串でのどを痛めたヤクザが、「こまち団子の串がのどに突きささった。どうしてくれる！」とどなりこんできたのだ。のちのち勝美さんが思いだしては笑ったエピソードに、つぎのようなこともあった。彼女は三人の子供たちがお世話になっている、大田区田園調布の小学校のＰＴＡ役員におされて、壇上にあがり「父兄」の親たちを前にして、うっかり言ってしまった。「それでは従業員のみなさん！」。

昭和三〇年ごろ、コーヒー一杯が五〇円だったので、勝美さんには一〇円玉の重みがよく分かるようになった。こうして勝美さんの内助の功も大きかった。その勝美さんが、夫婦で登戸に所有していた四〇〇坪の土地を、無教会派キリスト教の学生寮建築のために寄付したいと申しでた。たえず資金繰りに悩んでいた小町さんは、これには頭をかかえこんだが、このときは勝美さんもあとに退かなかった。彼女は「私と別れるか土地を寄進するか選んでください」と迫った。彼女は独りごとのように娘さんの前で笑いながら言ったことがある。「私が初代キリスト教の時代に生まれていたら、ただただ使徒パウロのあとについて行って、伝道のお手伝いをしていたでしょう」。それほど熱心なクリスチャンだったので、小町さんもとうとう同意せざるをえなかった。とはいえ、七〇年代初め、小町さんは一億三〇〇〇万円の借金をかかえ、たえず資金繰りに悩んでいた。

だが小町さんも腹をきめた。戦争では二度も三度も死んでおかしくなかった身だ。それが皮一枚のところで帰還できたのは、「神のお導き」としか言いようがない。しかも自分は国のためとはいえ、戦争で「人殺し」の罪をおかしてきた。それに妻の内助の功も大きい。この際、妻の望みを入れて、経済的には身を切られる思いだが、持てるものを神に捧げようと決めた。こうして小田急線登戸の丘に、キリスト教の登戸学寮が建てられた。現在の管理人や寮生は、そんな過去には思いをめぐらすこともないようだが、これは妻勝美さんの信仰と小町さんの「真心」の結実である。

小町さんへのインタビューを重ねている頃、ジョン・ダワーの『敗北を抱きしめて』が出たので、読後の印象を聞いてみた。かれは『敗北を抱きしめて』で、敗戦後の日本の女性が米兵の腕にぶらさがって歩いたというような、目に見えるものだけが取りあげられ、困窮の時代に苦労しながら生活を支えた女性たちが圧倒的に多くいたのに、それには触れられていないことが不満だと言った。

小町さんには、夜おそくまで働いた妻の勝美さんと妹早苗さんの面影が念頭にあったのだろう。彼女はよく「私は三時間も眠れば足りるのです」と笑っていた。戦後の復興期に汗水流して働き、三人の子供たちも独立し、喫茶店の経営を終え、ようやく自分の生活が楽しめるようになった矢先の平成元年に、勝美さんは亡くなった。

話は前に戻るが、七〇年代、ビルの時代になって木造建築の限界が見えてきた。小町さんは工務店の敷地にビルを建築することを考え、これまで取引のなかった銀行に融資を申しこんだ。借金をかかえての一か八かの大冒険である。銀行側の調査で明らかになった周りの人物評は、「小町さんは口は悪いが、腹のなかは空っぽです」というものだった。融資も、ビルの着工も順調に進んだ。

幸運にも恵まれた。「石油ショック」が生じたのが、ビル工事の完了一年後だったからである。日本経済は石油高と物価上昇で恐慌におそわれたが、「石油ショック」以前に建てられたビルは、テナント料がやすいので、大手企業も喜んで入居した。オーナーの小町定は、ビルの名前ぐらいは「大きな町」にしようとグランタウンと命名する。

「零戦搭乗員会」についていえば、これは戦後まもなく創立され、初代会長に相生高秀が就任していた。その後グランタウンビルが建設されたとき、当時の会長だった周防《すわ》元成が、「零戦搭乗員会」の事務局をグランタウンビルに設置するよう小町定に頼んだ。「零戦搭乗員会」の会員数は一番多いときで一二〇〇名弱、平成一四年一〇月の解散時には、七〇〇名弱となっている。

戦争後遺症

——あそこまで我々が死を賭けて、それに誇りをもって飛んでいった当時を思うと、敗戦とともに「文化の日」という祝日ができて、どんな人が賞をもらうのかと思ったら、軽音楽のミュージシャンだったのでがっかりした記憶があります。正直いって、私はこんな国のために命がけで戦うべきではなかったと思いましたよ（笑）。だれが侵略戦争と知って命を投げだすバカがいますか。ある政治家は自分の息子が予備学生を志願したのでやめさせたとか、予科練に行きたいというのを叱って、裏から手をまわした親がいたとか。こんなのが日本人だったのかと、本当に憤懣やるかたない思いでした。

●現在、車の運転はしておられるようですが、歩くのが大変らしいですね。

——何千メートルもの上下運動をくり返したので、脊髄狭窄症《せきずいきょうさくしょう》になったのです。

●それは傷痍《しょうい》軍人ともいえる戦争後遺症ですね。

——首の骨から腰までの脊髄がぜんぶ縮んでしまっている。それで神経が完全に働かないから、歩くのにも難儀しているのです。病院に行って診断してもらうと、若いときに材木とか米俵とか重いものを運んだり担いだりした人が晩年にかかるという。そう言われて、さてと、思い当たるふしがなかったのですが、じつは過去、戦闘機に乗っていたというと、それが原因だといわれて。それで私はここ二〇年間、指圧やカイロプラクティク、鍼《はり》を打ってもらったり、病院にも行っているのですが、治らない。ただ注射と痛み止めで抑えていますが、痛み止めは副作用があるので、なるべく避けているのです。四、五〇メートルだとみなと同じように歩けるけど、それを越すと耐えられなくなる。つい四、五年前までは、動けないということはなかったのですが。

●小町さんは夜中に、あっと叫んでベッドで上体を起こすことがあると聞きました。あれは戦争の後遺症ですか。夢のなかで何が現われるのでしょう。

——いちばん多いのは墜落寸前です。これはもう待ったなし。自分の飛行機が墜落する瞬間。それから雲のなかに飛びこんだとき。いまの飛行機は計器航法で安心していられますが、あのころは飛んでいて全面雲になったら、真っ黒で、それこそ何も見えないという状態で、身体が固まってしまうのです。前になにかあった場合は避けられない。うわあっと固くなるので、そのときは寝床から飛び起きてしまうのです。

戦後五〇年ちかく尾を引いてきましたが、この十数年来やっと夢にでてこなくなった。雲のなかに入るとどこに、たとえば山脈があるか分からない。雲が空じゅうにあるときは、日本の飛行機はまだ本能的に目で見て飛んでいる。雲の上限と、山脈の上限があって、低いところには雲がない。雨雲が垂れさがってくると、あ、これはしまった、雨が降らないうちに基地に戻らねばと、雲が少ないところをねらって行くのです。いつも行くそこには、雲がなかったはずなのに、ちょっと前に出ると、雲が広がっているのです。もう山と雲との境いがなく、自分が進んでいるにもかかわらず、雨雲が自分に向かって激突してきます。そのときはもう避けられない。

同時に爆弾を積んで荷が重いとか、大事な飛行のときは、神経が張っていますが、雲にさえぎられて山脈の上限のラインが見えてこないときは、いちめんに得体のしれぬ雲が迫ってきて、こわいです。生きている相手ではなく、天然の相手だから、自分が避けなかったら、山脈は避けてくれない。そんなときに驚いて「うわー、しまった」と夢のなかでも飛びあがるのです。

●戦闘では、第二次ソロモン海戦で僚機が被弾したときの鮮烈な印象とか、グァム島での被災とかが重なっているのでしょう。

――グァム島の被災は文句なしに大きい。しかも、それらが何重にもだぶっています。

人生に意味を

敗戦の年、小町定飛曹長は弱冠二七歳だった。飛行時間一二五〇〇時間。しかし、それは「ただ飛んでいるだけ」の時間ではなかった。〇・一秒ごとに生死を分ける「人生二五年」の危機をはらんだ戦闘時間であり、消滅した幾千もの生命とその執念がこめられた、ひとりの人間の人生以上に永く、永遠のゼロに限りなくちかい飛行時間だった。

昭和一八年（一九四三）二月、日本軍がガダルカナルから撤退して以降、日本軍は守勢いっぽうにまわった。それまで日本陸軍の幹部は「アメリカの兵隊」を「腰抜け」として頭から見くびっていたが、こんどは立場が逆になった。戦争後期に圧倒的な勝利を収めつつあった米軍は、日本軍とその将兵を見下すことになった。日本の捕虜を真っ裸にして艦上で虱《しらみ》とりをさせ、米兵たちはその見せ物を楽しんだ。『敗北を抱きしめて』に写真が載っている。

負け戦のなかで、日本の指導者たちが無責任にまき散らした種を刈り取るために、敗軍の兵とはいえ、闘う能力のある日本の兵たちは闘う決意を捨てなかった。日本の名誉と矜持を保つために戦わざるをえなかった。もちろん、そのような戦死を犬死にとして考える者も少なからずいた。一機で敵の一〇機を相手にすることに怯《ひる》み、そうした行為を不合理でばかばかしいと考えるパイロットもいた。だがほとんどのパイロットは、自分と共同体の名誉を守るために本能的に戦った。それは誰からもほめてもらえない無償の行為である。

冒頭で引用した奥宮正武元参謀の文章に重なるようにして、作家サン＝テグジュペリのつぎのような言葉がある。

自己犠牲、危険、死にいたるまでの忠誠、それこそ、人間の高貴さをつくりだすために、大きな役割をはたしてきた修練の場であるということを、理解しなければいけない。たとえば、飛行便のために命を賭けるパイロット、伝染病患者のうえにかがみこむ医師、モール人隊商の先頭に立ち窮乏と孤独をめざし進んでいく駱駝に乗った騎兵、毎年、かれらのうちの何人かは死んでいく。たとえその犠牲が一見無益なものであっても、かれらがなんの役にもたたなかったと、諸君はいいきることができるだろうか?（サン＝テグジュペリ『人生に意味を』一九三五年）

サン＝テグジュペリは、かれの同僚たちや実際に目にした人々の行為の保証人たらんとした。かれらにとって自己犠牲は、印刷して守るべき徳目ではなく、生命を投げうってまで行なうべき義務だった。飛行機を愛したサン＝テグジュペリも戦死した。かれの「死にいたるまでの忠誠」が、何者かに利用されるような浅薄な徳目でなかったことは、さらにつぎの文章を読めば明らかである。七〇年も前に書かれた内容が、なにやら地球の現在の私たちのことを予告しているようにも思えないだろうか。

われわれがどこかで道をあやまったということを、理解しなければならない。人間全体は以前より豊かになっている。よりおおくの富と時間を享受している。だがしかし、うまく規定できぬ本質的ななにものかが欠けているのだ。自分を人間として感じることがしだいに稀になっていく。われわれの神秘的な大きな権利のうち、なにかがなくなってしまったのだ。（『人生に意味を』）

戦後アメリカやオーストラリアでは、先端科学機器としての零戦で敢闘した日本人パイロットたちに敬意をはらい、しばしばかれらを招待して交歓パーティを開き、また米国人パイロットたち五〇人が各々夫人をともない、日本のパイロットに会うために東京を訪れたこともあった。豪州のシドニーの航空博物館では一室に零戦コーナーを設けて、記念の品々を展示してさえいる。

小町定と米人元パイロット（左が小町定）

私は元特攻隊員にも会って話を聞いたので、これについて一言触れる義務があるだろう。「特攻精神」という感心できない喩《たと》えがときおり使用されるが、「特攻精神」という名の敢闘精神で戦った将兵と、実際の特攻隊員との間には一線が画されなければならない。

出撃を命じられた特攻隊員は死刑を宣告されたと同然である。逆にもし死が目前にさしせまっても、宣告をうけないかぎり、人は心の片隅で生命を引きのばしたいという願いを秘めている。実際、人は首を絞められて叫び声をあげる最後の瞬間まで、生きる希望を残している。しかし人は死刑の宣告をうけた瞬間に、人間として生きる可能性を断ち切られる。特攻隊の出撃命令は死刑宣告であり、その苦悩が『ホタル帰る』や『雲ながるる果てに』で語られている。

特攻隊の創設は、桜花のように散る「潔しの美学」という日本文化につながっている。しかし文化もまた、盾の裏表のように正と負の両面を持っている。特攻隊の編成は日本文化の負の面と重なる。ときに戦記物で「南の海に潔く散った」という類いの軽薄な文章にお目にかかるが、これが人間を消耗品あつかいする戦争と結びついて、日本人独特の人命軽視を生みだした。

しかし、こと生命に関しては、「潔しの美学」を尺度にすべきではない。私たちは与えられた生命を潔く捨てるのではなく、自分なりに納得できる生命を根気よく成熟させねばならない。この点で私は、モーリス・パンゲが『自死の日本史』で、日本人の死生観を情熱的に擁護してくれるのを悪くは思わないながらも、他方で、日本人の自死の系譜に対するパンゲの高い評価に賛成することができない。

人間の遺伝子には、宇宙から届けられた「神秘的な大きな権利」が組みこまれていると私は思う。宇宙はそれ自身を豊かにするためにたえず生命で充たしている。生命は、宇宙が宇宙自身のために創りだした酵母であり——現代生物学では別の言い方があるかもしれないが——人間はその酵母を生かして、届けられたメッセージを開くことのできる生物である。メッセージのうけとり方は、六〇億の人々それぞれに異なるだろうが、それぞれの時代と環境において、自分にこめられたメッセージを解く自由を、私たちはあたえられている。この自由は、神とも呼ばれる宇宙の手に属する。成熟へ向けて未来に方向づけられた青年の自由を、他人の命令や洗脳で断ち切ることは許されない。

かつて日本で行なわれた洗脳は、現在でも多くの国々で形を変えながらくり返されている。しかし共同体（地球と置きかえてもいいが）を破滅させないためには、さまざまな扇動に洗脳されることのない、自分自身でものを感じ、考えることのできる住人をひとりでも多く増やすことが必要だろう。

私は日本人が珊瑚海海戦や南太平洋海戦で、またラバウルでも、米国と精神的には互角で闘ったことに注目してきた。二一世紀の日本は米国の戦略に追随するのではなく、自分の頭でものを考え、米国と互角に渡り合って自説を主張し、みずからの見識をもって平和への道を築くべきである。

ここまでの文章は、米国のイラク攻撃が始まる数カ月前に書かれたものだが、イラク攻撃が終わった今でも、私の考えに変わりはない。

あとがき

以前からの知人に、ひとりの零戦パイロットがいた。飛行機が母艦に着艦する話を聞いて、ひどくユニークだと思った。聞きのがすには惜しい職人技である。テープに記録しはじめたが、行きつくところは日米航空戦の話になった。危うい主題だと思ったが、面白かった。なぜ戦う操縦士の話に興味をおぼえるのだろうか。

脱稿のまぎわになって、私はようやく、なぜそうだったのか、おそまきながら気づいた。私は、第二次世界大戦後、フランスから世界にひろがった「実存主義」という思想につよい共感をおぼえた世代である。この思想のひろがるところには、フランスとか日本とかいう境界はなかった。私たちは「実存」という言葉に、生と死のはざまでぎりぎりの選択をせまられる「極限状況」という意味を重ねた。戦中、戦後を通して多くの人間が犠牲になり、飢えと貧しさのなかで、信じることのできるほどのものは一つもなくなった状態で、「ぎりぎりの状況」というコンセプトが、くさびのように記憶のどこかに打ちこまれたらしい。この埋め込まれていたアンテナが、私をしてパイロットの生死にまつわる話につよく感応させたのだ。

それでも戦後派《アプレゲール》の私は、すべてを疑ってかかるという習性からは抜けきれない。防衛庁戦史室の『戦史叢書』も、空母や航空隊の残した『行動調書』も、戦記物も、米国側の資料も、私がインタビューした相手の発言も、真偽の秤《はかり》にかけながら検討した。正確な事実はどうだったのかという検証のプロセスをたどるのが、私の執筆の姿勢となった。したがってこの本は、最前線で米軍航空隊と戦ったパイロットを中心にすえる戦記物でありながら、戦記物にたいする批評《クリティイーク》という距離をもつ、いわば戦記が戦記自身を検証するメタ戦記でもある。

戦記物はすでに山のように出版されている。これまでと類似の本を出すのでは意味がないというのが、私と小町氏との、最初から共通した認識だった。小町定が語る航空戦の様相は、読者の先入観をくつがえすに足るもので、一例をあげれば、坂井三郎がひろめた「大空のサムライ」式のロマンチックな格闘戦（巴戦）のイメージを、戦史のなかで塗りかえるものである。また空母と艦載機の交錯する関係も、私なりに新しい視点からとらえたつもりである。

戦争のナマの体験を次世代に語り続けることも大切だが、二一世紀の今となっては、前世紀に生じた戦争の事実を明らかにし、その意味を問うことの重要性が高まっている。

執筆に際しては、小町定と同じ時期、空母「翔鶴」に乗艦していた渡辺直寛元軍医官の日誌『海戦・空母翔鶴』（旧版『南十字星は見ていた』）その他を活用させていただいた。小町氏が教官を務めた峰山航空隊に、渡辺氏も軍医長として務め、また戦後設立された「峰空会」の会長と副会長が、それぞれ渡辺氏と小町氏であったとは、私も最近まで知らなかった。渡辺氏からの手紙によれば、小町定は「零戦パイロットの至宝」だそうである。

「峰空会」に所属している高木兼二氏（予備学生出身海軍中尉、元峰山航空隊教官）は、興味ぶかい貴重な文献を貸してくださり、また航法の手引きや用語の説明をしていただいた。高木氏をまじえての同会所属の平田昭平（予科練甲一三期飛行兵曹、元特攻隊員）、放生明（同・元特攻隊員）、松永賢次郎（同・元特攻隊員）の諸氏には活発な座談で、また放生氏とは別の機会にさしむかいで、特攻隊についての話をうかがった。紙上を借りてお礼を申しあげたい。

小町氏の戦後の生活に話が及んだのは、トランスビューの中嶋廣氏から、戦争に翻弄されながらも生き残った青年が、戦後日本の復興期にどのような考えをもちながら生活してきたのか、知りたいとの要望があったからである。

わが国では、一九九九年に周辺事態法が成立し、さらに二〇〇三年五月には有事法制が成立した。これは大平洋戦争勃発の三年前に成立した国民総動員法を思いださせる。テロ対策特措法やイラク特措法の成立で、自衛隊がイラクに派遣されれば、日本は米国主導の先制攻撃的な戦争にまきこまれ、報復テロやゲリラ戦の対象となるだろう。

国連の承認を得ない米国のイラク攻撃は反国際法的な侵略戦争である。いま、日本もまた侵略戦争という危険な水域に入りつつあるとき、いかなる意図であれ戦争を主題とする本を出すことに、ある種のためらいを感じないわけではないが、本書の意図はあくまで歴史の一側面について証言すること、かつ日本人が冷静に戦争を考察するための資料を示すことにある。本書から平和構築への意図をくみとり、出版に踏みきってくださったトランスビューに、そして中嶋氏に紹介の労をとってくださった元岩波書店編集部の加賀谷祥子氏に、心から謝意を表したい。

読者の煩わしさを考慮して註釈は省くことにした。これまで私は、諸文献の誤記に気づけばひるまず指摘してきたが、自身の本についても大方のご叱正を乞う次第である。

平成一五年七月

川崎　浹

引用・参考文献一覧

引用文献

『戦史叢書　南東方面海軍作戦　1ガ島奪回作戦まで』防衛庁研修所戦史室纂（以下同）
『戦史叢書　南東方面海軍作戦　2ガ島撤収まで』
『戦史叢書　南東方面海軍作戦　3ガ島撤収後』
『戦史叢書　ハワイ作戦』
『戦史叢書　ミッドウェー海戦』
『赤城搭乗員戦闘行動調書』防衛庁戦史室（以下同）
『加賀搭乗員戦闘行動調書』
『蒼龍搭乗員戦闘行動調書』
『飛龍搭乗員戦闘行動調書』
『瑞鶴搭乗員戦闘行動調書』
『翔鶴搭乗員戦闘行動調書』
『瑞鳳搭乗員戦闘行動調書』
『二〇四空搭乗員戦闘行動調書』
『二五三空搭乗員戦闘行動調書』
『戦没者搭乗員名簿上下』
『二五三空トラック島基地搭乗員調べ（昭和一九年二月～七月）』
『あの戦争　太平洋戦争全記録』上巻　産経新聞社編　集英社
『海の城　海軍少年兵の手記』渡辺清　朝日新聞
『海軍航空年表』海空会編　原書房
『海軍戦闘機隊史』零戦搭乗員会編　原書房
『海軍のアキレス腱』吉田俊雄　光人社
『海軍の反省』福留繁　日本出版協同
『海戦・空母翔鶴』渡辺直寛　今日の話題社（旧私家版の表題は『南十字星は見ていた』）
『艦爆隊長の戦訓』阿部善朗　光人社
『急降下爆撃隊』江間保他　今日の話題社
『機動部隊』淵田美津雄・奥宮正武　朝日ソノラマ
『空戦記』坂井三郎　講談社
『空母パイロット』ポール・ギルクリスト　朝日ソノラマ
『空母ヨークタウン』パット・フランク、ヨーゼ

フ・ハリントン　谷浦英男訳　朝日ソノラマ
『検証・真珠湾の謎と真実』秦郁彦　ＰＨＰ研究所
『さらば海軍航空隊』奥宮正武　朝日ソノラマ
サン＝テグジュペリ著作集６『人生に意味を』渡辺一民訳　みすず書房
『指揮官たちの特攻』城山三郎　新潮社
『実録太平洋戦争　真珠湾奇襲から珊瑚海海戦まで』全六巻　中央公論社
『証言・真珠湾攻撃』藤田怡与蔵他　光人社
『昭和　太平洋戦争』第六、七巻　講談社
『真珠湾の真実』ロバート・スティネット　文藝春秋
『瑞鶴』神野正美　光人社
『零戦』全三巻　秋本実編　光人社
『零戦』堀越二郎・奥宮正武　朝日ソノラマ
『零戦撃墜王』岩本徹三　今日の話題社
『零戦の二〇世紀』神立尚紀　スコラ
『戦艦武蔵の最期』渡辺清　朝日選書
『戦藻録』宇垣纏　日本出版協同
『太平洋戦史１　太平洋編』富士書苑
『太平洋戦史文献総覧』井門寛　歴研
『太平洋戦史シリーズ③　インド洋作戦』学研（以下同）
『太平洋戦史シリーズ④　ミッドウェー海戦』
『太平洋戦史シリーズ⑤　ソロモン海戦』
『太平洋戦史シリーズ⑦　ラバウル航空戦』
『太平洋戦史シリーズ⑧　マリアナ沖海戦』
『太平洋戦争航空史話』秦郁彦　中公文庫
『太平洋戦争と十人の提督』奥宮正武　朝日ソノラマ
『太平洋のエースたち』シムズ　朝日ソノラマ
『太平洋の旭日　太平洋戦争アメリカ海軍作戦史』サミュエル・モリソン　中野五郎訳　改造社
『遠い島　ガダルカナル』半藤一利　ＰＨＰ研究所
『ニミッツの太平洋海戦史』ニミッツ、ポッター　重松・富永共訳　恒文社
『日本海軍戦場の教訓』半藤一利・秦郁彦・横山恵一　ＰＨＰ研究所

『日本の戦争責任』若槻泰雄　小学館ライブラリー
『敗北を抱きしめて』ジョン・ダワー　岩波書店
『マリアナ沖海戦』吉田俊雄　朝日ソノラマ
『ミッドウェー』淵田美津雄・奥宮正武　朝日ソノラマ
『ラバウル海軍航空隊』奥宮正武　朝日ソノラマ
『零式戦闘機』吉村昭　新潮文庫
『連合艦隊興亡記』千早正隆　中公文庫
『連合艦隊の栄光と終焉』草鹿龍之介　行政通信社
"The siege of Rabaul" Henry Sakaida Phalanx Publishing Co. USA 1996

参考文献

『桜花特攻隊』木俣滋郎　光人社
『大空のエピソード』　渡辺洋二　朝日ソノラマ
『大空の決戦』羽切松雄　朝日ソノラマ
『大空の戦士たち』渡辺洋二　朝日ソノラマ
『大空のドキュメント』渡辺洋二　朝日ソノラマ
『大空の覇者　軍用機写真集』田中勝利　講談社
『海軍航空隊始末記』源田実　文春文庫
『ガダルカナル戦記』亀井宏　光人社
『ガダルカナル島作戦』陸戦史研究普及会　原書房
『空母機動部隊』遠藤昭　朝日ソノラマ
『空母零戦隊』岩井勉　朝日ソノラマ
『雲ながるる果てに』白鴎遺族会編　河出書房新社
『雲の墓標』阿川弘之　新潮社
『最後のゼロファイター』ヘンリー境田・碇義朗　光人社
『最後の飛行艇』日辻常雄　今日の話題社
『自死の日本史』モーリス・パンゲ　筑摩学芸文庫
『陣頭指揮』雨倉孝之　光人社
『ゼロ戦』碇義朗　光人社
『零戦特攻』角田和男　朝日ソノラマ
『零戦戦史』渡辺洋二　グリーンアロー出版社
『零戦最後の証言』神立尚紀　光人社

『「戦記もの」を読む 戦争体験と戦後日本社会』高橋三郎 アカデミア
『零戦燃ゆ』柳田邦男 文春文庫
『戦争論』西谷修 岩波書店
『戦争論』多木浩二 岩波新書
『戦後責任論』高橋哲哉 講談社
『戦争とプロパガンダ』エドワード・サイード 中野真紀子訳 みすず書房
『戦闘機入門』碇義朗 光人社
『滄海よ眠れ』澤地久枝 毎日新聞社
『大東亜戦争肯定論』林房雄 番町書房
『太平洋戦争』児島襄 中央公論社
『太平洋戦争暗号作戦』E・レート他 毎日新聞外信グループ訳 TBSブリタニカ
『太平洋戦争秘史 海軍は何故開戦に同意したか』保科善四郎他 日本国防協会
『チョムスキー、世界を語る』ノーム・チョムスキー 田桐正彦訳 トランスビュー
『天皇の肖像』多木浩二 岩波現代文庫
『日米航空戦史 零戦の秘密を追って』M・ケーディン 中条健訳 経済往来社
『日本海軍艦隊写真集』光人社
『日本軍の小失敗の研究』三野正洋 光人社
『日本人の戦争観』吉田裕 岩波書店
『日本人はなぜ戦争をしたか』猪瀬直樹著作集8 小学館
『日本の軍事テクノロジー』碇義朗 朝日ソノラマ
『日本陸海軍航空英雄列伝』押尾一彦・野原繁 光人社
『Noam Chomsky』ノーム・チョムスキー 監修・鶴見俊輔 リトル・モア
『米軍提督と太平洋戦争』谷光太郎 学習研究社
『ホタル帰る』赤羽礼子・石井宏 草思社
『間に合わなかった兵器』徳田八郎衛 光人社
『命令一下、出で発つは』松波清 光人社
『山本五十六』阿川弘之 新潮社
『ラバウル戦線異状なし』草鹿任一 光和堂
『零式艦上戦闘機22-63型』文林堂

小町定（こまち　さだむ）**略年譜**

1920年　石川県生まれ。

38年　海兵団入団。

39年　百里ヶ原海軍航空隊（操縦練習生）卒業。

40年　大分航空隊（戦闘機専修科）卒業後、大村航空隊（実施部隊）に配属。同年、空母「赤城」に勤務。

41年　空母「翔鶴」に転勤、ハワイ攻撃作戦参加。

42年　インド洋作戦、珊瑚海海戦、ソロモン海戦、南太平洋海戦などに参加。

42年11月～43年7月　大村航空隊教員。

43年8月　ラバウル基地勤務。

44年　トラック基地へ後退。同年6月グァム島で被災。内地で二カ月療養後、峰山海軍航空隊の教員を務める。

45年6月　横須賀海軍航空隊に転勤、「帝都防衛」に備える。

戦後は無一文から材木商、建築業を営み、現在はビルのオーナー。2002年10月に「零戦搭乗員会」が解散するまで、会の代表世話人次長を務める。

川崎浹（かわさき　とおる）

1930年、福岡生まれ。早稲田大学文学部博士課程修了。専攻、ロシア文学。早稲田大学教育学部教員を経て、現在は翻訳、著述に携わる。
著書に『複眼のモスクワ日記』（中央公論社）、『ペレストロイカの現場を行く』（岩波同時代ライブラリー）、『カタストロイカへの旅』（岩波書店）、『「英雄」たちのロシア』（岩波書店）、『ロシアのユーモア』（講談社）など。翻訳にロープシン『蒼ざめた馬』（岩波同時代ライブラリー）、サヴィンコフ『テロリスト群像』（現代思潮社）、アンドレイ・サハロフ『進歩・平和共存および知的自由』（みすず書房）などがある。

ある零戦パイロットの軌跡

二〇〇三年八月二〇日　初版第一刷発行

著　者　川崎　浹
発行者　中嶋　廣
発行所　株式会社トランスビュー
東京都中央区日本橋浜町二－一〇－一
郵便番号一〇三－〇〇〇七
電話〇三（三六六四）七三三四
URL http://www.transview.co.jp
振替〇〇一五〇－三－四一一二七

印刷・モリモト印刷　製本・ナショナル製本協同組合

ISBN4-901510-17-7 C1021